テキストシリーズ 土木工学 2

交通計画学
【第2版】

樗木 武・井上信昭 著

共立出版株式会社

「テキストシリーズ　土木工学」刊行に当たって

　近年，国際化，情報化，先端技術化の社会情勢の中で，土木事業および土木技術は大きく変革しています．加えて，市民意識が多様化しソフト化する中で，社会基盤施設整備に対する市民のニーズは単に経済発展や地域の活性化を推進するためというだけにとどまらず，豊かで快適な生活環境の創造や地球規模ともいえる環境問題への取組みなどを求める方向にあります．
　このような状況において，土木工学も一層の革新と内容の充実が要求され，境界領域を含めた新たな角度からの体系化と再編成が行われ，ますます総合工学的なものへと変遷してきています．
　本テキストシリーズは，この新時代に相応しい土木工学のカリキュラム編成を考慮しながら，専門基礎教育に対応する科目を取り上げたものであり，とくに次により編集しました．
　一．シリーズ全体を「概論・共通基礎／構造／材料／基礎工・土質／水工／計画」の各分野で構成し，それぞれさらに分冊して体系化しました．
　一．各冊とも，将来の関係分野の専攻にかかわらず必要とされる基礎が十分理解でき，また最新の技術，今後の動向が把握できるよう努めました．
　大学，高専などの土木系，建設系学生および高度技術革新時代における初級エンジニアを読者として想定して，各冊とも適宜に例題・演習を配し，またビジュアルな図・表を多用するなど学習の便を図っています．専門基礎課程のテキストとして，あるいは参考書・自習書として本シリーズの活用を大いに期待する次第です．

　　　　　　　　　　　　　　　　　　　　　編集委員　（五十音順）
　　　　　　　　　　　　　　　　　　足立紀尚　京都大学名誉教授　工学博士
　　　　　　　　　　　　　　　　　　高木不折　名古屋大学名誉教授　工学博士
　　　　　　　　　　　　　　　　　　樗木　武　九州大学名誉教授　工学博士
　　　　　　　　　　　　　　　　　　長瀧重義　東京工業大学名誉教授　工学博士
　　　　　　　　　　　　　　　　　　西野文雄　政策研究大学院大学教授　工学博士

第2版の序

　本書を著して8年が経過する．この間，交通施設に関する整備計画やその技術に関し大きな進展があり，また制度や行政の上でも変化があった．
　20世紀からの申し送り事項とでもいうべき交通混雑，交通環境，交通安全上の諸問題が依然として重くのしかかる中で，都市における交通施設の整備や，地方部での高規格道路，新幹線の整備が進んでいる．また，都市の再生，中心市街地の活性化，郊外における大規模施設の立地，多自然居住地域の整備など，都市や地域の構造が変容する中で，旧来の交通体系が必ずしも有効に機能しないという新たな問題の発生がある．あるいは，交通施設のユニバーサルデザイン，交通施設および交通管理のIT化による技術革新も活発である．他方，わが国の交通政策や制度にも変化が見られる．交通事業参入の自由化，交通施設整備事業における環境影響評価の強化や計画に対する説明責任，交通施設整備事業推進体制の見直し，民間資金を活用するPFI事業の導入などである．
　これらを踏まえて本書を見直し，ここにその改訂版を著す．主要な改訂箇所は，2，8，9章である．2章では最近の交通政策の動向を加筆し，8章では交通需要マネジメントの概念に沿って内容を改め，9章では環境影響評価法の制定に伴う修正を行っている．また，理解を容易にするため，あるいは駅前広場や地区計画に関わる新しい考え方などを紹介するため，5，7，10章についても加筆修正している．
　要するに本書は，大学や高専などにおける教科書というだけでなく，時代の変化に即し，実務に資する交通計画の入門書として充実を図った．大方のご叱正を賜れば幸いである．

　　2002年2月　　　　　　　　　　　　　　　　　　　　　著　者

序

　人々の行う多様な活動は,「交通」によって支えられている．しかし今,その交通に起因するさまざまな問題が,非常に重要な社会問題としてクローズアップされている．すなわち,朝夕繰り返される道路交通渋滞,殺人的ともいえる地下鉄などの車内混雑,年に死者1万人を超える交通事故,そして幹線道路沿線などでの騒音や排出ガスによる交通公害,等々である．

　交通に関わるこのような諸問題に関して科学的に対処する考え方や方法を体系化するものが交通計画学である．しかし一口に交通といっても,それを分析していく上での切り口はきわめて多様である．たとえば交通の主体としてみれば人の動きと物の動きに分類できる．交通が行われる空間には,広くは国際間のものから身近なところでは都市,地区などがある．あるいは交通を支える交通手段では,徒歩,自転車からマイカー,飛行機まで実に多様なものがある．さらに交通流の特性などに着目すれば,幹線交通と非幹線交通といった分類も必要である．したがってこれら多様な切り口についてすべての考え方などを示せば,それは膨大な内容になる．

　本書は,大学の半期終了の科目のための教科書を前提にしているため,交通計画学の膨大な諸内容の中から,最も基本的と思われるものを中心に概説した．1章では交通の定義ならびに交通計画の意義,2章ではわが国の交通問題や交通政策の概要について述べた．3章および5～8章では,「人が都市内で行う幹線交通」を主な対象に,交通実態調査から始まって交通需要予測や交通施設計画に関する内容について述べた．そしてこれらの内容に,自動車交通流の基本事項,交通の環境問題,地区交通計画の各章を加えて本書の全体構成としている．

　執筆に当たり留意したことは,わかりやすさと実用性である．とくに交通需要予測の手法はともすれば数式の羅列で難解なものになりがちであるが,本書

では計画の実務でよく使用される手法にとどめ，かつその考え方を平易なフローチャートに表現するように努めた．全体は10章構成であり，1章から4章までを樗木が，5章以降を井上が担当したが，相互に十分突き合わせを行い，基本的な考え方はもちろん，表現方法なども不統一となることを避けたつもりである．

　なお執筆には各章末に掲げる多くの図書，文献を参考にさせていただき，また，出版に際しては共立出版（株）の瀬水勝良氏をはじめ，多くの方々に格別のお骨折りをいただいた．記して謝意を表する次第です．

1993年1月

著　者

目　次

1章　交通と交通計画

- 1.1 交通とは …………………………………………………………………… *1*
- 1.2 交通の分類 ………………………………………………………………… *3*
- 1.3 交通の歴史 ………………………………………………………………… *4*
- 1.4 交通計画とその意義 ……………………………………………………… *9*
-     演習問題 ………………………………………………………………… *11*
-     参考文献 ………………………………………………………………… *12*

2章　交通問題と交通政策

- 2.1 社会経済発展に伴う輸送構造の変化 …………………………………… *13*
- 2.2 交通問題と交通政策 ……………………………………………………… *17*
- 2.3 国土開発計画における交通政策 ………………………………………… *20*
- 2.4 道路整備と道路交通の政策 ……………………………………………… *23*
- 2.5 公共交通の政策 …………………………………………………………… *30*
- 2.6 空港整備と航空の政策 …………………………………………………… *34*
- 2.7 港湾整備と海運の政策 …………………………………………………… *37*
-     演習問題 ………………………………………………………………… *39*
-     参考文献 ………………………………………………………………… *40*

3章　交通需要の実態調査

- 3.1 交通実態の計測単位と交通実態調査の種類 …………………………… *41*

3.2 主な交通実態調査 …… 43
3.3 交通実態調査の手順と方法 …… 51
3.4 OD表とOD交通の特性 …… 56
演習問題 …… 64
参考文献 …… 65

4章 自動車の交通量と交通流

4.1 交通量の定義とその変動特性 …… 67
4.2 計画交通量と設計時間交通量 …… 71
4.3 交通流特性と交通流理論 …… 74
4.4 設計交通容量と設計基準交通量 …… 78
4.5 道路の整備状況に関する指標 …… 82
演習問題 …… 83
参考文献 …… 85

5章 交通需要予測

5.1 交通需要予測の概要 …… 88
5.2 交通施設のモデルリンクと径路探索法 …… 92
5.3 フレームの作成 …… 97
5.4 発生集中交通量の予測 …… 101
5.5 分布交通量の予測 …… 105
5.6 分担交通量の予測 …… 116
5.7 配分交通量の予測 …… 124
5.8 非集計モデル …… 131
演習問題 …… 133
参考文献 …… 134

6章　交通網の計画と評価

- 6.1　総合交通体系の意味と交通網の計画 ……………………………… *135*
- 6.2　道路網計画 ……………………………………………………………… *142*
- 6.3　公共交通網計画 ………………………………………………………… *148*
- 6.4　計画の評価 ……………………………………………………………… *155*
  - 演習問題 …………………………………………………………………… *161*
  - 参考文献 …………………………………………………………………… *162*

7章　交通結節点の計画

- 7.1　自動車ターミナル ……………………………………………………… *164*
- 7.2　駅前広場 ………………………………………………………………… *169*
- 7.3　駐車場 …………………………………………………………………… *175*
  - 演習問題 …………………………………………………………………… *188*
  - 参考文献 …………………………………………………………………… *189*

8章　交通需要マネジメント

- 8.1　交通需要マネジメント導入の背景と内容 ………………………… *192*
- 8.2　自動車交通量の規制，抑制策 ……………………………………… *194*
- 8.3　既存の交通施設の有効利用策 ……………………………………… *200*
- 8.4　公共交通機関のサービス改善策 …………………………………… *204*
- 8.5　高度道路交通システム ……………………………………………… *210*
- 8.6　社会実験 ………………………………………………………………… *212*
  - 演習問題 …………………………………………………………………… *213*
  - 参考文献 …………………………………………………………………… *214*

9章　交通と環境

9.1　道路交通騒音 …………………………………………………………… *216*
9.2　道路交通による大気汚染 ……………………………………………… *220*
9.3　その他の交通公害 ……………………………………………………… *225*
9.4　環境影響評価 …………………………………………………………… *226*
　　演習問題 ………………………………………………………………… *230*
　　参考文献 ………………………………………………………………… *231*

10章　地区交通計画

10.1　地区交通計画の事例 ………………………………………………… *234*
10.2　地区交通計画の進め方 ……………………………………………… *243*
　　演習問題 ………………………………………………………………… *245*
　　参考文献 ………………………………………………………………… *246*

演習問題解答 ………………………………………………………………… *247*
索　　引 ……………………………………………………………………… *253*

1

交通と交通計画

まず交通の定義と分類を行い，また国内外の交通の発展史を概観する．次いで今日求められる交通計画の内容と意義を述べ，その重要性を明らかにする．

過去においては交通手段は限られ，また移動範囲も狭いことから交通問題はそれほど複雑あるいは深刻でなく，単に交通施設が未整備なところでの施設整備という単純な考えで対処することができた．しかし最近では，陸，海，空にまたがるさまざまな交通手段が発達し，また人や物の移動が国際，全国，地域，都市，地区という各空間レベルで活発化している．そしてこのことは発生する交通問題を複雑化し，多様化する原因になっており，また地域振興や街づくり，交通安全，環境問題等の課題をも包括する学際的内容をもつ状況を生み出している．

こうしたことから，交通施設ごとに論ぜられてきた従来の交通の計画論では今日の交通問題に十分に対処できなくなった．より本質的には，現状の交通問題を根底から把握し，それに対処する計画理念の確立，諸現象の詳細な分析，論理性ある計画手法や手順の展開があらためて求められており，交通計画学が目指す方向である．

1.1 交通とは

人々は社会あるいは地域において，生活，生産および余暇に関連したさまざまな活動を行っている．この多様な活動を根底から支え，円滑化し，発展させ

るものとして人と人の交流，財貨（物，金銭）の移動・交換および情報の伝達がある．すなわち人，財貨，情報は社会の流通媒体であり，それらが空間の制約を克服して移動することによって社会や地域の活動は活性化し維持されるが，こうした事象を「交通」という．

交通はその流通媒体と形態から，さらに狭義の交通と通信とに分けられる．狭義の交通は，人や物が場所的に移動することとこれに関連するもので，有形の移動事象である．これに対し通信は電信，電話，放送等による情報，意志の伝達であり，無形の移動事象である．むろん郵便のように狭義の交通と通信の両性質を兼ね備えるもの，金銭の移動のようにこれらに含まれないものもある．しかし大局的には，交通は狭義の交通と通信とに大別される．

狭義の交通（以下単に交通という）と通信とは，上述のように流通媒体が異なり，またそのための基盤施設や利用方法，管理運営法が異なる．したがって学問の上では両者を別々に論じており，土木工学の体系では前者に関するものを交通工学，交通計画学，後者のそれを通信土木工学という．換言すれば，交通工学，交通計画学は交通基盤施設を対象に，その計画，設計，施工，管理運用に関わる内容を論ずる学問であり，通信土木工学は通信基盤施設を対象とする．ついでながら，交通工学と交通計画学とはともに交通基盤施設を対象とするが，交通工学はその設計，施工，維持技術が，交通計画学は計画と管理運用が主たる内容である．

交通に類似する用語に「輸送」がある．この輸送は人や物の移動に関し，「輸送する，運搬する」という概念でとらえられるものである．人をバスや鉄道，航空機，船舶等で運ぶ事象，および物を何らかの手段で運搬する事象が輸送である．このことから交通と輸送の関係は次のように理解できる．交通は交通主体が自ら運行者となってその移動をプロモートする場合と，他の運行者に移動サービスの提供を求める場合とに分けられる．人が交通主体であるときはこれら両者があるが，物はそれ自身で移動できないから後者のみである．一方，輸送は交通における後者を意味し，交通の一分野を構成する事象である．

いま1つ「流通」も交通と関係が深い．これは財貨の空間的移動を生産活動と消費活動のパイプで捉えるもので，包装，荷役，輸送，保管といった諸活動と，それらに関連した情報活動とを総称するものである．したがって流通の中

の輸送は交通と共通する内容であり，また積卸しや倉庫，ヤードにおける保管活動も輸送関連活動として捉えれば，流通と交通は互いに関係深いものがある．その一方で流通には，包装や荷役，保管，金銭取引といった点で交通にない活動が含まれ，また物に限定される点で交通と異なる．

1.2 交通の分類

交通はその主体でみれば，人の移動（パーソントリップ）と物の動き（物資流動）に分けられるが，この他に以下のように分類できる．

（1） 移動の空間的範囲による分類

交通による空間的移動範囲はさまざまあるが，まずは国際交通と国内交通に大別される．その上で後者は，都市と都市を結ぶ都市間交通，地方や都市内を対象とする地方交通や都市交通，都市を細分した地区内の地区交通に分類できる．

（2） 交通機能による分類

交通はその移動範囲の中で四方八方さまざまな方向への流れとなるが，この流れに強弱がある．このとき，強い流れで構成される根幹的な交通を幹線交通といい，それ以外を非幹線交通という．

（3） 交通手段による分類（表 1.1）

交通はその通路空間をどこに求めるかにより，陸路，空路および水路があり，それぞれに適した交通手段が発達している．この交通手段に応じて，たと

表 1.1 交通手段の分類

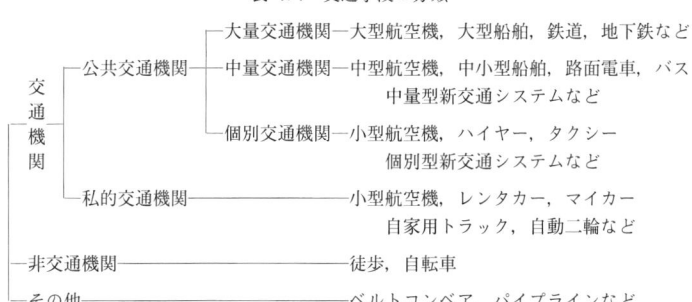

えば自動車，鉄道，航空機，船舶等に分類することができる．

ところで，各交通手段には動力，搬具および通路の3要素があり，これらと交通主体との関係において両者を明確に区分できるものとできないものとがある．鉄道は交通主体と3要素が別ものであり，歩行や自転車交通は交通主体自らの動力により移動するものである．すなわち，交通手段は通路，搬具および動力がシステムとして組み立てられ，その活用によって交通主体が運ばれる交通手段とそうでないものとに区分され，そのうち前者を交通機関という．

交通機関は，その輸送力の大小により大量，中量，個別の各機関に分類される．大量交通機関は船舶や大型航空機，鉄道などであり，明確でないが，100人程度あるいは数トン程度以上の交通主体を一度に運ぶことができる交通手段である．中量交通機関は20人程度から100人程度あるいは数トン内外の交通主体を運ぶもので，バスや新交通システムの一部が該当する．個別交通機関は個人を単位として運ぶもので，小型自家用車やタクシー等である．

交通機関はまた公共交通機関と私的交通機関とに大別される．公共交通機関は不特定多数の市民に利用され，また少なくとも利用可能性が開放されている交通機関である．バスや鉄道，航空機などの多くが公共交通機関として運行され，またこれらは一般大衆の利用にサービスを提供するという意味で大衆交通機関ともいう．一方，私的交通機関はマイカーや自家用トラック，専用鉄道等で，特定の個人や団体がもっぱら利用する交通機関である．

1.3 交通の歴史

交通は人類社会とともに発達した．太古には，食物や水を手に入れるために自然に踏み固めて小径が形成された．やがて人々は定住し，それを拠点に農耕や狩猟などの活動を行うようになり，その結果として余剰生産物を交換するようになったことから居住地を中心に人の手を加えた道路が発達し，隣接集落との間の道路が形成された．こうした時代の交通はその日常的行動範囲が狭く，また歩行や牛馬による交通が主で，「点」の交通時代であったといえる．

その後人々は社会的に広範囲に交流するようになり，あるいは物の交換規模が拡大し，それと同時に都市や国家の形成，社会的支配体制の確立から，それ

らを支える交通基盤施設や交通手段が否応なく発達した．その結果，「点」の交通はやがて地域間を結ぶネットワークとなり，「線」の交通時代となった．さらに，時代を経るに従って交通ネットワークはその規模が拡大し，広域化するだけでなく幾重にも重なることにより密なネットワークとなり，マクロにみれば「線」から「面」の交通へと発展し，今日に至っている．

（1） 世界の交通史

記録の上で最も古い道路は，BC 3000 年頃のピラミッド建設における材料運搬道である．次いで BC 2000 年頃以降になるとヨーロッパでは琥珀の運搬に用いられた琥珀道路が栄えた．また，バビロン市を中心に放射状の道路がつくられたが，そこではすでに舗装されていた．さらに時代を下れば，アジアでは東洋と西洋との間の交易や文明の交流に重大な役割を果たしたシルクロードが，古代ギリシャではアテネから北方各地へ向かう道路が発達した．

紀元前数世紀頃になると広大なローマ帝国が出現したが，それはまた世界の交通史にとって一時代を画すものであった．すなわちローマ帝国は，その統治のためにローマを中心に，総延長29万kmに及ぶ道路を建設した．「すべての道はローマに通ずる」の有名な言葉があるが，牛馬などの車両と歩行者の通行帯が明確に区分され，また路面は石畳で舗装されるなど道路技術としてもみるべきものがあった．

ローマ帝国滅亡後の約1000年間は交通の上で大きな進歩はなく，むしろ鎖国的な封建社会の出現で交通暗黒の時代であった．しかし15世紀になると，それまでの封建社会は次第に崩壊し，また，新大陸の発見により近代社会へのうねりが始まったことから，人や物の交流も活発化した．そうした中で新しい交通機関として馬車交通が出現し，また，これに対処して従来の石畳に代わる舗装構造が生み出された．18世紀から19世紀の初めにかけて，フランスのトレサゲ（1775年），イギリスのテルフォード（1805年），マカダム（1815年）は砕石を用いた舗装構造を相次いで開発し，さらにクラッシャーやスチームローラの発明が加わり，近代的な砕石道路が建設されるようになった．この砕石道路とともに馬車交通は発達していった．

馬車交通にとって代わったのが鉄道である．1785年にジェームスワットが蒸気機関を発明し，そして1825年にイギリスのストックトンとダーリントン

との間で初めての貨客両用鉄道が営業を開始した．以後，鉄道は世界的に普及し，長距離輸送においては鉄道が主で，道路がその端末の交通を担うという交通体系が確立し，鉄道交通の時代となった．

19世期末になるとガソリン自動車が発明され，さらに20世紀に入ってヘンリーフォードが自動車の大量生産と価格の引下げに成功したことから，自動車交通が進展した．また，この段階になると，従来の砕石道路では耐久性がないこと，塵埃の発生があることなどから新たにアスファルト舗装やコンクリート舗装が生み出され今日に至っている．

自動車は他に比較してドアツードア性が高く，また時空間の移動における任意性が高いことから，便利さや機動性が強調される交通機関である．この優れた特色から自動車の普及は目覚ましく，今日では自動車専用の道路や高速道路を生み出すまでに至っている．その結果，当初は長距離輸送を鉄道が，近距離輸送を自動車が担うという明確な役割分担があったが，現在ではこうした分担関係は崩壊し，互いが競合する関係へと変化してしまっている．

空の交通を担う航空機の発達は20世紀に入ってからである．1903年にライト兄弟が初めてプロペラ機による飛行に成功し，また，1959年にジェット旅客機が就航するに及び空の交通は著しく発達した．そして今日，航空機は高速性に優れ長距離交通に適した交通手段であることから，国際および国内幹線交通の上できわめて重要な役割を果たしている．

舟は水上交通手段として古代より存在した．しかし，本格的な船舶交通の始まりは羅針盤の発明や航海術の発達，大洋航路，新大陸の発見が相次いだ14, 15世紀である．その後，19世紀初めに蒸気機関による船舶が，1883年に蒸気タービン船が就航し，さらに1897年に内燃機関による船舶が出現して，船舶交通の経済性，長距離性が飛躍的に向上した．それと同時に，スエズ運河（1869年）やパナマ運河（1914年）の開通は世界的な海運業の発展に大きく貢献するものであった．そして今日なお船舶は物の輸送において重要な役割を果たしている．これは船舶が水中に浮遊して移動することにより，大量のものを安価にかつ少ないエネルギーで輸送することができるという特色による．

（2） 日本の交通史

わが国の交通は，世界の交通史を跡追いするように発達してきた．すなわち，わが国で初めて道路が築造されたのは山陽道であるといわれ，続いて東海道，南海道などが開かれたと伝えられている．そして大宝律令（701年）によって，七道（山陽道，南海道，東山道，東海道，北陸道，山陰道，西海道）の制度が，また駅馬，伝馬等をおいた駅伝の制度ができ，わが国初めての系統的ともいえる道路制度が確立した．さらに，奈良時代には遣唐使に代表される海外との海上航路が存在し，国内にあっては瀬戸内海や日本海沿岸の航路が利用された．

その後，戦国時代にはむしろ道路が荒廃するなどで，交通史に特筆するものはないが，織田信長が全国統一を成し遂げるに及んで，4人の道路奉行をおき道路の改修に当たらせた．次いで江戸時代には，五街道（東海道，中仙道，奥州街道，甲州街道，日光街道）をはじめ全国の道路の整備が盛んに行われた．またこの頃になると，江戸〜上方間の航路（樽前船），西回り航路，北回り航路（北前船）が発達し，日用品などの物資輸送に活躍している．

明治に入って，1872年新橋-横浜間29kmにわが国初めての鉄道が開通したが，これが近代交通史の始まりで世界より半世紀の遅れである．その後，軌道系交通機関についていえば，1896年に京都市の路面電車が開業，1906年に鉄道を国有化，1927年に東京の地下鉄上野-浅草間が開業，1949年に日本国有鉄道が発足，1964年に東海道新幹線が開業，1987年に日本国有鉄道を分割民営化といった歴史をたどった．そして現在，新たな超高速交通機関としてリニア鉄道の開発が進められており，鉄道技術に関し世界の先端をいく発展である．

一方，道路に関しては1900年に最初の自動車が輸入され，自動車交通の幕開けとなった．すなわち十分な馬車交通の時代を経ずに自動車交通時代に入ったが，そのことがわが国の道路整備の上で今日なお問題を残す結果になっている．道路幅員や線形が自動車交通に必ずしも適さないまま1960年代，1970年代にモータリゼーションが急進展したため，現在の激しい交通混雑や交通事故を招いている．このことから，近年に至って道路整備に力が注がれるようになり，そうした中で1961年に日本道路公団が発足し，1965年の名神高速道路の

開通をかわきりに全国的に高速道路の整備が進められた.

1875年,わが国初めての海外航路が上海との間で開設され,その後神戸～ボンベイ間,北米航路などが次々に開設された.これに伴いわが国の海運業は順調に進展し世界有数の海運国となり,第2次世界大戦突入前には100総トン以上の船腹630万トンを有するほどになった.しかし敗戦により保有船舶は一気に減少し,その回復に10年以上の歳月を要したが,一時期は約4000万トンを抱えるまで盛んになった.その後海運業の不況もあって現在ではやや低迷しているが,それでも約1200万トン(2004)の船腹を抱える状況にある.

航空機は,1910年に初めてわが国の空を飛んだ.そして1922年に民間定期航空路が開設され,また1928年に国策会社日本航空輸送(株)が設立された.以来,国策的,軍事的配慮もあって,国内外の航空路が順次開設されていった.しかし第2次世界大戦の敗戦によりすべての航空路を失い,1951年になって東京～大阪～福岡間の定期航空路がようやく再開され,また国際線については1954年に東京～サンフランシスコ間が開設された.あるいは1960年にジェット旅客機が導入され,以後は諸交通機関の中で最も高い輸送量の伸びを示すほどに発達を遂げながら今日に至っている.

このように交通は国内外を問わず多方面で発達し,今日では実に多様な交通機関が出現している.これらを輸送力と輸送距離の2つの観点で整理すれば表1.2のとおりであるが,一般には表に示し得ない領域の重なりがある.

表 1.2 交通特性からみた各種交通機関

輸送距離 \ 輸送能力	個別的 ──────→	中量的 ──────→	大量的
短距離	乗用車,タクシー 小型トラック	バス,路面電車 大型トラック	
↓	個別型新交通システム	中量型新交通システム	
中距離		モノレール	電車,地下鉄
↓	ヘリコプター	高速バス	在来型鉄道
長距離	小型航空機	小型船舶	
		中型船舶 中型航空機	新幹線型鉄道 リニア鉄道 大型航空機,大型船舶

1.4 交通計画とその意義

　交通が未発達な社会や地域では，そのニーズに応じて個々の交通手段あるいは交通機関の整備を図り運営している．したがって交通分野の学問も交通施設ごとに構成され，道路工学，鉄道工学，空港工学および港湾工学が個別に論じられている．そして，交通計画はこれら諸工学の前段で扱われたことから，対象となる交通基盤施設を明らかにし，それへの需要予測，機能や施設配置，建設計画などを論ずるにとどまるものであった．しかし，都市の発達と社会経済活動の活発化，規模拡大，広域化が交通の著しい発達を促した．その結果，各種交通手段は互いに競合し，あるいは補完関係を生じたことから，個別の交通基盤施設に関する交通計画問題に加え，都市や地域の中でいかなる交通体系を構築し管理運営するか，いかに交通手段間の結節性を高め，交通の効率性や安全性，信頼性の向上を図るか，交通体系の整備を街づくりあるいは社会経済活動にいかに役立てるか，交通がもたらす環境上の問題や交通事業のあり方にいかに応えるかなどが問われている．すなわち，今日求められる交通計画上の課題は，単に個別の交通基盤施設の整備と運営だけでなく，社会経済事象から派生する交通の本質に基づく交通体系や事業のあり方を検討し，また交通政策を論ずる総合的，学際的内容でなければならず，ここに従来の枠組みを超える交通計画が求められている．

　交通計画は対象とする交通空間の大小によって，国際，全国，地方（地域），都市，地区の各交通計画に分類され，それぞれで取り扱う交通手段や内容が異なる．また交通計画は目標年や計画理念の違いから，基本構想，基本計画（マスタープラン），実施計画に分けられ，こうした順に従って理念的な構想から具体的かつ詳細な代替案の提示に至る．このように一概に交通計画といっても，その内容はさまざまであり，また要求される成果や精度が異なる．しかしながら計画の基本プロセスには変わりなく，それを図 1.1 に示す[1]．

　基本的には，交通計画も地域計画など他の土木計画の手順に同じである．計画の目的，計画課題を考慮し，これらに関係した交通調査を行い，交通の現況把握，分析を行う．また，将来の計画時点における交通需要の予測を行う．そ

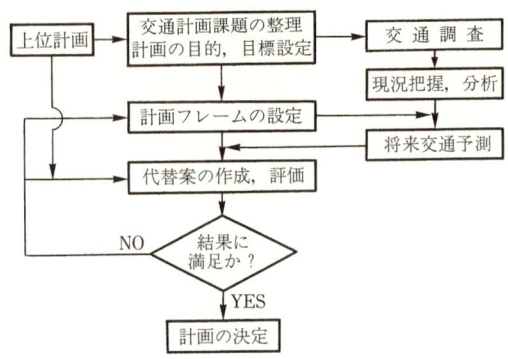

図 1.1 交通計画の手順

の結果,新たに明確となる課題やより具体的な計画目標の設定が可能になることも多い.他方,交通は社会経済活動の派生需要であるから,交通計画は経済計画,国土計画,地域計画,都市計画,地区計画等と密接に関係させて検討されねばならない.この意味でこれら諸計画が交通計画の上位計画となり,その枠組みの中で考え調和させる必要がある.

　目的などが明確になればそれらを解決するための枠組みが設定されるが,これが交通計画のフレームである.このフレームのもとで計画代替案が作成され,その直接的,間接的効果に関する評価が加えられる.その結果,満足すべき代替案が作成できたと判断できれば,これが終局の交通計画となる.

　交通は社会経済活動からの派生であり,これに対処する交通計画は社会経済活動に重大な影響を及ぼす.また,対象となる交通基盤施設は一般に不特定多数の市民の利用に供する.こうしたことから,交通計画の根本にある目的が公共の福祉であることはいうまでもない.事実,交通に関係する多くの法律が,その第 1 条で「公共の福祉を増進することを目的とする」と謳っており,交通計画において文化や社会経済の発展を共通基盤とし,あるいは社会福祉,経済厚生,市民生活向上のための「公共性」が強く求められる[2].

　一方,多くの交通事業は社会経済の中で交通用役を提供するサービス業である.この意味では,交通事業は他の企業活動と軌を同じにするものであり,その効率的な経済合理性を踏まえた活動が求められる.

　公共性と経済合理性とは必ずしも合致しない.つねに市民に開放し,市民が

必要なときに必要な場所で必要な交通サービスの提供を受けるためには，経済合理性を度外視しなければならないことも多い．逆に経済合理性を追求するほど経済活動に追従する交通事業となり，市民福祉の最低保証，地域振興のための先行投資が難しくなる．このようにトレードオフの関係にある2つの目的のもとで，交通基盤施設は整備され管理運営される．しかも，一度提供された交通基盤施設は不都合が生じたからといって簡単に取り替えることはできず，また市民一人一人のニーズに完全に応ずることは不可能で，何らかの規制あるいは秩序の形成が強いられる．こうしたことから，交通基盤施設の整備やその管理運営に関連した事業の推進は事前に慎重な検討が必要であり，交通計画はこれに応えるものでその意義はきわめて大きい．

［演習問題］

1.1 交通（狭義の），輸送，流通の3者それぞれの定義と，これらに共通する点，相違する点を論ぜよ．

1.2 交通機関は安全性，正確性，大量性，経済性，迅速性，環境性，利便性，長距離性，快適性等さまざまな点で評価が求められる．自動車，鉄道，航空機，船舶の各交通機関を，これら基準に照らして評価し，それぞれの交通機関としての特色を明らかにせよ．

1.3 身近な市町村を取り上げ，そこにおける交通機関の発達の歴史を調べ整理せよ．また，現状における交通上の問題点を明らかにせよ．

1.4 わが国における高速道路の発達史を調べ論ぜよ．

1.5 1.3節の冒頭に述べるように，交通の発達を点-線-面の展開として捉えることができる．この延長上で考えれば，次は「立体」の交通時代であるといえるが，その内容としてどのようなものが考えられるか，思いつくところを述べよ．

1.6 ある町は町内幹線道路に面して発達してきた．しかし現状では幹線道路の幅員が狭く交通のネックになっていることから新たにバイパス道路を計画するものとする．このとき，町にとってどのようなことが利点と考えられ，またどのような点で問題があるか述べよ．その上でバイパス計画をいかなる視点で行えばよいか整理し，その計画の手順を検討せよ．

[参考文献]

1) 樗木武：土木計画学（第2版），pp. 17〜21，森北出版，2001．
2) 前田義信：交通経済要論（改定版），pp. 42〜47，晃洋書房，1988．

2

交通問題と交通政策

> 交通は社会経済活動の派生需要であり，社会経済状況との関係でとらえる必要がある．この意味で戦後の社会経済発展が交通に及ぼした影響や，そのことが輸送構造に変化をもたらしさまざまな問題が発生していることを示すとともに，その解決のためにとられてきたわが国の交通政策を解説する．

　交通施設は，今日そのほとんどが国や地方公共団体，公的性格の強い企業により社会資本として整備され管理運営されている．これは，交通および交通サービスが社会共通の課題であり公共性が強いことによる．しかしながら，交通は社会経済活動から派生する需要であり，したがって社会経済が進展し変化すれば，交通もその量および質の両面にわたり変化する．

　戦後のわが国は，敗戦からの復興にはじまる大きな社会経済の進展のもとで発達を遂げてきた．これに伴って交通も鉄道の時代から自動車の時代へと変化し，また都市交通問題や過疎地域の交通問題が深刻化した．これに対し，個別にあるいは総合的に種々の交通政策が打ち出され今日に及んでいる．

2.1　社会経済発展に伴う輸送構造の変化

　戦後のわが国に限って輸送構造の変化をみると，終戦直後は戦災により疲弊し荒廃した状況から復興することが第一義であり，そのために鉄道と海運業の再建に主力が注がれた．また，輸送は生活必需物資と産業の根幹をなす石炭，鉄鋼中心であった．それが昭和30年代に入ると，ようやく戦後からの立上が

りをみせ，高度経済成長へ向けての離陸とともに重化学工業が活発化した．またこれに伴って交通需要は増大し，交通資本の整備もある程度進み，名神高速道路や東海道新幹線鉄道が相次いで開通した．

昭和40年代に入ると経済成長はいっそう大きくなり，それまでの重化学工業に加えて加工組立て型産業や第3次産業が発達し，都市を中心に産業経済の高度化が進むとともにエネルギーが石炭から石油へと転換した．その結果，都市と地方とで所得格差が生じ，また生活の利便性の上でも差が生じたことから地方から都市への人口流出が続き，大都市の過密化，地方の過疎化という深刻な社会問題が発生した．これとともに都市における職住，商住の分離，余暇活動の拡大などから交通需要は増大し（図2.1），ついには交通混雑や交通事故が社会的にクローズアップされ，交通戦争という言葉を生むほどになった．また，企業活動における公害の発生に加えて交通公害の問題が深刻化した．

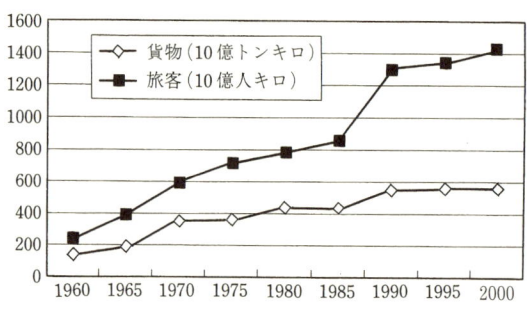

図 2.1　交通輸送量の経年変化[1]

1973年に第1次の石油危機が発生し，以後昭和50年代に入ってからも第2次の石油危機などがあって経済成長は低迷した．これに伴って，1981年，1982年などは貨物輸送量が前年を下回り，また同時に重厚長大型から軽薄短小型の物資流動へと大きく変化した．

その後，昭和50年代の後半から平成の初期にかけてわが国は戦後最長の好景気に沸いた．その結果，世界有数の経済大国に成長するとともに，一方ではゆとりが生まれ，経済至上主義から身の回りの生活を重視する市民意識へと変化し，国際交通の進展や国内の活発な交流から交通需要は順調に増え続けた．

2.1 社会経済発展に伴う輸送構造の変化

しかしその反面で，金余り現象から土地価格などが暴騰しバブル経済が進行した．さらに高齢化が進み，出生率の低下から各企業は人出不足に悩まされたが，交通事業もその例にもれるものでなかった．

現在は一応バブルがはじけ経済は正常化したが，地域構造は依然として東京一極集中の状況にある．また残された地方も中枢・中核都市への集中傾向を強めており，これらからの脱却が大きな課題となっている．

図 2.2 は，戦後の社会経済構造と輸送需要の変化の中で輸送機関ごとの分担割合の変化をみたものである．国内旅客輸送（人キロ）に関し，昭和 20 年代はそのほとんどを鉄道が分担し，他の交通機関は合わせても 1 割程度にすぎなかった．しかし昭和 30 年代に入ると次第に自動車の分担割合が大きくなり，その一方で鉄道の割合は縮小し，1971 年度には遂に逆転した．その後もこの傾向は続き，2000 年度は鉄道 27.1%，自動車 67.3% という状況である．また

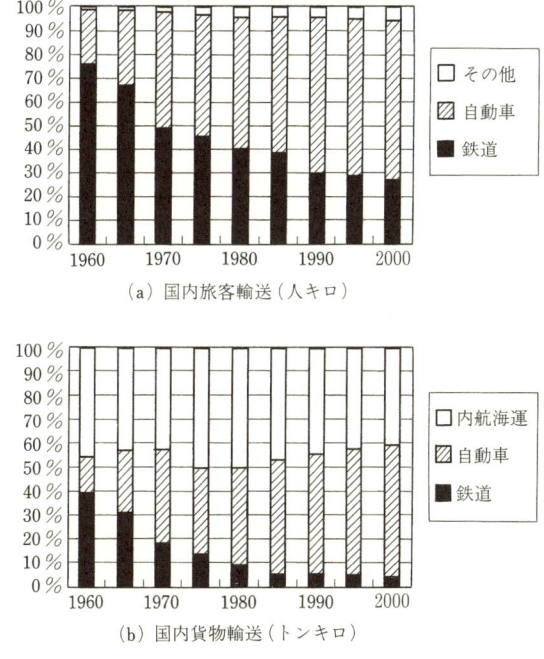

図 2.2　国内旅客および貨物輸送における輸送機関分担割合[1]

国内旅客輸送に占める旅客船の割合はきわめて小さく，あるいは航空機はその伸びが大きいものの，それでも現状で 5.6% である．

他方，国内貨物輸送（トンキロ）は旅客以上に鉄道の衰退，自動車の隆盛という変化があった．1950 年度に鉄道 52.3%，自動車 8.4%，内航海運 39.4% であったものが，1966 年度には鉄道と自動車の分担率が逆転し，2000 年度は鉄道 3.8%，自動車 54.4%，内航海運 41.6% である．ただ最近では，先に述べる人手不足からトラック運転手などの不足が深刻化し，このことが原因してトラック輸送から鉄道や内航海運へ回帰するモーダルシフトの傾向もみられる．

旅客，貨物輸送のいずれも，戦後の輸送構造はモータリゼーションの進展と鉄道の衰退で特徴づけられ，その原因を探れば図 2.3 のとおりである．2 次，3 次産業の拡大と 1 次産業の衰退の結果，都市への人口集中とともに所得が向上し，また生活様式が変化することによって多様な交通ニーズが発生した．この多様な交通ニーズは個別の交通行動とそのための機動性，利便性，迅速性を要求し，これに応える交通手段として自動車が普及した．その反面で，公共交通機関の利用客は減少し，そのことが経営悪化を招き，運賃値上げ，さらに利用者減という悪循環を繰り返してきた．結局，モータリゼーションの進展の原

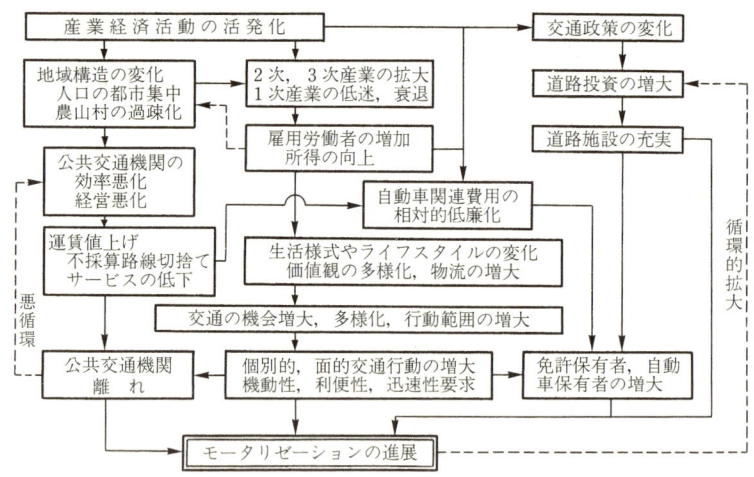

図 2.3 モータリゼーションの進展の背景

因は，自動車という交通手段が市民ニーズと適合したこと，それがゆえに免許や車の保有者が増大したこと，そのことによる公共交通機関離れ，そして道路施設の整備促進という諸点にある．

2.2 交通問題と交通政策

A. 交通問題

社会経済の構造変化と発展，および人口の都市集中による地域構造の変化を背景に，今日の膨大な交通需要と自動車中心の輸送構造が生まれ，その結果としてさまざまな交通問題が発生し解決が迫られている．

まず第1は，国際交通ネットワークの形成とそのための交通拠点の整備に関する課題である．国際交通に関しては，わが国では東京，大阪という2大拠点を中心に航空交通体系が早くから確立されてきた．しかし，この限られた交通拠点体制では急増する国際交通需要に十分な対応ができず，また騒音問題に対処しながら広大な空港面積を大都市圏内に確保することは容易でない．このことと国際競争の中で，本問題はいっそう深刻化している．国際空港の地方展開，地方空港の国際化といった観点からの取組みも求められ，また近距離国際交通の分野ではフェリーや高速艇航路の整備もみられる．

第2は，国内幹線交通体系確立の問題である．国内幹線交通を担う手段は航空，新幹線，高速道路および内航海運である．これらのうち高速性に優れているのは前3者であるが，これらすべての利用が可能な地域と，その一部が利用可能な地域とがあり，公平さを欠いている．とりわけ三大都市圏や中枢・中核都市を除く地方部において問題は深刻であり，こうした交通基盤整備の遅れが地域の活性化をはばむ状況すらある．地域の活性化は，定住と交流にあり，そのために地方といえども広域性ある高速交通基盤の整備が求められる．

第3は，都市の交通問題である．わが国における人口集中地区の面積は国土面積の3％にすぎない（1995年）．このわずかなところに全人口の約65％が集中し，しかもこの状況は強まる傾向にある．この密集した都市では当然のことながら交通の上でさまざまな問題を引き起こし，その最大のものが交通混雑問題である．急速なモータリゼーションの進展が大量の車を街に溢れさせ，そ

れに見合う交通施設の整備が追い付かないことから，全市的に交通渋滞を発生させている．とくに，都心部と郊外に職住が分離する都市構造から朝夕にラッシュを引き起こし，交通混雑を一段と激しいものにしている．

　第4は，地方の交通問題である．先にも述べるように，地方の人口は減少し，そのぶん交通需要が減じたことから，とくに公共交通機関の経営が困難となり，鉄道やバス路線が廃止されたり，あるいは運行回数を減らすところが多くなっている．その結果，老人や子供，身体障害者，病人など自動車を運転できない人を中心に十分に交通手段が保障されない人々（これらの人々をトランスポーテイションプア層という）の発生が問題となり，地方の深刻な課題である．人々は都市であれ地方であれ自由に交通行動を行う権利があり，その最低保障として公的交通機関の確保が求められている．

　第5は，交通安全の問題である．道路，鉄道，海上，航空のいずれにも交通事故の発生があり，それらをなくすための交通安全の確立は重大な社会問題である．しかし，現状ではいずれも根絶するに至らず毎年多くの犠牲者を出している．

　第6は交通公害である．交通施設や交通機関から発生するものが人の健康や環境に悪影響をもたらすとき，これを交通公害と呼び，主要なものは騒音，振動および大気汚染である．交通網の展開，高速交通機関の導入，交通混雑の発生等がこうした交通公害をもたらし，深刻化させていることは否めない．

　第7は高齢社会に伴う交通問題である．わが国は，65歳以上の人口割合が2000年時点で17.5%であるが，2025年には27.4%と世界に類を見ない超高齢社会になると予測されている．したがって，これまで以上に，高齢者，身体障害者などが自動車だけでなく公共交通機関を利用して移動する上での利便性や安全性を向上させる必要がある．この点に関し，"高齢者，身体障害者等の公共交通機関を利用した移動の円滑化の促進に関する法律"（交通バリアフリー法，2000年）が成立した．鉄道駅等の旅客施設および車両のバリアフリー化を推進し，鉄道駅等を中心とする一定地区について駅前広場，周辺道路等のバリアフリー化を重点的，総合的に進めるもので，今後の大きな課題である．

　以上の他にも，街づくりや地域づくりと交通，情報化社会の交通，国際化時代の交通基準，交通の技術革新といったさまざまな観点で問題がある．そして

こうした交通問題の重要性に対する市民意識には強いものがあり，それだけにこれに対処する交通計画が重要になる．

B. 交通政策について

さまざまな交通問題は個々の交通主体者や交通事業者の努力のみで解決できるものでなく，社会共通の枠組みの中で社会政策，経済政策と調整を図りながら交通政策を展開することが望まれる．すなわち，そうした交通政策として交通問題を踏まえ列挙すれば，施設，事業の双方にわたる以下の内容がある．

（1） 国際，国，地方，都市，地区といったさまざまな空間レベルでの総合的な交通体系の確立と，そのための各種交通基盤の整備のあり方．
（2） 交通基盤施設の有効な活用策，効率化策あるいは規制策．
（3） 財源策，助成策，事業方策等を踏まえた交通事業実現化策，維持策．
（4） 交通事業の組織や経営形態，経営の基本的方向づけ．
（5） 交通安全，交通公害，交通エネルギーに関する政策展開．
（6） 交通の技術革新への対応と推進．
（7） 交通と社会経済活動との関連性検討や，街づくり，土地利用計画と交通との関わりなど他の計画や政策と交通政策との関係調整．

交通政策は社会経済活動をプロモートする反面，制御し規制することもあるから，一般には政府や地方自治体によって立案され実施される．したがってその基本理念は「公共の福祉」，「公正さ」でなければならず，交通資源，サービスの公正な分配が課題となる．その一方で，交通事業といえども「経済合理性」が求められ，また資源，サービスの提供の上で「効率性」が求められる．結局，「公共福祉」と「経済合理性」の2つの基本理念の間で調和を図りつつ，交通ニーズに応じた施設，事業，サービスの展開や交通の管理運営，安全性の確保などを行うことが交通政策である．

わが国の交通政策は，時代時代で現実の交通問題に対処しさまざまに展開されてきた．しかしこれらは必ずしも成功したとはいえず，その結果が先に述べる種々の交通問題を今日に残す状況になっている．巨額の補助金を投じたにも関わらず民営化に至った国鉄政策，経営上問題があるにも関わらず建設を続け，その揚げ句が利用することなく廃止に至った地方交通線，膨大な投資にも

関わらずいっこうに改善されない道路混雑，相も変わらず多発する交通事故等は交通政策にも問題があるといわざるを得ない．

　交通政策を難しくする原因はさまざまあるが，基本的に次の3点がある．第1は，公共の福祉を考えるにしてもその具体的な内容の明確化が難しいことである．今日の社会あるいは経済の仕組みはきわめて複雑であり，立場によりさまざまな利害関係を生む．このため市民ニーズが必ずしも一致せず，開発と環境保全，効率化とゆとり，機動性・迅速性と安全性，シビルミニマムと経済合理性，規制の強化と緩和など互いにトレードオフの関係にある政策目標がおのおので強調される．すなわち，利益集団が分衆的に今日の社会を構成し，それぞれで異なる公共の福祉の主張がある．このため総論は賛成でも各論になると賛否両論となり，必ずしも市民全体の賛同が得られない困難がある．

　第2は交通基盤整備の問題が政治の道具として利用されやすいことである．交通問題は市民共通の課題であり関心が高い．それだけに道路建設や鉄道建設，空港の誘致などが争点となり，合理的，論理的な交通政策以前のこととして，政治の取引や地域エゴの主張になることもしばしばである．

　第3は社会経済政策に従属して交通政策が論ぜられることが多いことである．国でいえば経済成長，物価安定，雇用の確保，国際収支等が主要課題となるが，その解決のための手段として交通政策が掲げられる．経済成長のための公共投資すなわち交通基盤整備，物価安定や所得政策のための交通運賃値上げ抑制，雇用安定のための余剰人員割り当てや外国人労働者受入れの規制強化，国際収支改善のための助成や自由化等である．これらは交通政策を社会経済政策のための手段として用い，そのことと本来の交通問題の解決を目指す交通政策とが必ずしも適合しないこともある．

2.3　国土開発計画における交通政策

　昭和30年代から40年代にかけて経済成長を遂げたが，この間，民間設備投資や国民総生産の顕著な伸びに対して交通資本の伸びが低く，結果的に交通需要の増大に交通基盤の整備が追い付かない状態となった．こうした状況のもとで1960年に国民所得倍増計画が打ち出され，また1962年に「地域間の均衡あ

る発展」を基本理念とする全国総合開発計画が策定された．すなわち，都市の過大化の防止と地域格差の是正，自然資源の有効利用，諸資源の適切な地域配分を目標に，都市機能配置の再編成や開発地域での積極的開発促進（拠点開発方式）を打ち出し，そのための交通・通信施設の整備が求められた．これを受けて第3次道路整備5カ年計画，第1次港湾整備5カ年計画，国鉄第2次輸送力増強5カ年計画，大手私鉄第1次輸送力増強3カ年計画等が策定実施された．これらは広域交通と地域交通の双方からの整備促進である．

しかし，昭和40年代中頃から後半にかけて経済成長は予想を上回るスピードで進行した．その結果，人口の過密・過疎問題はいっそう深刻化し，また交通基盤の整備がなおも交通需要に追い付かず，両者のギャップが一段と開いた．そこで，改めて第2次全国総合開発計画が策定され（1969年），「豊かな環境の創造」を目標に大規模プロジェクト構想が打ち出された．7200 km の新幹線鉄道網，7600 km の国土開発幹線自動車道などによる基軸的交通・通信ネットワークを先行的に整備し，大規模プロジェクトを推進することにより国土利用の偏在を是正し，地域格差を解消せんとするものである．また，港湾については従来からの主要な港湾の整備に加え，コンビナートや臨海型工業の立地に合わせた工業港の新設が進められ，航空は新東京国際空港の整備や東京，大阪と地方主要空港を結ぶビームラインのジェット化等が進められた．

1973年の第1次石油危機を契機に経済は高度成長型から低成長型へと移行した．これに伴い公共投資は抑制され，新幹線工事の中断，本四連絡橋の着工延期などがあった．また，人口の大都市圏への集中化傾向に歯止めがかかり，「地方の時代」の到来かと期待された．こうした時期の1977年に第3次全国総合開発計画が策定され，その基本目標は「人間居住の総合的環境の整備」であり，定住構想の実現である．大都市への人口，産業の集中を抑制する一方で地域特性や歴史的伝統的文化を尊重しながら，また人間と自然との調和を図りながら，地域における人間居住の総合的環境の形成を促し国土の均衡ある発展を目指している．これに伴って地方定住のための基盤施設（教育，文化，医療等）の整備や住宅，食糧，エネルギーの確保を公共投資の重点施策とした．また，交通政策の面では，これまでの東京中心の交通体系でなく国土の縦貫的な骨格路線に横断的肋骨路線を加えた約1万 km の高速道路網整備の長期目標

が提言され，また東北・上越に加え新幹線の整備計画5線についても順次建設が図られるなどの方針が打ち出された．そして凍結されていた本四連絡橋工事（児島-坂出ルート）が着工に至り，東北・上越新幹線工事も再開された．また，国際港湾や国際空港の増設，地方空港のジェット化等が進められた．

　地方が期待した定住構想であるが，それも束の間で今度は国際化の中で東京への高次都市機能，人口の一極集中が問題となり，地方は再び人口の社会減という困難に直面した．そして，このことを踏まえて第4次全国総合開発計画が策定され（1987年），多極分散型の国土づくりを目指す交流ネットワーク構想が打ち出された．東京への過度な都市機能の集中を抑制し，地方中枢・中核都市を重視した多極分散により，国土の均衡ある発展を目指した．また，そのために全国一日交通圏の構築，交通網の安定性の向上，国際交通機能の強化が打ち出され，計画期間中に主要な交通施設を整備するとした．具体的には，高規格幹線道路網を1万4000kmに拡大し，また北陸（高崎・小松），東北（盛岡・青森），九州（博多・鹿児島）の新幹線整備や中央リニアエクスプレスの実用化を提案している．さらに，コミュータ航空用の小型空港やヘリポート，地方港湾の整備，高度物流システムの確立が謳われた．地域については，大都市で幹線交通とのアクセス改善を，地方で公共交通機関の活性化と道路混雑の解消を，過疎地域で既存の公共交通機関の活用の他にデマンドバスや乗合タクシー等の利用を図るなどの考えが示された．

　1980年代末から1990年代当初はいわゆるバブル経済期で，リゾート開発，マンションやオフィスビルの建設ラッシュがあり，土地投機が異常に活発化した．しかし，バブル経済は長く続かず1993年頃には崩壊し，その後の長い間，バブルの後始末で景気の低迷が続いた．同時に，少子高齢化のいっそうの進展，国際化，情報技術革新のもとで，大都市圏への人口集中傾向は止まず，全国的には三大都市圏集中から東京一極集中へ，そして地方でも各県が県庁所在都市への一極集中と，より深刻な国土構造へ変わりつつある．こうした事態の下で，1998年に第五次全国総合開発計画"21世紀の国土のグランドデザイン"が策定された．地域の自立に向けた多軸国土への転換を基本理念とし，多自然居住地域の創造，大都市のリノベーション，地域連携軸の展開，広域国際交流圏の形成を基本戦略とする．その中で，高規格幹線道路網の概成を目指すとと

もに，海峡横断道路プロジェクトの推進，新しい国土軸，多様な地域連携の形成を図るものである．また，個性的で魅力ある地域づくりの推進と，高規格幹線道路をはじめとする広域交通体系の整備や地域の道路整備，中心市街地活性化や遊休地活用に向けた交通基盤や都市公共交通体系の整備と有効活用，都市内物流対策，高齢者に優しいまちのバリアフリー化などへの取り組みがある．さらに，国際空港，港湾，広域物流拠点等の総合的，重点的整備，それらと高規格幹線道路などとのネットワークの構築，国際水準，情報技術革新への対応などがある．

以上のように，これまで5次にわたる全国総合開発計画が策定された．それらで共通することは大都市圏への人口および都市機能の集中からいかに脱却し，国土の均衡ある発展を目指すかであり，そのための交通・通信ネットワークの形成である．しかし，大都市への集中傾向は1975年前後の一時期を除けば止まるところを知らず，国土の不均衡がいっそう強まる結果である．

考えてみれば，計画で取り上げられた交通・通信ネットワークの形成は確かに国土の均衡ある発展のために必要であるが，だからといって十分条件まで満足するものでない．場合によっては，交通・通信ネットワークの形成がかえって地方から大都市へ人，物を集中させる（ストロー現象）こともあり，事実これまでの都市集中の原因の1つがこの点にある．したがって，交通・通信ネットワークの形成を図るというだけでなく，これを生かして地方の活性化を図る社会経済政策の推進や都市機能の地方移転を講ずるなどの努力がまた求められ，なお残る国土計画の課題である．

2.4 道路整備と道路交通の政策

A. 道路の整備政策

道路整備の基本法は道路法であり，その最初のものが1919年に制定された．この当時，自動車はそれほど普及しておらず，また交通手段の主体は鉄道にあった．したがって，道路法の内容も国道から市町村道まで国の機関として知事および市町村長が管理することや，国道の認定に軍事目的上の基準が含まれるというように中央集権的性格の強いものであった．しかし，戦後になると経済

表 2.1 戦後における道路政策の経緯

年	道路関係の法律等	交通安全施設等整備	道路整備5カ年計画	全国総合開発計画
1947	道路交通取締法，道路運送法（旧）			
1948	道路の修繕に関する法律			
1949	道路交通取締法改正			
1951	道路運送法（旧法は廃止），道路運送車両法			
1952	道路法，道路整備特別措置法（旧）（有料道路制度）			
1953	道路整備の財源等に関する臨時措置法（特別財源制度）			
1954				
1955			一次	
1956	道路整備特別措置法（旧法は廃止），日本道路公団発足			
1957	国土開発縦貫自動車道建設法，高速自動車国道法			
1958	道路整備緊急措置法，道路整備特別会計法		二次	
1959	首都高速道路公団設立			
1960	道路交通法（道路交通取締法は廃止）			
1961	踏切改良促進法			
1962	阪神高速道路公団設立，自動車の保管場所の確保等に関する法律		三次	
1963				全総
1964	奥地等産業開発道路整備臨時措置法			
1965	石油ガス税法		四次	
1966	交通安全施設等整備事業に関する緊急措置法，国土開発幹線自動車道建設法（7600 km）			
1967			五次	
1968	（都市計画法）	3カ年計画		
1969				
1970	本州四国連絡橋公団設立，地方道路公社法		六次	
1971	道路交通法一部改正，自動車重量税法			新全総
1972	道路運送車両法の一部改正			
1973		一次5カ年計画	七次	
1974				
1975				
1976				
1977	道路整備緊急措置法の目的改正	二次5カ年計画		
1978				
1979				
1980	幹線道路の沿道の整備に関する法律		八次	
1981				三全総
1982				
1983		三次5カ年計画		
1984				
1985			九次	
1986				
1987	国土開発幹線自動車建設法改正（11,520 km）	四次5カ年計画		
1988			十次	
1989	道路法等の一部改正（立体道路制度）			
1990				四全総
1991	道路法，駐車場法の一部改正（駐車場整備）	五次5カ年計画		
1992	（都市計画法改正）			
1993			十一次	
1994				
1995				
1996				
1997	（環境影響評価法成立）	六次5カ年計画（2年延長）	十二次	五全総
1998	高速自動車国道法，国道法改正			
1999	道路運送車両法改正，（PFI法成立）			
2000	交通バリアフリー法成立，（都市計画法改正）			

の発展とともにモータリゼーションが進展し，それに合わせて1952年に道路法が全面的に改訂された（表2.1）．道路の種類を改め，その認定の方法を変更し，道路予定地や道路審議会の制度，有料道路制度が導入された．その後，1953年に道路整備の財源に関する臨時措置法が制定され，道路整備のための特定財源制度が創設された．またこうした財源を確保しながら，1954年より道路整備5カ年計画が策定され実施されるに至った．

1957年には国土を縦貫する高速幹線自動車道の整備を謳った国土開発縦貫自動車道建設法と，その建設管理体制を内容とする高速自動車道法が制定され，1959年には自動車専用道路の制度が確立した．そして，1989年には大都市における用地取得の困難性を考慮し，適正かつ合理的な土地利用を図るために道路法，都市計画法，都市再開発法，建築基準法の一部改正が行われ，いわゆる立体道路制度ともいうべき新たな道路整備手法が盛り込まれた．これは幹線道路の整備をその周辺地域を含めて一体的に行うもので，道路の区域を地上空間または地下について上下の範囲を定める立体的区域の決定や道路と沿道建物などとの一体的構造を認めるものである．

現在，道路法では道路の種類ごとに管理者を定め（表2.2），そのもとで新設，改築，維持，修繕，災害復旧などの整備あるいは管理が行われている．また街路事業，土地区画整理事業および市街地再開発事業に基づく道路整備は，これら都市計画事業の一環として地方公共団体が行っている．この他，林道，大規模林道，スーパー林道（森林法），農道，広域農道（土地改良法），臨港道路（港湾法）等があり，特定目的のために建設される．

表 2.2 道路法に基づく道路の種類と管理者

道路の種類	道路の管理者
高速自動車国道	国土交通大臣
一般国道（指定区間）	国土交通大臣
〃 （指定区間外）	都道府県，指定市
都道府県道	都道府県，指定市
市町村道	市町村

有料道路も道路法に基づくものと他の法律に基づくものがある．前者はさらに都道府県，市町村が自ら整備し管理する場合と，公団，公社を設立して行う場合とがある．後者は道路運送法による一般自動車道が主であるが，その事業主体は地方の公的機関および民間事業者（バス，観光業者等）であり，観光道路が大部分を占める．なお，道路法上の有料道路はその建設費償還後に無料開放する前提であるが，一般自動車道は必ずしも前提としない．

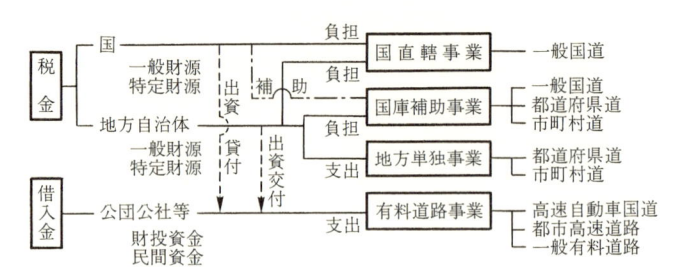

図 2.4 連絡事業の仕組み

　道路整備のための財源は，国費，地方費，地方債，財投資金からの借入金などで構成される．この中で国費および地方費は一般財源と特定財源により賄われるが（図2.4），特定財源の占める割合が高い．なお特定財源は，受益者負担の原則に則り，道路を利用する者に車の購入・保有と走行に関して課税するもので，現在9種類ある自動車関係税のうち6種類が道路特定財源として指定されている．

　ところで，戦後の道路整備は1954年から今日まで12次に及ぶ道路整備5カ年計画に基づいて実施されてきた（表2.1）．これらを概観すれば，最初の1次～4次計画はともかく遅れている道路の応急的整備に重点があり，国道の一次改築，舗装工事を重要事項とした．5次計画以降は全国総合開発計画を踏まえた長期構想に基づく計画であり，5次，6次では7600 kmの高速自動車国道の整備促進，国道・都道府県道の4車線化，地域幹線道の整備，都市内高速道路や幹線街路の整備等が重点項目に取り上げられた．7次，8次では，公害問題や石油危機などもあって，それまでの幹線道路整備重視の姿勢が改められて生活環境のための道路整備にも目が向けられ，道路交通の安全確保，生活基盤の整備，生活環境の改善のための整備が行われるようになった．

　9次は「21世紀を目指した道路作り」，10次は「確かな明日への道路作り」を踏まえた整備計画である．10次についていえば，21世紀の交流ネットワーク社会を実現するとして1万4000 kmの高規格幹線道路網の整備が打ち出され，また，大都市圏の道路整備を重点項目にするとともに，道路空間の立体的利用や道路と沿道との一体的整備などが取り上げられた．

　11，12次5カ年計画は，バブル経済が崩壊して景気が低迷し，道路予算が

伸び悩む中で，21世紀社会の到来に向けた道路整備を求めるものであった．12次5カ年計画でいえば，「安全で活力に満ちた社会，経済，生活の実現」を基本方針に，新たな経済構造実現への支援，活力ある地域づくり・都市づくりの支援，よりよい生活環境の確保，安心して住める国土の実現という4本柱のもとに，効果的，効率的な道路整備の推進と道路管理の充実を図るものである．具体的には，交流ネットワークのための高規格幹線道路網および地域高規格道路等の整備，中心市街地活性化に資する道路整備，都市圏の安全かつ円滑な交通の確保，地域づくり・まちづくり支援の道路整備，交通安全や高齢者へ配慮し安全な生活環境を確保する交通安全対策，防災対策などを内容とする．

B. 道路交通の安全政策

終戦直後の1945年にはわずか14万台にすぎなかった車保有台数はその後急速に増加し，1965年800万台，1985年4800万台となり，現在（1998年）では7400万台に達している．実に1.7人に1台の割合であるが，こうした車保有の進展が交通需要の増大をもたらし，それとともに交通事故を急増させる一因となっている．すなわち，1945年では死亡者数約3000人，負傷者数約9000人であったが，1965年には1万2500人，43万人，そして1970年には1万6800人，98万人と最悪の状態になった．その後はさまざまな努力もあって死亡者の数はかなり減少した．しかし，負傷者の数が最近の8年でみても100万人をこえる事態が続くなど，依然として厳しい状況にある．因みに，2005年で発生件数89万件，死亡者6352人，負傷者110万人である．こうしたことから，これまでに道路交通の安全のためさまざまな対策が考えられ実行されてきたが，そうした内容は，車の安全性の問題，ドライバーの問題，事故被害者に対する保障・救済制度，交通安全および道路安全施設に大別できる．

車の安全性については，1947年に道路運送法（旧）が成立し，車の検査，整備，登録業務が制度化された．そして1951年に全面的に見直され，自動車運送事業に対する管理規定を定めた道路運送法と車の保安規定を定めた道路運送車両法に分かれた．道路運送車両法では単に登録というだけでなく，自動車の保安，安全性確保の公証制度が導入された．その後，1968〜1970年の交通事故急増期に自動車の保安基準は強化され，たとえばシートベルト，安全枕，

前面ガラスの洗浄装置等の規制が設けられた．また，販売車に構造的欠陥があった場合のリコール制度が確立したのもこの頃である．1973年，1983年にさらなる自動車の総合的安全基準の強化があり，1985年にはシートベルトの着用が，1986年には原付自転車のヘルメット着用が，1999年にはチャイルドシートの着用が義務づけられ今日に至る．

ドライバー自身の問題は，たとえば神風タクシーやダンプカーの無謀運転，暴走族など時代時代で社会問題化するものがあった．これに対し1947年に交通取締法が，1960年にこれを改訂した道路交通法が制定され，道路交通の危険防止，安全義務，歩行者の保護，運転免許制度の合理化等が図られた．また，1968年には規則違反者に対する交通切符制度が，1969年には交通点数制が導入され実施されるようになった．さらに1978年に道路交通法は改正され，当時問題であった暴走族に対する共同危険行為の禁止規定が盛り込まれた．

交通事故被害者の保障・救済の中心をなすものは，1955年に制定された自動車損害賠償保障法である．本法はすべての自動車に自動車損害賠償責任保険を義務づけ，またひき逃げなど責任保険で救済されない被害者に対し政府が損害補填をする内容である．

交通安全施設，道路安全施設の整備に関し，1966年の交通安全施設等整備事業に関する緊急措置法がある．これに基づいて交通安全施設等整備事業3カ年計画が立案され，また1972年からは5次に及ぶ5カ年計画と第6次の7カ年計画が立てられ今日に至っている．その結果，歩道や歩道橋の整備，交差点の改良，ガードレール，道路照明，信号機，交通標識の設置等が進展した．

このようにさまざまな角度で道路交通の安全施策が進められ，またノーカー運動のような市民運動も実行されてきた．しかし交通事故の克服は容易でなく，加えて最近では交通事故の形態が従来の対歩行者・対自転車に加え，対自動車，自動車単独が増え，車は「走る凶器」から「走る棺桶」へと変化している．また，若者と高齢者の事故の急増，女性ドライバーの増加，オートマチック車の普及といった変化に対する新たな対策が求められている．

C. 道路交通の環境政策

わが国では，昭和30年代半ばの水俣病をめぐる紛争以来公害問題がクローズアップされ，昭和40年代になると反公害ブームが巻き起こった．これに対し，1967年に公害基本法が，翌1968年に大気汚染防止法，騒音規制法が成立するとともに，1971年に環境庁が発足し，公害行政の一元的取組みが始まった．そして，こうした過程の中で自動車交通の公害問題も大きく取り上げられ，排出ガスによる大気汚染，走行時の騒音，振動公害が槍玉に上がった．

自動車の排出ガスは，1966年のガソリン車新型車に対する一酸化炭素3％以下の規制が初めてである．以後，一酸化炭素以外の有害成分も規制対象に加えられたが，こうした規制で大きな転換点となったのが1972年の中央公害対策審議会の答申である．「自動車排出ガス許容限度長期設定方策について」の中で，ガソリン乗用車から排出される一酸化炭素，炭水化物，窒素酸化物をそれまでの約10分の1にすることを提言した．これを受け1973年以降段階的に規制は強化され，1978年度規制をもってその目標を達成した．またガソリン乗用車以外も1979年以降1983年にかけ順次拡大適用された．さらに，1994年に"自動車から排出される窒素酸化物の特定地域における総量の削減などに関する特別措置法"（自動車NOx法）が成立した．これは，それまでの排ガス規制がメーカに対するものであったが，ユーザーの使用車両にまで制限を加えた点で特徴的である．そして，1995年に大気汚染防止法が改正され，自動車排ガスの排出抑制に国民の責務が規定された．

自動車騒音に関し早くは昭和30年代のノークラクション運動などがあるが，本格的には1971年度，1975年度規制に始まる．1976年には中央公害対策審議会から「自動車騒音の許容限界の長期設定方策」が答申され，1979年度規制から順次1985年度規制へと進められた．その結果，規制以前に比較して6～9ホンの低減となった．また，道路交通の振動は1976年の振動規制法があり，道路舗装の改善などにより規制水準の達成を図ってきている．

公害問題はこうした発生源対策に加えて総合的な対策も必要であり実施されている．たとえば広域的な交通制御や交通誘導策，バス優先・専用通行など総量抑制ともいえる総合的交通管理体制の実施がある．あるいは1980年に「幹

線道路の沿道の整備に関する法律」が制定され，建築制限や緩衝建物の整備などによる道路公害対策も行われている．さらに 1984 年には「環境影響評価の実施について」が閣議決定され，道路整備事業にも適用された．しかし，評価のあり方に関し，評価の時期が遅く事業への反映が不十分である，住民参加や住民への説明，地域特性への配慮が不十分であるなどの問題指摘があった．このことから，1997 年に環境影響評価法が制定され，適用されるところとなった．

2.5　公共交通の政策

A. 鉄　　道

新橋-横浜間に官営鉄道が開業し，その後民間資本による鉄道が順次開通したが，1906 年に鉄道国有法が成立し，国内幹線鉄道は国有化された．その後，第 2 次世界大戦後の 1949 年に公共企業体として日本国有鉄道が設立され，これを引き継いだ．そして，戦後間もなくから昭和 30 年代前半まで文字どおりわが国の基幹的交通手段として鉄道は重要な役割を果たした．また，1964 年の東海道新幹線をかわきりにその後開業した新幹線が国内幹線交通の重大な担い手となった．しかしその反面で，1.3 節に述べるようにモータリゼーションが急展し，その結果として地方交通線を中心に鉄道は衰退していった．そこで 1987 年に至り経営合理化のため分割民営化され，各 JR 旅客，JR 貨物鉄道株式会社が誕生した．ここに，戦後長く続いた日本国有鉄道法による日本国有鉄道と地方鉄道法による私鉄，公営地下鉄等の民鉄という 2 本立ての鉄道事業が，鉄道事業法（1986 年）という 1 つの体系にまとめられた．

鉄道事業法によれば，鉄道事業のタイプを第 1 種から第 3 種までに分けている．第 1 種は自己の線路を利用して鉄道事業を営むもので，第 2 種は他の業者の線路を利用して鉄道事業を営むものである．第 3 種は第 1 種の事業者に譲渡する目的で線路を敷設する事業，および線路を敷設し第 2 種の事業者に使用させる事業である．第 2 種，第 3 種のように，鉄道の所有と経営の分離を認めたのは，鉄道に対する投資を容易にし，その発展を促すためである．

（1）新幹線による幹線鉄道の整備

幹線鉄道については，新幹線網のよりいっそうの整備およびリニア鉄道の実

2.5 公共交通の政策

現が今後の課題である．新幹線は現在，東海，山陽，上越，東北，北陸の5路線が営業中であるが，さらに全国新幹線鉄道整備法に基づき1973年に5路線の整備計画が決定されている．しかし，財源問題や国鉄の経営合理化，分割民営化などがあって延期されてきた．そうした中で必ずしも従来の標準軌新線（フル規格）にこだわらず新幹線規格新線（スーパー特急），新幹線直通線（ミニ新幹線），フリーゲージトレインなど新たな提案，建設がある．建設費はJR鉄道会社が50%，国および地域が合わせて50%を負担するなどの申し合せができ，またこうした鉄道整備の特定財源として，既設新幹線のJR各社への譲渡収入の一部をもとに国のレベルで鉄道整備基金が1991年度に創設された．

(2) 輸送力増強が求められる都市鉄道

都市への人口集中による交通量増大と朝夕に集中する交通から，昭和40年頃にはピーク時の車両内混雑率が200〜300%に達した．これを打開するために，国鉄，私鉄いずれもが，輸送力増強計画を立て，新線建設，郊外鉄道の都心乗り入れや直通運転，複々線化，列車編成長の長大化，運転間隔の短縮等に努力を払った．また，路面電車を廃止して地下鉄に切り換え，鉄道輸送力の増強と道路混雑の解消の双方を目指すなどの施策が実行された．しかし，鉄道整備事業には巨額な資金が必要であり，また懐妊期間が長いことから，こうした整備事業が鉄道経営を圧迫するようになった．そこで都市鉄道の整備について，税制面の優遇策や財源助成策，土地区画整理事業による用地確保等の支援策が工夫された．これらのうち都市鉄道整備に対する主要な支援措置を示せば

表 2.3　都市鉄道整備に対する主な支援措置[2]

名　称	制度の概要
地下高速鉄道整備事業費補助	公営事業者等が行う地下鉄の新線建設，大規模改良事業などの費用の一部補助
ニュータウン鉄道等整備事業費補助	公営事業者等が行うニュータウン鉄道新線建設等，および第三セクターが行う空港アクセス鉄道新線建設の費用の一部補助
幹線鉄道等活性化事業費補助（貨物鉄道の旅客線化）	第三セクターが行う貨物鉄道の旅客線化等の費用の一部補助
譲渡線建設費等利子補給金	日本鉄道建設公団が有償譲渡した大都市圏民鉄線の建設に関わる借入金の支払利息の一部補給
運輸施設整備事業団無利子貸付	都市鉄道の建設費用の一部について無利子貸付

表2.3のとおりである．

(3) 経営悪化する地方鉄道

地方は，過疎化による人口減，バス網との競合，モータリゼーションの進展で鉄道輸送需要は減少し，経営が苦しい状況にある．そこで旧国鉄においては，鉄道としての維持が困難な路線を特定地方交通線として指定し，1980年代に入ってその切り離しやバス転換策が実施された．また残りはJR各社が引き継ぎ，これらや鉄道建設公団が建設した地方新線，従来からの地方中小私鉄について鉄道軌道整備法（新線補助，改良補助，欠損補助，災害補助）や踏切道改良促進法（立体交差化事業，保安設備に対する補助），国鉄改革等施行法（転換鉄道，地方鉄道新線の欠損補助）によるさまざまな補助制度が確立している．

B. 乗合バス

戦後，車両不足と燃料不足から苦難を強いられた乗合バス事業は1952年のガソリン統制令全面解除により復興に向かい，1969年には史上最高の輸送量に達した．しかしその後は，地方，都市を問わず乗客のバス離れを引き起こし，困難な経営を強いられている．その一方で，規制緩和に基づいて，それまでの需給調整を前提とするバス事業の免許制が廃止されて許可制に移行し，また運賃は上限規制へと変わり，事業者保護的色彩が強かった運輸行政が利用者保護へと転換した．

(1) 深刻な地方の過疎バス事業

地方でバス事業の経営が最初に問題になったのは離島・辺地の路線であり，その後これら以外の地方のバス路線に問題が拡大した．そこで，問題のバス路線（過疎バス）を第2種生活路線（乗車密度15～5人で，都道府県知事が存続を必要と認めたもの），第3種生活路線（乗車密度が5人未満で，都道府県知事が存続を必要と認めたもの）および廃止路線代替バス路線に分け，それぞれの内容に応じた公的助成制度が行われるようになった．主なものは路線維持費と車両購入費の補助であり，また，代替バスには初年度開設費補助がある．

(2) 活性化が求められる都市バス

都市においても，道路の混雑に巻き込まれ走行スピードが低下し，あるいは

2.5 公共交通の政策

だんご運転などでバス運行サービスの質的低下が起こった．また，2年周期の運賃改訂がバス料金を高水準に押し上げた．これらから交通手段としてのバスの魅力が薄れたが，その改善のためにさまざまな対策が講じられるようになった．バス優先レーンや専用レーンの設置，バス優先信号システムの導入，ミニバスの運行，ゾーンバスシステムの導入，冷房化等のバスサービスの向上策である．また，最近では，バス交通活性化対策費補助が制度化され，都市新バスシステム（バス専用レーンの設置に併せてバスロケーションシステム，快適車両，停留所施設等の整備を合わせ行う方式），運行情報システム，バス総合案内システム，バス乗り継ぎシステム，デマンドバスシステム（利用者の呼び出しに応じて機動的にバスを運行するシステム），カードシステム（プリペイドカードによる運賃収受システム）等の整備が助成対象になっている．

(3) 急成長する都市間高速バス

1980年代に入って都市を結ぶ高速バス路線が急増している．これは全国的に高速道路の整備が進んだことが大きな原因で，鉄道と競合する新たな都市間交通手段の発達である．

C. 新交通システム

従来から多様な交通手段があるが，それらを輸送力，輸送距離，輸送時間軸上で整理すると既存の手段で対応できない空白域がある．この空白域をトランスポートギャップといい，これを埋める交通手段が新交通システムである．具体的には，徒歩とバスの中間やバスと鉄道の中間の手段であり，前者が短距離型新交通システム，後者が中量型新交通システムである．

わが国では都市交通の一手段として，あるいはニュータウン開発などにおいてモノレールやミニモノレール，リニアモーターカーなどいわゆるガイドウェイ方式の中量型新交通システムの導入が行われている．これらは軌道法，鉄道事業法および地下鉄補助の適用を受けるものに分けられる．そのうち軌道法は道路上に建設されるモノレールなどの新交通システムに適用され，都市計画法の都市施設（都市高速鉄道）として都市計画決定される．またその整備に関しては，都市モノレールの整備の促進に関する法律（1972年）により助成措置が講ぜられるようになった．すなわち，施設をインフラストラクチャー部（支

柱や桁等）とそうでない部分に分け，前者を道路の一部として改築するもので，インフラ補助対象事業費の3分の2を補助している．

D. 路面電車

路面電車は，軌道法に基づいて道路上に敷設され，その輸送力や速度，停車場間隔等の特性からバスと同様の都市交通機関として位置づけられる．しかし，激しさを増した道路混雑と自動車の軌道敷内通行が認められていたことから，路面電車の運行速度や定時性が著しく低下し，交通手段としての魅力を失い，利用者が激減した．このため，わが国では路面電車を廃止し，地下鉄やモノレールに置き換える自治体が増え，今日ではごくわずかな都市に残るだけである．

一方，世界でみれば，欧米の各都市で路面電車を魅力ある車両（Light Rail Vehicle：LRV）にしてその復権を図るところが多い．また，新しく線路を敷設してLRVを運行するところもある（Light Rail Transit：LRT）．

2.6 空港整備と航空の政策

A. 空港の整備政策

戦後，わが国の飛行場はすべて連合軍に接収され，その管理のもとにおかれた．しかし，講和条約締結後の1952年から順次返還され，わが国の空港が復活した．1956年に空港整備法が制定され，空港を3種類に分け，また1987年にはヘリポートおよびコミューター空港などを追加して整備が進められている．

表2.4は，空港の種類とその設置・管理者，整備事業費の補助率を一覧に示す．第1種空港は国際航空路線に必要な空港で，整備費の全額が国負担である．第2種空港は主要な国内航空路線に必要な空港で，75%の国負担・補助がある．第3種空港は地方で航空運送を確保するために必要な空港であり，50%の国の負担・補助である．またコミューター空港，ヘリポートは，それぞれ整備費の40%，30%を無利子で貸し付ける制度があり，これは償還時に同額を補助する仕組みである．

2.6 空港整備と航空の政策

表 2.4 空港の種類と整備事業費の国の負担率, 補助率

空港の種類		設置・管理者	施設	負担補助	新設または改良（%）				
					一般	北海道	離島	奄美	沖縄
第1種空港	新東京 関西国際 中部国際	新東京国際空港公団 関西国際空港株式会社 中部国際空港株式会社			国出資等 国, 地方, 民間出資等 〃				
	東京国際 大阪国際	国土交通大臣	基本 付帯	負担 負担	100 100				
第 2 種 空 港		国土交通大臣	基本 付帯	負担 負担	75 100	95 100	90 100		≦100 100
		設置：国土交通大臣 管理：地方公共団体	基本 付帯	負担 補助	75 ≦75	80 ≦80	90 ≦90		≦100 ≦100
第 3 種 航 空		地 方 公 共 団 体	基本 付帯	負担 補助	50 ≦50	75 ≦75	90 90	≦90 ≦90	≦100 ≦100
その他飛行場		地 方 公 共 団 体			無利子貸付（償還時同額補助）40				
ヘ リ ポ ー ト		地 方 公 共 団 体			無利子貸付（償還時同額補助）30				

　空港整備のための財源は，1970年制定の空港整備特別会計法に基づく特別会計によっている．これは受益者負担の原則による財源調達であり，現在では空港使用料（普通着陸料，特別着陸料，夜間照明使用料，停留料，格納庫使用料），航行援助施設利用料および航空機燃料税がその内容である．

　ところで，近年における空港整備は1967年から今日までの7次に及ぶ空港整備5カ年計画によって行われてきた．第1次計画（1967～1970年度）では，航空交通の安全確保とともに航空需要の増大および航空機の大型化，高速化に対処するため，空港整備と航空保安施設の充実に重点がおかれた．また第2次計画（1971～1975年度）では，これに先立って空港整備特別会計が設けられ，一元的に空港整備が促進されるようになった．その上で，前述の整備課題に対処するとともに騒音対策への取組みや新国際空港の整備に努力が払われた．第3次計画（1976～1980年度）では，環境問題が深刻化したことから，とくに空港周辺の環境対策事業に力点がおかれ，また航空保安施設，新国際空港の整備にも力が注がれた．一般空港に関しては，就航機材のジェット化，大型化に対処するため滑走路の延長などが行われた．

　第4次（1981～1985年度），第5次計画（1986～1990年度）になると，航空需要のいっそうの増加から東京，大阪の基幹空港の能力が問題になり，その充

実のために新東京国際空港の整備，東京国際空港の沖合展開および関西国際空港の建設を3大プロジェクトとする重点的取組みが行われた．

第6次（1991～1995）では3大プロジェクトの概成を目指すとともに新たな国際空港の整備についての検討，地方空港発着の国際線の充実などが課題として取り上げられた．また，第7次（1996～2000）では，6次に引き続き大都市圏のハブ空港整備を最重点課題としつつも，地域拠点空港について需要動向を勘案し，国際，国内ネットワークの形成強化のために所要の整備を推進するとした．

B. 航空政策

1951年，航空機の運行を外国航空企業に委託しながらも日本資本による航空事業が開始され，1952年には航空法が制定され，戦後におけるわが国の航空機運送事業が本格的に再開された．そして，1952年から1953年にかけて国際線と国内幹線を運行する1社と国内2ブロック各1社，ローカル線航空輸送を行う数社が相次いで設立された．しかし，昭和30年から40年にかけて各社とも経営状態は思わしくなく企業の統合，系列化が進んだ．

昭和40年代中頃になると航空需要は増大し業績は良くなったが，そうした背景のもとに1970年（昭和45年），1972年（昭和47年）の2度にわたり航空企業の運営体制についての基本的方針が打ち出された．すなわち，国際線1社，国内幹線同一路線2社，ローカル線同一路線1社という内容の定期航空5社の調整と協力関係を定めたもので，一種の保護育成策である．これは「45・47体制」または「航空憲法」と呼ばれ，その後の約15年に及ぶわが国航空事業の枠組みとなった．

1985年になると，日米間でそれぞれ3社の太平洋路線を就航させる取り決めが行われたが，これを機に45・47体制は終焉した．すなわち，国際線の複数社運営，国内線のダブル・トリプル運行による競争原理の導入，それまでの特殊会社日本航空（株）の完全民営化などの大幅な規制緩和策が打ち出された．そして，1998年には規制緩和推進3カ年計画により，需給調整規制の廃止，運賃料金規制の弾力化が打ち出された．

また，コミューター航空，地域航空，ヘリコプターの導入が最近注目を集め

るようになった．これは，離島や山越え，あるいは需要がそれほど大きくない中距離都市間の路線で，小型の航空機やヘリコプターによる運行を行うものである．

2.7 港湾整備と海運の政策

A. 港湾の整備政策

港湾は重要港湾と地方港湾に分類される．重要港湾は国の利害に重要な関係を有する港湾であり，その中で外国貿易増進の上でとくに重要な港湾を特定重要港湾と指定している．地方港湾は重要港湾以外の港湾である．また，重要港湾，地方港湾の中から政令により避難港が定められている．

戦前は統一した基本法がないまま港湾整備が進められてきたが，1950年になってようやく港湾法が制定された．この港湾法は自主的な港湾管理を特色とするもので，各港湾ごとに港湾管理者（大部分は地方公共団体で，わずかに地方公共団体の一部事務組合があり，また1カ所は港務局）を定め，その権限のもとで港湾施設を維持管理し，あるいは改築を進める仕組みになっている．また，港湾は水域と陸域とに大別されるが，前者を港湾区域，後者を臨港地区と定め，港湾管理者の権限範囲としている．

長期計画に基づく港湾整備が行われるようになったのは，1951年の経済自立3カ年計画を受けた港湾整備3カ年計画以降であり，あるいはその後の5カ年計画である．しかし，より本格的には1961年制定の港湾整備緊急措置法に基づく港湾整備5カ年計画であり，これまで9次にわたり実施されている．

第1次から第4次までは外国貿易港湾，内国貿易港湾，産業港湾を3本柱とする整備であった．その中でどちらかといえば第1次計画（1961～1965年度）は，産業港湾の整備に力点がおかれた．その後昭和40年代になると，経済発展とともに重化学工業が発達し，これに伴って国内外の船舶による貨物輸送が大きく進展したことから，第2次計画（1965～1969年度）では内国貿易港湾，次いで外国貿易港湾，第3次（1968～1972年度），第4次計画（1971～1975年度）では外国貿易港湾，次いで内国貿易港湾の整備重視となった．

さらに，昭和40年代後半の公害問題から，港湾法が全面的に改正され（1973

年），これを受けた第5次計画（1976～1980年度）では公害対策・環境事業や航路・避難港の整備にも積極的に取り組むこととなった．

昭和50年代後半からは，港湾地域においても本来の港湾機能以外に，その特色を生かした業務空間，生活空間，快適空間など多様な空間整備が求められるようになり，第6次（1981～1985年度），第7次計画（1986～1990年度）では前出の5項目に加えて臨海部の活性化事業に取り組むこととなった．港湾整備から総合的港湾空間の整備事業への政策転換である．

第8次（1991～1995年度）もおおむね第7次の内容を踏襲するが，より豊かなウオータフロントを目指す港湾整備へとシフトした．そして，第9次では5カ年計画が途中で7カ年の計画（1996～2002年度）に改められたが，国際競争時代の到来と阪神淡路震災の教訓を踏まえ，国際競争力を有するネットワークの形成，信頼性の高い空間の創造，活力と優しさに満ちた地域づくりの推進を目標に港湾整備を図る内容である．

B. 海運政策

海運は港湾運送，内航海運および外航海運に分けられ，それぞれの最近の政策をみれば以下のとおりである．

（1） 港湾運送事業の規制緩和

港湾運送では港湾施設の改善，港湾事業の近代化，港湾労働条件の改善が主要な政策である．これらのうち港湾施設の改善は港湾整備5カ年計画を通して実施されてきた．

他方，後2者に関連して港湾労働法，港湾運送事業法をもとに政策展開が図られてきた．そして1982年に行政管理庁から「港湾運送事業に関する規制緩和と見直しについての改善勧告」が出され，これを受けて1983年に港湾施設および港湾労働者に関する免許基準の改訂が行われた．また1984年に港湾運送事業法が改正され，従来，船内荷役事業と沿岸荷役事業の免許区分が別であったものを統合して港湾荷役事業とすることとなった．一般港湾運送事業についても下請の規制緩和を行い，一定量の港湾運送を行う場合に関連事業者に下請けさせることを認めた．また，需給調整廃止，事業免許制の許可制への移行，料金認可制の届出制への移行を内容とする規制緩和が図られた．

（2） 内航海運の構造改善

内航海運業はその大半が零細業者であり，内航2法（内航海運事業法，内航海運組合法）に基づく業者間の過当競争の抑制と構造改善が政策の中心である．不要船買上げによる過剰船腹の削減，転廃業や合併に対する助成，船舶整備公団の代替建造方式などにより構造改善を進め，また，需給バランスを図るものであった．これに対し，1998年に内航海運のさらなる活性化を図るため船腹総量を抑制する自主規制が解消された．

（3） 外航海運の集約体制の見直し

昭和40年代，50年代は海運業の再建整備に関する臨時措置法（1963年）に基づいて，外航海運企業を合併し集約する業界再編政策が推進された．これは企業の体質強化を図り，国際競争力を高めることを意図したものである．しかし，競争の激しい北米航路の経営悪化やアメリカの海運における規制緩和などからそれまでの集約政策の見直しが迫られ，企業間の自由な競争のもとで活性化を期する政策に転換した．そうした中で，わが国の外航海運企業間の大型合併が相次ぎ，1999年にはそれまでの5社から3社体制へと再編された．また，日本船籍の減少をくい止め，確保するとの観点で国際船舶制度が創設され，税の優遇措置などが図られた．

［演習問題］

2.1 最近の国内旅客，貨物の輸送について地域間の流動状況を調べ，その実態を明らかにするとともに，特徴と問題点を論ぜよ．

2.2 身近な大都市（人口50万人程度以上の市）と地方（人口数万人程度以下の市町村）を対象に，それぞれが抱えている具体的な交通問題を列挙し，両者の相違を論ぜよ．

2.3 全国総合開発計画法に基づいて，全国総合開発計画の目的がいかなるものであるかを明らかにせよ．また，これまでの数度にわたる全国総合開発計画の内容について，計画の目標，基本方針を整理し，その中で交通問題がどのように扱われてきたかを論ぜよ．

2.4 身近な地域の道路で混雑箇所を取り上げ，混雑の状況を把握し原因を考察するとともに，その解決のためにいかなる施策が考えられるか論ぜよ．

2.5 道路法,鉄道事業法,航空法,港湾法それぞれについて,その目的,内容の要点を整理し比較対照せよ.

2.6 第12次道路整備5カ年計画の内容を調べよ.また,社会経済情勢と本計画との関係を論ぜよ.

2.7 航空機に対する交通需要は,量的にはともかくその伸びが著しい.その理由について本交通機関がもつ特色,社会的経済的背景等の観点から論ぜよ.

2.8 最近,わが国の各地で新交通システムが導入されるようになった.それぞれのシステムに関し,導入の背景,形式,路線の性格,輸送力,助成策等について調べ明らかにせよ.

[参考文献]

1) 国土交通省情報管理部編:交通経済統計要覧(平成17年版),(財)運輸政策研究機構.
2) 運輸省:平成12年度運輸白書,2000.
3) 戦後におけるわが国の交通政策に関する調査研究委員会:戦後日本の交通政策,運輸経済研究センター,1990.

3

交通需要の実態調査

> 交通需要の実態をどのように調査し捉えるか,その方法や手順を学ぶとともに,調査結果の整理の仕方やそれに基づく交通需要の特性について理解する.

　交通の主体は人と物であるが,その実態となると交通の目的,手段,発着地,経路等の諸点でさまざまな内容があり,しかもそれらの特性は互いに複雑に関係し合っている.また,こうした実態が社会経済活動を反映したものであることは前章までに述べるとおりである.したがって,交通計画に際し,交通実態に関する詳細な調査と精度ある分析を踏まえて交通の現状と問題点を明らかにするとともに,将来の交通需要状態の予測が求められ,これに資する交通実態調査が必要になる.

　交通は時間的にも空間的にも連続する現象であり,したがってその実体を完全に調査することは困難であり,一般には時間,空間の一方あるいは双方を離散的に設定し調査している.すなわち調査の種類として,定期,不定期調査や場所を限定した常時観測調査があり,計画で必要となるデータの内容に応じて使い分けている.

3.1　交通実態の計測単位と交通実態調査の種類

　交通の実態は,交通をいかに分類し,どのような単位で計測するかにより解明できる内容や精度が異なる.従来は輸送機関それぞれの利用実態調査,道路における自動車交通の実態調査などが主であった.これは交通計画が結果的に

交通機関ごとの施設整備とその運営の検討にあったこと，調査が容易であること，ある意味で全数調査であり信頼できるデータが得られることなどによる．

利用実態調査は確かに現在でも交通計画において有用であり，さまざまな情報を与える．しかし最近は，人の移動においても物の運搬においても利用可能な交通手段は必ずしも1つでなく複数あり，しかもそれらが互いに競合関係にある．このことから，これを無視して交通機関ごとに実態を把握し予測するだけでは交通計画の意味をなさなくなっている．通勤にマイカーを利用するものが多ければバスや地下鉄の利用者は少なく，出張や旅に航空機の利用が増えれば新幹線鉄道の利用が減る．こうしたことから，輸送機関ごとの調査に加え交通機関の競合が解明できるような交通の根源に遡る調査が求められ，それが交通主体である人の交通行動と物の輸送状況に関する実態調査である．前者をパーソントリップ調査またはPT調査，後者を物資流動調査という．

ところで交通には発地と着地があり，その間の移動を基本単位とするが，これが1トリップ（trip）である．しかし，同じ1トリップでもその内容はさまざまである．すなわち人の動きに関していえば，まずは1人が1つの交通目的を実行することに対して1単位とする考えがある．たとえば，通勤目的で家を出て会社に着くまでが1単位であり，配達で会社を出て配達先に着くまでがまた1単位である．こうした交通の単位表現を1目的トリップという．

1目的トリップでも，これと交通手段との関係でみれば必ずしも1対1に対応せず，一般に複数の手段が繋がって構成されている．家を出て最寄駅まで歩き，その駅から会社最寄駅まで地下鉄に乗車し，最寄駅から歩いて会社に到着することで通勤しているとすれば，通勤という1目的トリップは徒歩-地下鉄-徒歩という交通手段の繋がりで構成される．すなわち手段でみれば3トリップがあり，おのおので家-駅，駅-駅，駅-会社という発着地をもち，これらを手段トリップという．あるいは1目的トリップは複数の手段トリップの繋がりであるからリンクドトリップ（linked trip）ともいい，これを分解した各手段トリップをアンリンクドトリップ（unlinked trip）という．本来，交通は発地，着地間で何らかの移動目的を達成することに発露がある．この意味で交通の実態について目的トリップを単位に捉えることは理に適っている．

なお先に述べた各交通実態調査のうち，輸送機関別の調査は基本的にアンリ

ンクドトリップの一断面を捉える調査であり，またパーソントリップ調査はリンクドトリップを基本とし，これとアンリンクドトリップとの関係を明らかにする調査である．

　物の動きの場合も同様であり，出荷地と発送先間の移動を1単位として捉える場合と，途中の中継・積替えすべてを分解的に拾い出す場合がある．前者を純流動といい，そうした内容の調査を純流動調査という．また後者を総流動といい，その調査が総流動調査である．一般に物の輸送に関し出発地から到着地までの動きでみれば純流動であるが，これを運ぶ交通手段でみれば総流動となる．この意味で輸送機関ごとに行われる貨物輸送実態調査は総流動の一断面を捉えるものであり，一方，物資流動調査は純流動を基本とし，これと総流動との関係を明らかにする調査である．また発着地点間の動きのみに着目した貨物の流動調査があるが，これは当然ながら純流動が対象である．

　物の移送単位のとり方には重量，容積，金額，件数が考えられる．これらのうち調査でよく用いられるものは重量と件数であり，先のトリップに対応するフレート（freight）という語句と合わせて以下のように定義される．

　（1）　フレート重量：　輸送品目を重量で把握するものである．

　（2）　フレート件数：　同一品目を同一代表輸送機関で同一目的地に輸送した場合を1件と数える．したがって，同一品目をトラック2台に分けて同一目的地に運んだ場合は1件であるが，逆に2品目を同一機関，同一目的地に同じトラックで運んだ場合は品目が異なることから2件となる．

　実際の貨物は梱包形式などの荷姿も多様である．このため同じ調査であっても物の移送単位を1つに統一して調査することは難しく，それぞれの品目や内容に応じていずれが把握しやすいかにより重量と件数を使い分けることが多い．たとえばコンテナや貨車積み貨物などは逐一重量を計るのでなく，まずは件数を押え，それに平均重量を乗じて換算するなどである．

3.2　主な交通実態調査

A．パーソントリップ調査（PT調査）

　都市，都市圏などの範囲で調査対象地域を定め，その中に住む人々の1日の

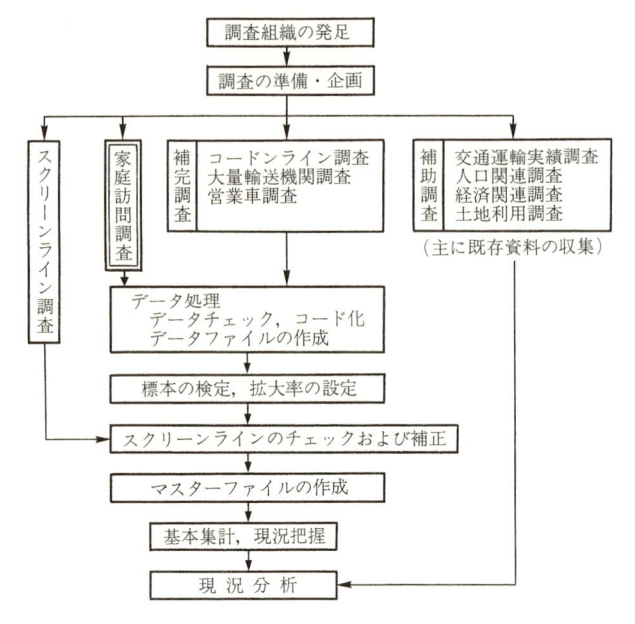

図 3.1 パーソントリップ調査の体系[1]

　交通行動を，目的トリップごとに詳しく把握するための一連の調査がパーソントリップ調査である．調査の体系は地域の特色を踏まえそれぞれで工夫されるが，およそは図3.1のとおりである．主体となる家庭訪問調査と補完調査，補助調査およびスクリーンライン調査で構成される．

（1）　家庭訪問調査

　家庭訪問調査は，5歳以上の人口を対象に個人の属性と交通行動に関する質問項目のアンケート調査を行うものである．具体的な質問およびそのレイアウトは，これまでの調査からおおむね固まっているが，一例を表3.1に示す．要は1つ1つの目的トリップに関し，発地，着地とその間の手段トリップについて詳細に質問する内容である．

（2）　コードンライン（cordon line）調査

　調査対象地域の境界線（コードンライン）を出入りする人や車の交通量を調査するものである．前述の家庭訪問調査では地域内の居住者が対象である．しかし実際には地域外の人や車が地域内に出入りする交通もあり，こうした交通

を把握し補完する調査である．

（3） 大量輸送機関調査

コードンライン調査と同様の目的で，コードンラインを通過する大量輸送機関利用者の実態を調査する．通常は，境界近傍駅での乗込み調査あるいは域内駅での降車客に対する調査により行う．

（4） 営業車調査

家庭訪問調査では営業用貨物車やタクシーの空車の動きが捉えにくい．そこで，これを別途調査するもので，営業所を訪問し調査している．

（5） スクリーンライン（screen line）調査

以上の諸調査から交通の実態を把握するにしても，基本となる家庭訪問調査は標本調査でありその精度が問題になる．そこで対象地域内を横断する切断線（スクリーンライン）を考え，これを通過する自動車交通を全数観測するものである．スクリーンラインは河川や鉄道などをうまく利用することにより断面通過点を絞り込むことができ，調査の効率化が図れる．なお，本調査による断面交通量と，上述（1）の拡大および（2）〜（4）による補完から得られる断面交通量とを比較すれば，両者で食い違いの大小があり精度が判断できる．精度が悪い場合は家庭訪問調査の結果の拡大率を補正する．

（6） 補助調査

交通の現況分析や将来予測のために，交通と関係ある社会・経済活動の実情を調査するもので，図中にその主要なものを示す．

B. 物資流動調査

物の発着点を事業所系と非事業所系（第1次生産場，一般家庭，野積み場，ごみ捨場，山林・原野等）に分ければ，非事業所系は非定常性や不特定性が強い．したがって一般には事業所系の物の動きに限って調査するが，その体系はそれぞれで工夫され必ずしも定形的でない．ここでは，ある都市圏の例を示すにとどめれば表3.2のとおりである．本例では調査地域を物流の拠点となる特定地区とそうでない一般地区に分け，また事業所の種類によって物の搬出搬入状況が異なることから，事業所についても区分している．その上で次の3種類の調査に関し各事業所に適した調査表を工夫している．

3章 交通需要の実態調査

表 3.1 家庭訪問

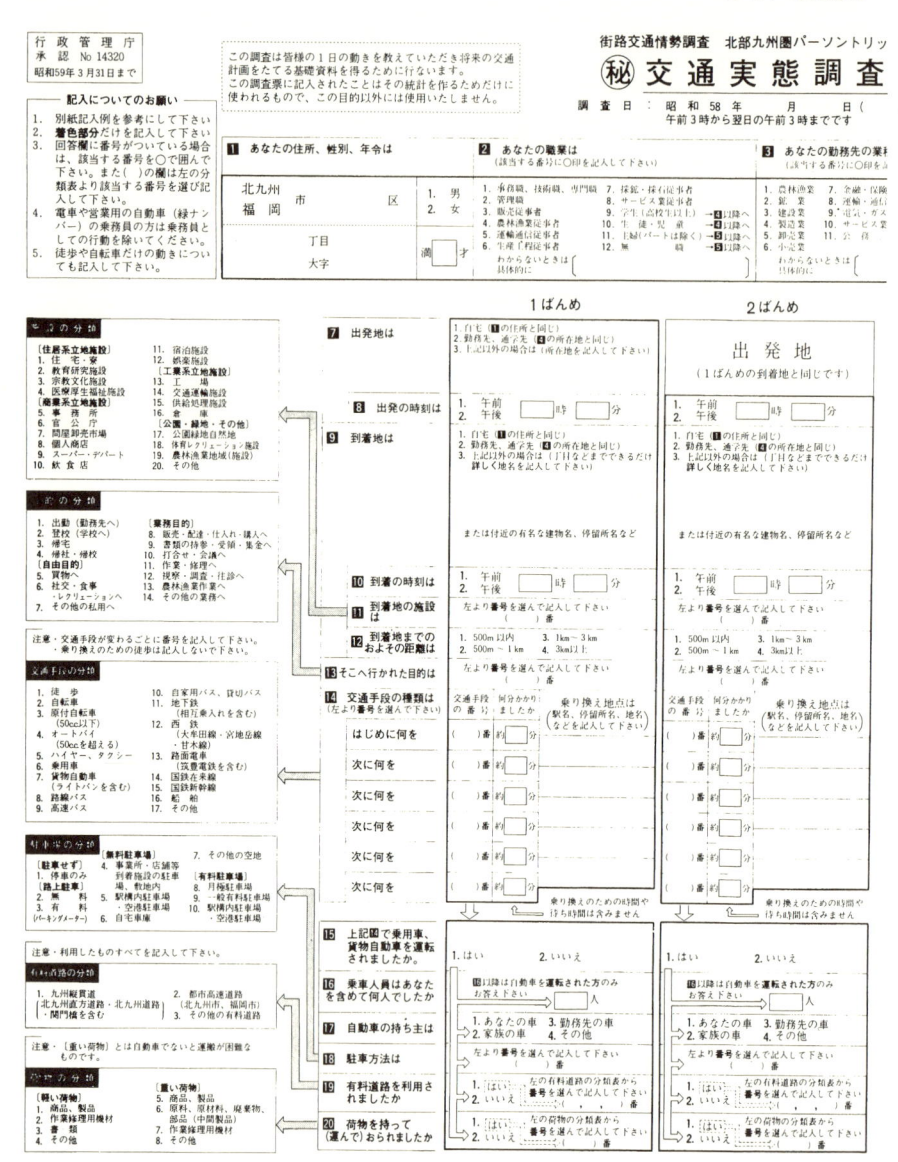

3.2 主な交通実態調査

調査の調査表

プ調査
票
（曜日）

建設省
福岡県　佐賀県
北九州市　福岡市

調査結果: 1 有効 / 2 不能 / トリップ有 / なし

整理番号　個人番号　トリップ順

業と規模は
（1人じてください）
- 不動産業
- 水道業

従業員数(人)
1. 1〜4
2. 5〜9
3. 10〜29
4. 30〜49
5. 50〜99
6. 100〜499
7. 500以上

4 あなたの勤務先、通学先の所在地
（❶の住所と同じ場合は1.に○をつけて下さい）
（それ以外の場合は所在地を記入して下さい）
（なお、通学先の場合は学校名でも結構です）

1. ❶の住所と同じ
2. 上記以外の方は（所在地を記入して下さい）

5 あなたは運転免許をお持ちですか（二輪免許を除く）

はい
1. ほとんど毎日運転
2. 週に2、3日運転
3. 主に休日運転
4. 月に2、3回運転
5. 運転しません
6. いいえ

6 あなたの世帯には自動車などが何台ありますか
（ただし緑ナンバーを除く）

- 乗用車（含む軽自動車）　　台
- 貨物車（含むバン、軽貨物）　　台
- オートバイ（50ccを超える）　　台
- 原付自転車（50cc以下）　　台
- 自転車　　台

3ばんめ	4ばんめ	5ばんめ
出 発 地 （2ばんめの到着地と同じです）	**出 発 地** （3ばんめの到着地と同じです）	**出 発 地** （4ばんめの到着地と同じです）
1. 午前　2. 午後　　時　　分	1. 午前　2. 午後　　時　　分	1. 午前　2. 午後　　時　　分
1. 自宅（❶の住所と同じ） 2. 勤務先、通学先（❹の所在地と同じ） 3. 上記以外の場合は（丁目などできるだけ詳しく地名を記入して下さい）	1. 自宅（❶の住所と同じ） 2. 勤務先、通学先（❹の所在地と同じ） 3. 上記以外の場合は（丁目などできるだけ詳しく地名を記入して下さい）	1. 自宅（❶の住所と同じ） 2. 勤務先、通学先（❹の所在地と同じ） 3. 上記以外の場合は（丁目などできるだけ詳しく地名を記入して下さい）
または付近の有名な建物名、停留所名など	または付近の有名な建物名、停留所名など	または付近の有名な建物名、停留所名など
1. 午前　2. 午後　　時　　分	1. 午前　2. 午後　　時　　分	1. 午前　2. 午後　　時　　分
左より番号を選んで記入して下さい（　） 1. 500m以内　3. 1km〜3km 2. 500m〜1km　4. 3km以上	左より番号を選んで記入して下さい（　） 1. 500m以内　3. 1km〜3km 2. 500m〜1km　4. 3km以上	左より番号を選んで記入して下さい（　） 1. 500m以内　3. 1km〜3km 2. 500m〜1km　4. 3km以上
左より番号を選んで記入して下さい（　）番	左より番号を選んで記入して下さい（　）番	左より番号を選んで記入して下さい（　）番

6ばんめ以降は裏面に記入して下さい

交通手段の番号	何分かかりましたか	乗り換え地点は（駅名、停留所名、地名などを記入して下さい）
（　）番	約　分	
（　）番	約　分	
（　）番	約　分	

↓ 乗り換えのための時間や待ち時間は含みません

1. はい　　2. いいえ

❷以降は自動車を運転された方のみお答え下さい　　　人

1. あなたの車　　3. 勤務先の車
2. 家族の車　　　4. その他

左より番号を選んで記入して下さい（　）

1. はい　　　　左の有料道路の分類表から
2. いいえ　　　番号を選んで記入して下さい（　,　,　）番

1. はい　　　　左の荷物の分類表から
2. いいえ　　　番号を選んで記入して下さい（　）番

- 事業所概要調査： 事業所の所在地，業種，規模，敷地面積等．
- 搬出搬入物資調査： 対象日に搬出および搬入した物資の品目，量，送り先・発送先，輸送手段等．

表 3.2 物資流動調査の体[2]

a. 調査区分と調査表の関係

実査系列			調査票			
			概要	搬出	搬入	貨物車
一般地区調査	鉱業・製造・卸売・その他業		A	B	C	D
	小売業		〃	〃	特定C	〃
	倉庫業		運輸A	〃	〃	〃
	陸運業		〃	—	—	〃
	建設業	事業所	A・建A	B	C	〃
		工事現場@	工事A	〃	〃	〃
特定地区調査	港湾地区	一般倉庫	A	〃	特定C	〃
		港運	運輸A	海運B	海運C	〃
		陸運	〃		陸運BC	〃
	流通センター	一般倉庫	A	B	特定C	〃
		陸運	運輸A	〃	〃	〃
			〃		陸運BC	〃
	鉄道貨物駅		〃	〃		〃
備考			4種類	6種類		1種類

b. 調査票

調査票系列		調査票	調査内容
A系列	概要調査	A	一般事業所の概要調査
		運輸A	倉庫業，陸運業，海運業の概要調査
		建設A	建設業事業所所有の工事現場一覧
		工事A	工事現場の概要調査
B系列	搬出物資調査	B	一般事業所および倉庫，海運業事業所の搬出物資調査
	取扱物資調査	海運B	港湾地区内海運事業所の船積物資調査
		陸運BC	特定地区陸運事業所の貨物伝票転記
C系列	搬入物資調査	C 特定	B票の裏返し すべての地域からの搬入物資の調査
	取扱物資調査	海運C	海運B票の裏返し
		陸運BC	B系列と同様
D	貨物車	D	事業所保有の貨物車の調査日運行調査

- 貨 物 車 調 査： 事業所が所有する貨物車について，貨物車属性，貨物車のトリップの起終点，輸送品目，稼働状況等．

C. わが国における定期的な交通実態調査，輸送機関利用調査

各地域の交通計画に際し上述のような PT 調査や物資流動調査が実施されるが，他に従来から責任ある機関で定期的な交通実態調査や輸送機関利用調査が行われ公表されている．交通計画ではこれらもまた貴重な資料である．

（1） 道路交通センサス

1928年（昭和3年）に，断面交通量および道路現況の把握を主目的に道路改良会が一般交通量調査を行った．これをかわきりに以後3～5年ごとに調査されているが，これが全国道路・街路交通情勢調査（道路交通センサス）である．現在の調査体系は表3.3のとおりである．一般交通量調査と自動車起終点調査，機能調査，駐車場調査で構成され，これらをあわせた総合調査を5年ごとに，また一般交通量調査のみの補完調査をその間の3年目に国土交通省主管のもとで実施している．なお，調査結果は一般交通量箇所別基本表，一般交通量調査集計表および自動車起終点調査集計表として公表されている．

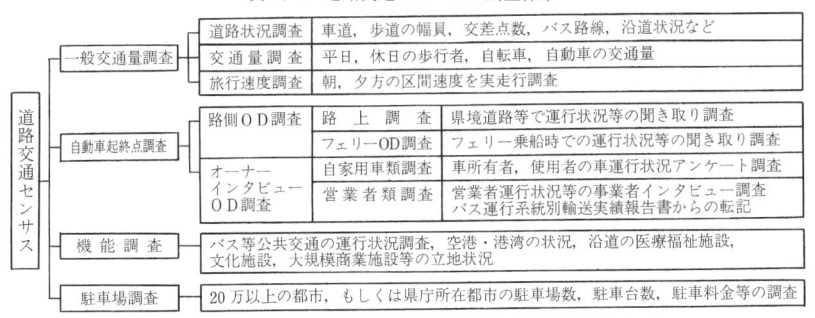

表 3.3 道路交通システムの調査体系

道路交通センサス	一般交通量調査	道路状況調査		車道，歩道の幅員，交差点数，バス路線，沿道状況など
		交通量調査		平日，休日の歩行者，自転車，自動車の交通量
		旅行速度調査		朝，夕方の区間速度を実走行調査
	自動車起終点調査	路側OD調査	路 上 調 査	県境道路等で運行状況等の聞き取り調査
			フェリーOD調査	フェリー乗船時での運行状況等の聞き取り調査
		オーナーインタビューOD調査	自家用車類調査	車所有者，使用者の車運行状況アンケート調査
			営業車類調査	営業者運行状況等の事業者インタビュー調査 バス運行系統別輸送実績報告書からの転記
	機 能 調 査	バス等公共交通の運行状況調査，空港・港湾の状況，沿道の医療福祉施設，文化施設，大規模商業施設等の立地状況		
	駐車場調査	20万以上の都市，もしくは県庁所在都市の駐車場数，駐車台数，駐車料金等の調査		

（2） 大都市交通センサス

東京，中部，京阪神3大都市圏における公共交通機関の利用状況を把握するために行われる調査で，その体系は交通事業者の事業所調査と公共交通機関利用者調査からなり（表3.4），5年ごとに行われる．結果は，大都市交通センサス報告書として公表されている．

表 3.4 大都市交通センサスの調査体系

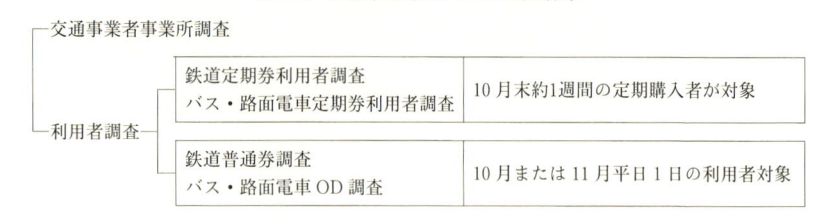

- 交通事業者事業所調査
- 利用者調査
  - 鉄道定期券利用者調査 / バス・路面電車定期券利用者調査 : 10月末約1週間の定期購入者が対象
  - 鉄道普通券調査 / バス・路面電車OD調査 : 10月または11月平日1日の利用者対象

(3) 輸送機関別輸送統計調査

輸送機関別にそれぞれの輸送実態を明らかにするために調査が行われており、その主なものを表3.5に示す.

表 3.5 主な輸送機関の輸送統計調査

調査	実施	調査対象	調査内容	公表
自動車輸送統計調査	毎月	一般道路利用の自動車	大調査（6,10,2月．標本数約33,000両）都道府県別貨物流動表の作成 小調査（大調査以外の月，標本数約10,000両） 実働率，平均の積載量，輸送距離，輸送回数/実車1台，トン/台・日，燃費/トン等	自動車輸送統計月報
鉄道輸送統計調査	毎年	鉄道および軌道事業者	輸送，財務，施設，車両の各状況等 駅別発着，通過人員，貨物量等	鉄道輸送統計年報
内航船舶輸送統計調査	毎年	内航運送業者 自家用船舶輸送者（一定規模以上）	輸送貨物の品目，区間，距離，輸送船舶の種類等	内航船舶輸送統計年報
航空輸送統計調査	毎月	国内，国外の旅客，貨物	路線別輸送量，時間，便数，郵便量等 会社別機材稼働時間，燃料消費量等	航空輸送統計年報

(4) その他の交通実態調査

国勢調査に際し通勤，通学の発地，着地を明らかにする調査があり，あるいはある1日の国内線利用航空旅客を対象とする航空旅客動態調査がある．この他，全国の事業所の貨物の動きを調査する全国貨物純流動調査，全国の港湾における船舶，乗降客，海上出入貨物を対象とする港湾調査，輸送機関統計調査を用いた旅客地域流動調査，地域貨物流動調査等がある．

3.3　交通実態調査の手順と方法

　前述のようにさまざまな交通実態調査や輸送機関調査があり，それぞれで調査の対象や内容が異なる．したがって，これらに関し厳密な意味で一定の手順や方法論があるとはいえず，おのおので所要精度の結果を得ることを目途に創意工夫している．そうした中でPT調査や物資流動調査は導入の当初から調査の方法が詳細に検討され，あるいは試行錯誤を繰返し改善されてきた．また，これらの工夫は他の調査に参考となる．こうした意味で，本節はこれら両調査とりわけPT調査の家庭訪問調査を念頭にその手順と実施方法を述べる．

（1）　調査の手順

　調査の大まかな手順を図3.2に示す．まずは調査における課題を関係者や利用者のヒアリングなどをまじえて整理し，またそれに基づいて調査の目的を明確化する．ついで考えられる交通計画の内容などを考慮しながらおよその計画対象地域を定め，それをもとに調査対象地域を設定する．一般に調査対象地域は計画対象地域を包含し，より広範囲であることが望ましい．これは計画対象地域の交通実態が単にその範囲内に限らず周辺地域の影響をも受けること，またできるだけ見落としなく計画すること，計画案の作成を弾力的に行い得るようにすることなどの理由からである．

　調査対象地域は後述のように，調査の実施や結果の整理・分析のためにさらに細区分されるが，この作業をゾーニング（zoning）という．また，調査の基本的なこととして母集団を明らかにし，全数調査か標本調査かといった調査方法や調査の時期，期間などの事項を定める．標本調査の場合は当然ながら標本抽出法や抽出率などを決定し，抽出作業が実行される．

　一方，調査の課題や目的から調査項目が検討され，その上で質問内容や回答方法が定まり調査票が設計される．調査票は通常机上プランになるが，これを実際に用いた場合回答上の思わぬ不都合やミスが起こることも懸念される．その場合はごく少数の事前調査を行って予備検討を行い改善するなどの工夫が必要になる．

　実際に調査を行うことを実査と呼ぶが，調査員を募集し，事前に研修し，調

3章 交通需要の実態調査

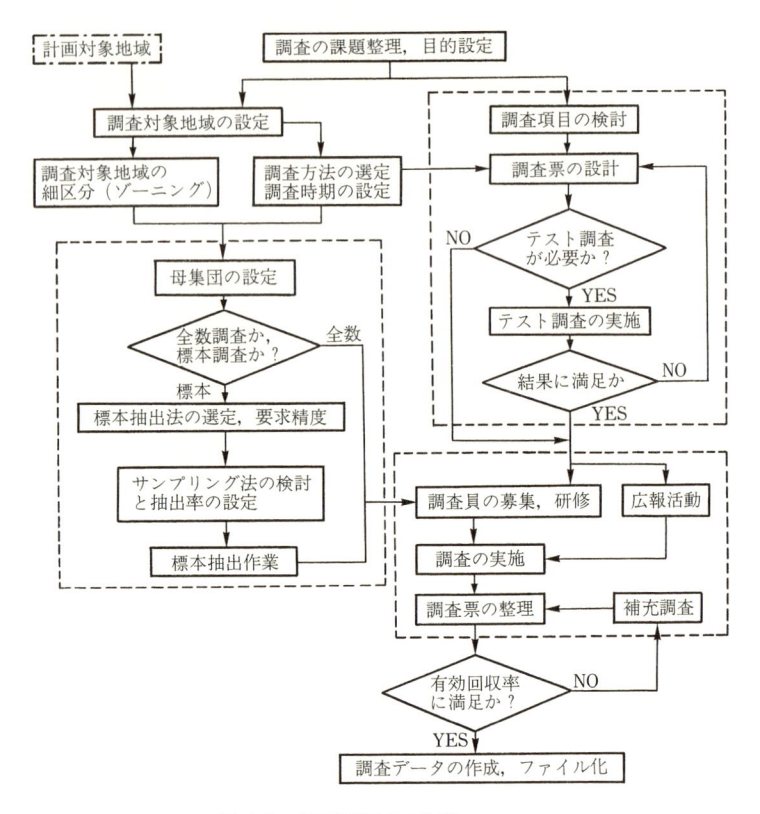

図 3.2 交通実態調査の手順

査の重要性や目的，調査方法を理解させることが大切である．また，被調査者に調査の理解と協力を得るための広報活動が求められることもある．その上で，定められたルールに従い調査が進められる．調査は，要はいかに正直な回答を引き出すか，データとして利用可能な回答をいかに多く確保するかを念頭に実施するものである．

配布調査票の総数に対し，データとして利用できる回収調査票の割合を有効回収率という．この有効回収率の判断は，全数調査では調査に要求される精度が，また標本調査では抽出における目標標本数が確保できているか否かが基準になる．これで問題がある場合には，被調査者にいま一度催促し，あるいは不足分を補充調査する等が行われる．

（2） ゾーニング

1つ1つのトリップでいえば，発地と着地は空間上の点で与えられる．しかし，このままではさまざまな交通の性質をとらえ分析する上で不都合である．そこで前述のように調査対象地域を適当に細区分するが，この細区分した小地域をゾーン（zone）という．

トリップの発着状況から考えればゾーンはできるだけ小さいことが望ましい．しかし，ゾーンが小さいことはその分調査対象地域のゾーンの数が大きくなり，調査作業やデータの整理が繁雑になる．また交通需要を分析し，あるいは予測モデルを構築するために，図3.1に示す補助調査でさまざまな資料を収集するが，その多くは行政区域，管轄区域などに基づく資料であり，それ以上の細区分になると入手が困難になる．これらのことからゾーンの設定は，行政区域や管轄区域あるいは既存資料の設定区域などを参考にして，これと交通計画上の課題とを照し合わせ適当に定める．

具体的なゾーンの設定は最初から細かく行うのでなく，まずは大きくゾーニングし，次いでこれをいくつかに区分し，さらに細分するというように段階的に行われる．これはゾーニングを容易にするためであるが，それと同時に同じ調査でも交通需要の分析や交通計画の検討が地域全体というマクロな視点と局部的なミクロの視点の双方に及ぶことへの配慮である．すなわち，大ゾーン，中ゾーン，小ゾーンあるいは必要に応じてそれらの中間的ゾーンを，1つ下のランクのゾーンがいくつか集まってその上のランクのゾーンが形成されるという仕組みで設定することである．

（3） 全数調査と標本調査[3,4]

調査は，大別して全数調査と標本調査がある．全数調査は母集団を構成する個体のすべてを調査するものであり，きわめて高い調査精度が要求される場合や母集団の規模が小さい場合，調査が特定の範囲に限定される場合などにおいて用いられる．しかし，多くの場合標本調査によらざるを得ない．

標本抽出法には有意抽出と無作為抽出があるが，多くの交通実態調査では無作為抽出によっており，その具体的方法として単純無作為抽出法，層別抽出法および集落抽出法の3基本形がある．これらは母集団リストの性質，抽出作業の難易，所要標本精度，調査後のデータ拡大法等を考慮し使い分ける．PT調

査では住民基本台帳が母集団リストになることが多く，その場合は作業上の理由から単純無作為抽出法に属する系統抽出法がよく用いられる．また，物資流動調査では事業所を業種別，規模別に区分し層別抽出法を用いる例が多い．

　抽出率は標本抽出法と関係して決められ，あるいは標本を拡大して母集団を再現する場合の精度の確保の観点で設定される．たとえば，PT 調査の場合で性・年令別の拡大層を考えるものとすれば次のような設定も一法である．

$$L_1 = p_1 \pm \omega \sqrt{\frac{p_1(1-p_1)}{\alpha P}(1-\alpha)} \qquad (3.1)$$

ここに，p_1：推定する層の構成比，L_1：p_1 の信頼限界，α：抽出率，P：総数
　　　ω：信頼度により定まる定数（信頼度95％で1.96など）

　実際の抽出率は目標値に有効回収率，予備率を考慮し次のように算定する．

$$\text{実際の抽出率} = \text{目標抽出率} \times (1 + \text{予備率}) \div \text{有効回収率} \qquad (3.2)$$

（4）　調査票の設計

　調査票の一般的な設計手順は図 3.3 のとおりである．要は誤解がなくわかりやすい質問，簡明な回答となるように工夫するとともに，質問の数や規模が大きくならないように配慮しながら全体のレイアウトを考える必要がある．先に示した調査票の例（表 3.1）はこうした点で工夫をこらしたものであり，また

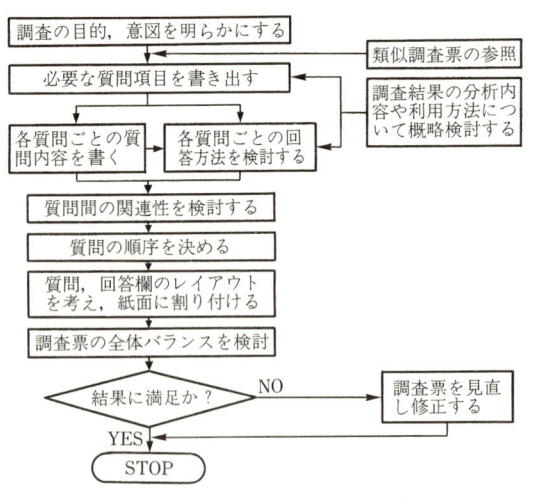

図 3.3　アンケート調査票の設計手順[5]

3.3 交通実態調査の手順と方法

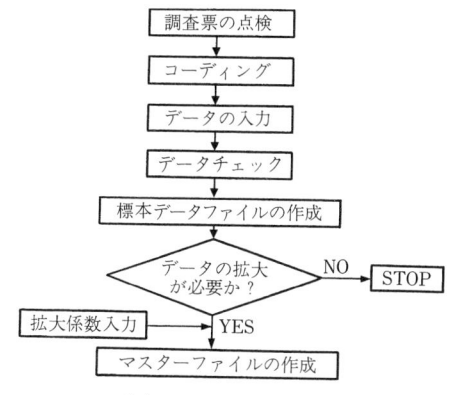

(a) データの整理手順

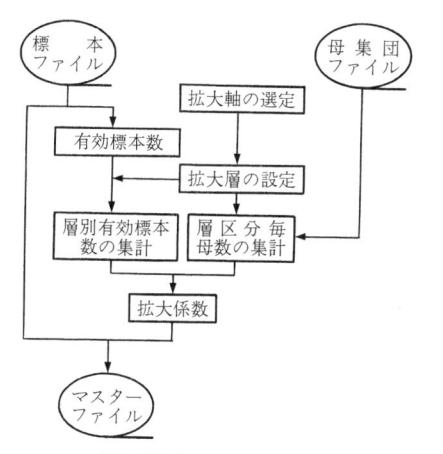

(b) 標本データの拡大作業

図 3.4 調査票の整理とマスターファイル作成

表 3.6 段階的データチェックの内容

チェック	内　　　容
1 次	標本抽出データとの一致性を点検（住所など）．
2 次	各項目の回答が所定の範囲のものか，空白はないかなど入力情報の単純ミスの発見と基本事項の点検．
3 次	項目間の関係性からみて矛盾がないか否かの検討．

実際は回答欄が薄い色で網かけされるなどわかりやすくなっている．

（5）実　査

調査の実施方法には，個人面接法，郵送法，訪問留置訪問回収法，電話法などがある．これらのうち郵送法は簡便であるが回収率が悪い（10〜40％）．PT調査では一般に訪問留置訪問回収法が用いられているが，その場合の回収率は80〜95％と良好である．しかし，多大な労力を要する問題がある．

（6）データの整理と拡大

回収された調査票を点検整理しデータはファイル化されるが，その際の手順は図3.4（a）のとおりである．まずは調査票に記入もれやミスがないか否かをチェックする．その上でデータをコード化（数字化，記号化）し，データチェックを行うものである．データチェックは一般に段階的に行うとわかりやすく作業がしやすい．PT調査の場合は表3.6のとおりである．

こうした過程を経てデータは作成され，そのファイルを標本データファイルという．この標本データに拡大係数を入力すれば，いわゆる母集団を再現したマスターファイルが得られ（図3.4（b）），交通実態が解明できる．

3.4　OD表とOD交通の特性

A.　OD表

各トリップは必ずや発地（origin）と着地（destination）をもつが，これらを地域区分のゾーンで考えれば，こうしたゾーンペアで与えられる発地，着地間ごとにトリップは集計される．これがOD交通である．

OD交通は，行を発ゾーン，列を着ゾーンとするマトリクスで表せる．すなわち，表3.7に示すように，ゾーンiを発地とし，ゾーンjを着地とする交通量（1日のトリップ数）をx_{ij}とすれば，これがOD(i, j)間の分布交通量である．そして，x_{ij}を行に沿って集計すればiを発地とする交通量の総和が得られ，これをゾーンiの発生交通量という．また列jに沿って集計すれば，ゾーンjを着地とする交通量の総和が得られ，集中交通量である．さらに，x_{ij}のi, jに関する総和は総交通量であるが，これはまた発生交通量，集中交通量の各総和でもあることから総発生交通量，総集中交通量でもある．

3.4 OD表とOD交通の特性

表 3.7 OD表

発ゾーン ＼ 着ゾーン	1 …… j …… n	計（発生交通量）
1 … i … n	分布交通量のマトリクス $[x_{ij}]$	$G_i = \sum_j x_{ij}$
計（集中交通量）	$A_j = \sum_i x_{ij}$	$T = \sum G_i = \sum A_j$ （総交通量）

OD表は，交通実態調査の結果作成され（現在OD表），また将来の交通需要に対しても求められる（将来OD表）．あるいは通勤，業務等の交通目的別に作成することもあれば，交通手段別に作成することもある．

ところで，対象地域内外の交通は図3.5に示すように，地域内居住者に関するA～Dと地域外居住者に関するE～Hに分類される．これらのうち対象地域に関わる交通はＡＢＣＥＦＧの6通りである．しかしFはその把握が困難であること，および量的に少ないことから実態調査から除外している．このとき調査内容は地域内を発着地とするAタイプの交通（地域内OD交通），地域外を発地とし地域内を着地とする交通（流入OD交通），地域内を発地とし地域外を着地とする交通（流出OD交通）に分類できる．

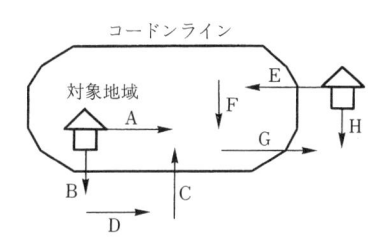

図 3.5 トリップの種類

B. OD交通の特性[6, 7]

各都市圏で実施されている平日の PT 調査による OD 交通の特性を考察しながら，本調査から何が解明できるかその一端を明らかにしよう．

（1） 交通の生成と外出率

地域内および流出入OD交通の総和は，対象地域に関わる総交通量とみなせる．この総交通量に占める地域内OD交通量の総和（域内交通量）の割合は対象地域の大小によって異なる．対象地域が人々の1日行動圏あるいは日常生活

圏を網羅する場合には，ほとんどすべてが域内交通量となり，流出入交通量はごくわずかである．そして，対象地域が狭くなるほど域内交通量の割合は小さくなる．

ところで，人々は1日に何度か交通行動を起こすが，交通をこうした生起の概念で捉えることを「生成」交通という．対象地域に居住する人々の生成交通の総和は先のA～D各タイプの交通の総和であるが，都市圏レベルの調査では，Dタイプの交通の割合がきわめて少ないこと，域外居住者の流出入交通の割合もわずかであることから，総生成交通量は総交通量の大部分を捉えるものである．

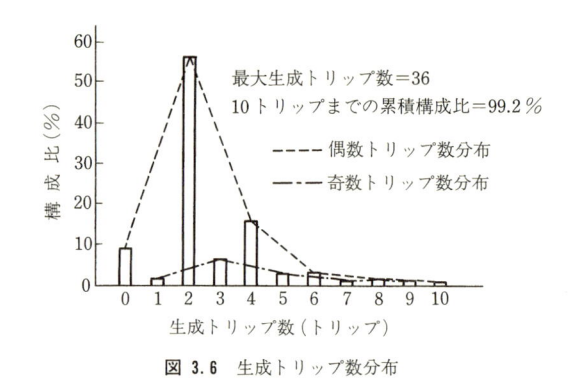

図 3.6 生成トリップ数分布

1人が1日に何回の交通行動を起こすかを計量したものを生成原単位といい，これを集計すれば総生成交通量が求められる．生成原単位は性，年齢，職業など個々人の状況により異なるが，これを押し並べてみた例が図3.6である．これは総生成交通量の中で各原単位の生成交通量が占める割合を示すものである．一般にいえることは，生成原単位の分布が偶数トリップと奇数トリップで異なり，偶数トリップの方が多くの割合を占めることである．また最も多いのは生成原単位2トリップ/(人・日)の場合であり，行って帰るという単純な交通パターンが多いことを意味する．

同図で0の生成原単位があるが，これは外出しないことである．また対象地域居住者のうち外出した人の割合を外出率というが，これは生成原単位0以外の人が占める割合である．平均の生成原単位の算出には，原単位0の人を含め

る場合と含めない場合が考えられ，前者をグロス原単位，後者をネット原単位という．当然ながら

$$\text{グロス原単位} = \text{外出率} \times \text{ネット原単位} \quad (3.3)$$

の関係がある．131都市の全国都市パーソントリップ調査に基づけば，外出率は86%，グロス原単位2.65，ネット原単位3.08トリップ/(人・日) である．

グロス原単位について一般にいえるいくつかの特性を列挙すれば以下のとおりである．

- 女性に比して男性の原単位および外出率が大きい．
- 年齢別では20～40歳代が平均を上回り，また，60歳を超えると急速に小さくなる．
- 職業別では就業者で大きく，非就業者（無職，主婦，学生，生徒・児童）で少ない．就業者では販売従事者がとくに大きい．
- 業種別では3次産業従事者が大きいが，中でも卸売業，電気・ガス・水道業，金融・不動産業が大きい．

（2）交通目的

交通目的の分類は，交通需要状況を説明する重要な項目である．この目的に関し調査票では着目的分類を用いるのが通例であるが，これは被調査者が回答しやすいようにとの配慮である．しかしたとえば同じ帰宅でも通勤（復），通学（復），帰宅（その他）があり，それぞれで発着地や手段等の交通特性が異なる．そこで，前トリップや発着施設をもとに同じ着目的でもこれを理に適うように目的変換する．たとえば表3.1の調査票の着目的に関し帰宅を前述のように3目的に変換し，また帰社・帰校を帰社，農林漁業（復），帰校に変換すれば，結局表3.8の小分類欄の内容が得られる．

交通実態の解明に際し逐一細目的のように細かく分類するだけでなく，これらを適当に集約して目的を設定することも必要である．その場合，交通の生成や発生集中，分布，交通手段などの交通特性が似ていること，意味論的に妥当であることが求められる．そうした観点で考察した一例が表3.8の各集約目的である[8]．なお，表中の数値は総交通量に占める各目的交通量の割合であるが，他の都市圏でも多少の違いはあるがおおむね似た状況である．

職業により交通目的の構成は大いに異なる．主婦および無職は私用とそれか

表 3.8 交通目的の分類[3]

小分類		中分類 I		中分類 II		大分類	
17目的	構成比	11目的	構成比	8目的	構成比	5目的	構成比
1. 通勤（往）	11.9%	通勤（往）	11.9%	通勤（往）	11.9%	通勤通学（往）	20.9%
2. 通学（往）	9.0	通学（往）	9.0	通学（往）	9.0		
3. 販売, 配達, 仕入, 購入	6.1	業務 1	14.6	業務 1	14.6	業務	17.5
4. 打合等, 業務その他	2.3	業務 2	2.9	業務 2	2.9		
5. 作業修理	1.7	私用 1	18.3	私用	23.4	私用	23.4
6. 農耕漁業	1.6	私用 2	5.1				
7. 社交等, 帰校, 私用その他	5.1						
8. 買物	9.7						
9. 私事用務	8.6						
10. 帰社	4.5	通勤（復）	10.1	通勤（復）	12.6	通勤通学（復）	21.1
11. 通勤（復）	10.1	業務帰宅	2.5				
12. 通学（復）	8.5	通学（復）	8.5	通学（復）	8.5		
13. 帰宅1（3. 4. 5より）	2.5	私用帰宅1	14.1	私用帰宅	17.1	私用帰宅	17.1
14. 帰宅2（6より）	1.3	私用帰宅2	3.0				
15. 帰宅3（7より）	3.0						
16. 帰宅4（8より）	8.5						
17. 帰宅5（9より）	5.6						

らの帰宅が，学生および生徒は通学とそれからの帰宅がほとんどを占める．また，業務目的の構成比が高い職業は販売，運輸通信，管理職等である．

（3）交通手段

3.2節で明らかなように，一般に1目的トリップに複数の手段トリップが含まれる．しかし，交通状況把握のためには交通の計測単位を統一しておく必要がある場合も多い．そこで目的トリップと手段トリップを1対1に対応させる必要がある場合には，複数の手段トリップから代表するものを1つ選び，これをその目的トリップの代表交通手段と理解する方法が用いられる．

交通手段の中で何を代表させるかは，手段トリップの繋がりの中でそれが主体であって他は補助的と考えられるかという観点から決まる．具体的には，表3.9の細区分欄に並べるように，下位にいくほど代表性が高いと判断し，目的トリップにおいて連鎖する各手段トリップの中で最も高い代表性があるものが代表交通手段となる．先の徒歩-地下鉄-徒歩の通勤では地下鉄が代表交通手段である．あるいは，徒歩-バス-鉄道-タクシーという業務目的トリップの手段

表 3.9 交通手段の区分とその代表性

代表性	細 区 分	集 約 区 分	
		7 手段	5 手段
小 ↓ 大	徒 歩	徒 歩	徒 歩 2 輪
	自 転 車 原 付 オートバイ	2 輪	
	タクシー	タクシー	自 動 車
	自家用乗用車 自家用・貸切バス 自家用貨物車	自家用車	
	路線バス 高速バス 路面電車	バ ス 路面電車	バ ス 路面電車
	地 下 鉄 私 鉄 JR（在来） JR（新幹線）	鉄 道	鉄 道
	船 舶 その他	その他	その他

連鎖では,その代表交通手段は鉄道である.

代表交通手段の前後にある残りの手段を端末交通手段という.上記の通勤トリップの例では,発側,着側ともに徒歩が端末交通手段である.また業務トリップの例では,発側は徒歩とバスのうちバスの代表性が高いことからバスが,着側はタクシーが端末交通手段として整理される.

交通手段は多様であるが,交通目的と同様にこれを細分類するだけでなく,適当に集約し対処することもある.その場合の集約区分例を表の右欄に示す.これは交通手段として機能的に類似するものをグループ化したものである.

総交通量に占める各代表交通手段トリップの割合は,地域にいかなる交通手段が整備されているかにより異なり,一般に大都市ほど公共交通機関,マスト

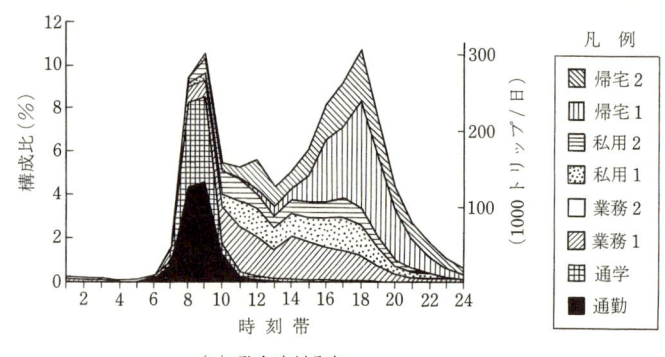

(a) 発生時刻分布

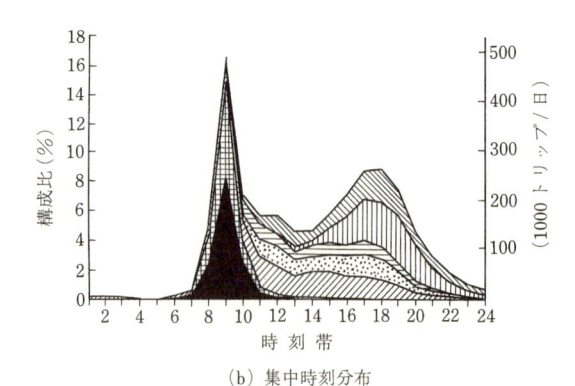

(b) 集中時刻分布

図 3.7 発生および集中時刻分布

ラ利用が多く，都市が小さくなるほど自動車利用が多い．全国131都市におけるPT調査を平均すれば徒歩27%，二輪23%，バス4%，鉄道7%，自動車39%である．

- 業種では，建設業，卸売業，運輸・通信業，電気・ガス・水道業の自動車利用が高い．
- 職業では，生徒・児童，主婦，無職で徒歩，二輪が多く，学生でマストラ，有職者で自動車利用が多い．
- 当然ながら免許保有者の自動車利用が，免許非保有者のそれより高い．

(4) 発生交通，集中交通

発生，集中交通は時・空間的に分布する．図3.7はある都市の発生および集中交通の時刻分布を示す．朝，夕にピークがあるが，朝のピークは通勤，通学交通の発生，集中が短時間に集中することによるものであり，夕方のピークは帰宅交通による．また昼間は業務目的トリップが主体をなすが，大都市になるほどその量は大きくなり，朝，夕のピークとの差が縮まる傾向にある．

各ゾーンで発生し集中する交通は，ゾーンの規模や性格により異なる．当然ながらゾーンを大きくし，その人口が多くなるほど発生交通量，集中交通量は大きくなる．また都心部の方が郊外部よりも交通行動は活発で，発生，集中交通量は大きくなる．

(5) 分布交通

表3.7のx_{ij}が分布交通であるが，これはさらに$i=j$の場合と$i \neq j$の場合とに分けられる．前者はトリップの起終点がともに同じゾーン内にある内々交通である．後者は起終点が別々のゾーンとなるものでゾーン間交通という．

ゾーンを大きくとれば内々交通量は大きくなるが，通常の都市圏PT調査におけるゾーンに関していえば，内々交通はトリップ長が短い，徒歩や二輪車，自動車利用が多い反面公共交通機関の利用が少ないなどの特色がある．他方，ゾーン間交通量は，発地，着地間の距離が大きくなるほど小さくなり，起終点ゾーンの発生交通量，集中交通量が大きいほど大きくなる傾向がある．

分布交通の状況はむろんOD表で明らかであるが，これを図示し視覚的に表現するものに希望線図がある．これは地図上の各ゾーンに代表点を定め，その間を分布交通量の大小に合わせた線の太さで直接結ぶものである（図3.8）．

図 3.8 希望線図

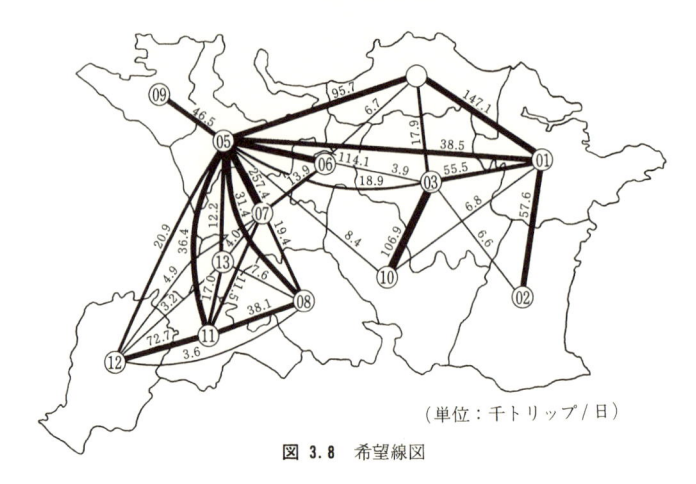

希望線図は，分布交通に関しゾーン間の移動の空間的最短距離で描かれた理想状態を表すもので，交通網を検討する有用な資料となる．

ゾーンを細かくしてその数が増えれば，希望線図は複雑になり明瞭さを欠く難点がある．そこで隣接ゾーンを相互に直線で結んで三角網を作成し，このネットワークに沿う最短距離に各分布交通を割り当てる図示法もあり，これをスパイダーネットワーク（spider network）図という．

［演習問題］

3.1 表3.1の調査票に自分自身の1日の交通行動を記入せよ．
3.2 図3.9に示す物の動きがあるとするとき，それを純流動で捉えた場合と，総流動で捉えた場合のOD表（トンベース）を作成せよ．

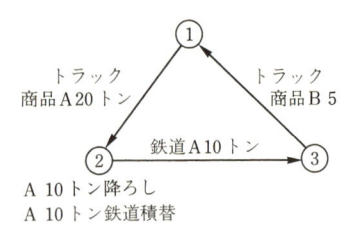

図 3.9

3.3 図3.10のゾーニングに対し図中のOD表を得た．以下の設問に答えよ．
(1) 各ゾーンの発生，集中交通量，内々交通量，総交通量を求めよ．
(2) 図中の断面A-Aを通過する交通量を算出せよ．

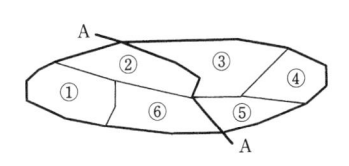

$O \backslash D$	1	2	3	4	5	6
1	117	23	10	1	8	19
2	23	2597	78	26	32	45
3	10	78	477	51	37	23
4	1	26	51	186	12	7
5	8	32	37	12	409	31
6	19	45	23	7	31	121

図 3.10

3.4 標本調査法として，単純無作為抽出法（系統抽出法），層別抽出法，集落抽出法があり，それぞれをTP調査の家庭訪問調査に用いるとしたときの基本的な考え方，調査の精度，作業の難易，および問題点について述べよ．

3.5 5歳以上の人口80万人の都市圏でPT調査を行うものとする．交通目的4分類，交通手段4分類，ゾーン数80に対する1280のカテゴリーにおいてトリップ数を相対誤差20％以下で推定するために必要な標本抽出率を設定せよ．ただし，生成原単位はおよそ2.7トリップ/(人・日)であり，信頼度が95％，したがって信頼係数を1.96とする．また有効回収率が90％，予備率を5％とするとき，実際の標本抽出率はいくらにする必要があるか求めよ．

3.6 交通の生成と発生の概念の相違を述べよ．また圏域内の総生成交通量と圏域内OD表の総交通量とはいかなる点で類似し，あるいは不一致であるか，図3.5を参照しながら考察せよ．

［参考文献］

1) 北部九州圏総合都市交通体系調査協議会：第2回北部九州圏パーソントリップ調査―実態調査編，1984．
2) 用語解説集編集グループ：総合交通体系調査関係用語解説集，pp.146～147，九州大学出版会，1982．
3) 樗木，渡辺：土木計画数学1，pp.81～85，森北出版，1983．
4) 樗木武：土木計画学（第2版），pp.50～60，森北出版，2001．
5) 樗木武：土木計画学（第2版），pp.61，森北出版，2001．

6) 建設省都市局都市交通調査室：昭和63年度都市交通計画策定基礎調査——全国都市パーソントリップ調査現況分析編, 1989.
7) 北部九州圏総合都市交通体系調査協議会：第2回北部九州圏パーソントリップ調査——一般集計編, 1985.
8) 中島, 樗木, 河野：交通需要分析における交通目的分類に関する一考察, 九州大学工学集報, 第60巻, pp.695～703.

4

自動車の交通量と交通流

自動車交通の諸特性および道路計画の基本事項について理解することを目的とし,自動車の交通量変動特性,交通流理論,交通容量等の諸内容について学ぶ.

　自動車は手軽で便利な交通手段であることから,2章に述べるように,今日急速に普及し,日常生活の上でなくてはならない存在となった.それだけに,自動車に起因する交通混雑,交通事故,交通公害等のさまざまな問題は深刻であり,つねに交通計画上の重要な課題となっている.

　しかしながら,自動車交通は他の交通手段と異なるさまざまな性質があり,また複雑である.とくに時間,空間的に任意性が高い交通手段であること,個人が自由に操作できる手段であること,道路という最も基本的な社会基盤の利用に基づくものであることなどの特色から,自動車交通の流れや量的変動にさまざまな性質があり,それら相互で成立する関係がある.したがって,自動車交通の問題を把握するにしても,またその上での交通計画を考えるにしても,自動車交通の特性を十分に理解しておくことが大切である.

4.1 交通量の定義とその変動特性

A. 交通量の定義

　前章では人や物を単位とする交通量を主に考えたが,同様に自動車を単位とする交通量が定義できる.すなわち道路の1地点(あるいは断面)において,単位時間に通過する車台数が自動車交通量である.

単位時間の設定はさまざまあり，その内容によって多様な交通量の定義がある．

(1) 年交通量，年平均日交通量（AADT）

年交通量は1年を単位とする交通量であり，これを365日で除した値が年平均日交通量で，AADT(annual average daily traffic)と略記する．本交通量は，道路の新設や増設，車線数の決定などの大局的道路計画に用いられる．

(2) 日交通量

日交通量は1日を単位とする交通量で，より詳細な道路整備計画や維持管理計画において論ぜられる．当然ながら本交通量は月あるいは曜日により変動し，その表現として次の係数が定義される．

$$月係数 = \frac{月平均日交通量}{年平均日交通量}, \quad 曜日係数 = \frac{日交通量}{週平均日交通量} \quad (4.1)$$

(3) 時間交通量

1時間を単位とする交通量は，道路の設計，交通規制などの基礎として用いる．

(4) 分単位の交通量

交通制御では，1, 5, 10, 15分単位等の交通量が定義され用いられている．

B. 日交通量の変動

日交通量はその変動を傾向変動，月変動，曜日変動と残差変動に分解して捉えることができる．すなわち傾向変動を年平均日交通量で捉え，月変動，曜日変動を前述の変動係数で表せば次式が仮定できる．

$$日交通量 = 年平均日交通量 \times 月係数 \times 曜日係数 + 残差変動 \quad (4.2)$$

年平均日交通量は，年間の平均を表すと思われる平日の定期的な交通量観測や常時観測データの分析によって捉えることができる．一般的にいえば，道路沿線で開発が進むところでは年平均日交通量は年々増加し，また過疎化が進む地域の道路では減少ないし横ばいの傾向にある．

月係数および曜日係数は，時系列データに基づいて解明できる．その際，変動パターンに変化がないと仮定する場合（固定変動型）と変化すると仮定する場合（浮動変動型）とがあり，それぞれで多様な分析手法が確立されている．

4.1 交通量の定義とその変動特性

その中で最も単純な手法に固定季節変動型の対移動平均法があるが,月係数を例に紹介すれば以下のとおりである[1].

いま,変動構造模型を

$$月平均日交通量＝年平均日交通量×月係数＋残差変動 \quad (4.3)$$

と仮定し,残差変動は平均が0の確率変量であるものとする.このとき,次のように月係数を求めることができる(表4.1).

表 4.1 対移動平均法

年次 \ 月	1	…	j	…	12
データ 1	x_{11}				$x_{1,12}$
i			x_{ij}		
n	$x_{n,12}$				$x_{n,12}$
移動平均 1	―	…	―	y_{17}	$y_{1,12}$
i			y_{ij}		
n	y_{n1}		y_{n6}	―	…
$\dfrac{x_{ij}}{y_{ij}}$ 1	―	…	―	α_{17}	$\alpha_{1,12}$
i			α_{ij}		
n	α_{n1}		α_{n6}	―	…
平 均	β_1	…	β_j	…	β_{12}
月 係 数	γ_1	…	γ_j	…	γ_{12}

手順1: データを年次(行),月(列)のマトリクスで整理する(x_{ij}).
手順2: 月変動が消去されるように,1月ずつずらしながら12カ月の移動平均を算出する(y_{ij}).
手順3: 各データを,それに相当する年次,月の移動平均で割る(α_{ij}).
手順4: α_{ij}を月別に平均する$\left(\beta_j = \dfrac{1}{n-1}\sum_i \alpha_{ij}\right)$.
手順5: β_jを平均が1.0になるように調整すれば月係数を得る(γ_j).

わが国の交通量観測から得られたデータをもとに,月係数に関する特徴的なことをあげれば次のとおりである.

○都市圏の幹線道路のように年平均日交通量が大きいところでは月係数の大きな変化はなく,各月とも1.0の近くで小幅に変動する.

○交通量の増加が大きいところでは,年初は1.0より小さく,以降増加し1.0を超えるというパターンが見受けられる.
○観光道路では春・秋の観光シーズン,夏の海水浴シーズン等にピークを示す.

曜日係数は,そのための変動構造模型を

$$日交通量＝週平均日交通量×曜日係数＋残差変動 \quad (4.4)$$

とするとき,上述と同様に求めることができる.なお,本変動係数を式(4.2)に代入し用いる場合は,週平均日交通量がおおむね月平均日交通量に一致するとの前提によることとなる.

日曜日から土曜日に至る実際の曜日係数の変動パターンは,逆L字型または山型,谷型,一様型の3タイプに分類できる.逆L字型または山型は週初めの日曜日,場合によっては週末の土曜日の曜日係数が1.0以下で,平日は1.0を上回り,都市街路など産業経済活動主体の道路や通勤・通学交通が多い路線で得られる.谷型はその反対で,観光道路やレジャー交通が多い道路で得られる.一様型は平日の産業経済活動と,週末などのレジャー,観光交通が均衡する道路の変動パターンで,曜日係数が週を通じて1.0近くを小幅に変動する.

C. 時間交通量の変動

日交通量と昼間12時間交通量との比を昼夜率という.

$$昼夜率 = \frac{日交通量}{昼間12時間(a.m.7:00 \sim p.m.7:00)交通量} \quad (4.5)$$

昼夜率は,昼間の交通量から日交通量を推測する場合や道路の性格を理解する上で用いられるが,その値は1.2〜1.8程度であり,都市の道路や通過幹線道路で大きく,地方の道路で小さい.

平日における時間交通量の変動は3.4節に示した発生,集中交通の変動パターンほどではないがそれに類似し,朝,夕にピークを示す例が多い.これは人の行動や物の輸送に自動車の利用割合が多いことからくる当然の帰結であるが,このピーク時の交通量が日交通量に占める割合をピーク率という.ピーク率は6〜12%程度の値を示すが,一般に都市部で小さく,地方部で大きい.

1年間8,760時間の各時間交通量を大きい値から順に並べ,これを年平均日

交通量で除したものを縦軸に，順位を横軸にして描かれるグラフを時間交通量順位図という．時間交通量順位図の一般的な傾向は図 4.1 のとおりであり，都市部でその変化は小さく，地方部で大きい．また，多くの場合 30 番目付近に湾曲点があり，それ以降ではそれほど大きな変化がなく漸近的に減少する．

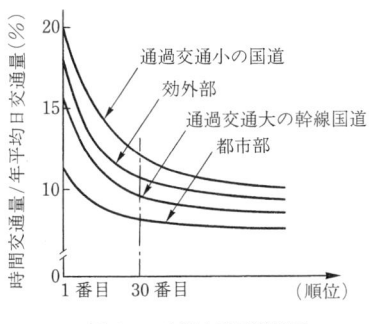

図 4.1 時間交通量順位図

4.2 計画交通量と設計時間交通量[2]

　道路網や車線数の計画では，計画目標年次を定め，その時点の年平均日交通量を予測し，これを適切に処理するという観点で検討される．このときの予測年平均日交通量を計画交通量（台/日）という．目標年次は計画の意義や限界を踏まえ一般に 20 年後とするが，一般都道府県道や市町村道で現状に対し過大な計画になることが懸念される場合は 10 年後とすることもある．

　道路の細部にわたる設計には計画交通量でなく，交通量のピーク的な時間変動を考慮して，計画交通量を時間交通量に変換した設計時間交通量（台/h）が用いられる．その際，前節にみるように時間交通量は年間を通してさまざまに変動することから，そのどの状態を考えるかが問題となる．

　いかなる状態も円滑に交通を処理する意味では 1 番目の時間交通量が望ましいが，実際には 30 番目時間交通量を基本に考えている．これは年間を通じて 30 時間程度は設計値を上回り混雑したとしても止むを得ないと考えること，また，30 番目では 1 番目に比して相当程度低く抑えることができ経済的な設計ができること，30 番目以降の変化がそれほど大きくないことから，30 番目で考えてもそれ以降の交通量に関し必ずしも過大な設計とはならないことなどの理由による．なお，季節変動が激しい観光道路や市街地部のように 30 番目で考えてもなお著しく経済性が損われ現実的でない場合には，80〜100 番目を対象にすることもある．

年平均日交通量に対する 30 番目時間交通量の百分率を $K\%$ とすれば

$$設計時間交通量 = 計画交通量 \times \frac{K}{100} \quad (両方向合計, 台/h) \quad (4.6)$$

である．あるいは，交通量を時間ごとにみる場合には上り，下りの方向別で差異があることも多い．この場合には，重方向の流れに着目して

$$設計時間交通量 = 計画交通量 \times \frac{K}{100} \times \frac{D}{100} \quad (重方向, 台/h) \quad (4.7)$$

ここに，D：両方向交通量（30 番目の 1 時間）に対する重方向交通量の割合（%）．

K 値は図 4.2 に示すとおりで，地域により異なる．一般に年平均日交通量が大きいところで小さく，また地方の道路や観光道路などでは大きいといえる．D 値は都市部で 50〜55% 程度，地方部で 55〜65% 程度である．

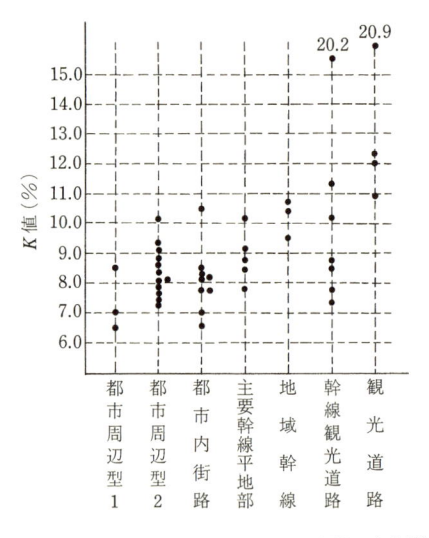

図 4.2 K 値（昭和55年九州地域分類別測定値）[3]

ところで，2.4 節に述べるように，道路は道路法により管理者を定めて改築や維持管理を行っているが，その際の具体的な計画あるいは設計になると，この管理主体による道路の分類だけでは不十分である．同じ一般国道でも地域で交通量は異なり，また要求される機能に相違がある．したがって，これらを同じ基準で計画し設計することは無駄が多く，あるいは逆に機能上不十分であ

4.2 計画交通量と設計時間交通量

表 4.2 道路の区分（道路構造令第3条）

道路の種類 \ 道路の存する地域	地方部	都市部
高速自動車国道・自動車専用道路	第1種	第2種
その他の道路	第3種	第4種

第1種の道路　　　　　　　　　　　　　　　　　　　　　　　　　　台/日

道路の種類 \ 地形 \ 計画交通量	30,000以上	20,000以上 30,000未満	10,000以上 20,000未満	10,000未満
高速自動車国道　平地	第1級	第2級	第2級	第3級
高速自動車国道　山地	第2級	第3級	第3級	第4級
上記以外　平地	第2級	第2級	第3級	第3級
上記以外　山地	第3級	第3級	第4級	第4級

第2種の道路

道路の種類 \ 地域	右記以外の地区	大都市都心部
高速自動車国道	第1級	第1級
上記以外	第1級	第2級

第3種の道路　　　　　　　　　　　　　　　　　　　　　　　　　　台/日

道路の種類 \ 地形 \ 計画交通量	20,000以上	4,000以上 20,000未満	1,500以上 4,000未満	500以上 1,500未満	500未満
一般国道　平地	第1級	第2級	第3級	第3級	第3級
一般国道　山地	第2級	第3級	第4級	第4級	第4級
都道府県道　平地	第2級	第2級	第3級	第3級	第3級
都道府県道　山地	第3級	第3級	第4級	第4級	第4級
市町村道　平地	第2級	第2級	第3級	第4級	第5級
市町村道　山地	第3級	第3級	第4級	第4級	第5級

第4種の道路　　　　　　　　　　　　　　　　　　　　　　　　　　台/日

道路の種類 \ 計画交通量	10,000以上	4,000以上 10,000未満	500以上 4,000未満	500未満
一般国道	第1級	第1級	第2級	第2級
都道府県道	第1級	第2級	第3級	第3級
市町村道	第1級	第2級	第3級	第4級

る．このことから，具体的な道路の計画，設計は道路の多様な機能やネットワーク特性，交通特性を踏まえることが望ましく，そのためにわが国では機能やネットワーク特性として道路の種類や道路が存在する地域を考え，また交通特性として計画交通量を代表させ，これらに地形を考え併せて区分している．表4.2 は，道路構造令に基づく道路の区分の体系である．まずは道路の種類を高速自動車国道・自動車専用道路とその他の道路に大別し，また道路の存在する地域を地方部と都市部に大別し，これらのクロスにより得られる第1種から第4種の区分を設定している．その上で，それぞれの種ごとに道路の種類や地形と計画交通量の大小により級という細区分を設けている．

4.3　交通流特性と交通流理論

A. 交通流特性とそれら相互の関係

道路における車の流れが交通流であり，その現象を説明するためにさまざまな交通流特性が考えられ，またそれらは互いにある種の関係がある．交通流理論はこうした諸特性の表現と関係の記述を目的に論ぜられるものである．

交通流特性のうち，交通量については4.1節に述べたとおりであり，それ以外について定義すれば以下のとおりである．

（1）速　度

速度は，その測定の仕方や整理の仕方によりさまざま定義できるが，それら

表 4.3　速度の種類と定義

速　度	定　　義
地点速度	ある地点を車が通過するときの瞬間的な走行速度．なお，同じ地点で多数の車の地点速度を観測するとき，その累積分布曲線が得られる．これより，平均速度，15パーセンタイル速度，85パーセンタイル速度等が求められ，交通制御や規制問題の検討に資せられる．
走行速度	走行距離を走行時間（停止時間を含まない）で割った値．
区間速度	走行距離を旅行時間（停止時間を含むが，休憩等の立ち寄りは含まれない）で割った値．
運転速度	実際の道路条件下で走行できる最大の区間速度．
自由速度	他の車の影響を受けることなく走行できる速度．
臨界速度	その道路で臨界交通量を与えるときの速度．
設計速度	道路の設計の基礎とする自動車の速度（道路構造令第13条）．

を一覧にまとめて表4.3に示す．地点速度や走行速度，区間速度，運転速度は観測により求めることができる．これに対し自由速度，臨界速度は観測後の分析や理論の上で得られる速度であり，設計速度は設計上の仮定である．

（2） 車頭間隔，車頭時間

同じ車線上を前後して走行する2台の車があり，先行車最前部から後続車最前部までの距離を車頭間隔という．またこれをある地点で測定し，先行車最前部が通過してから，後続車最前部が通過するまでの時間を車頭時間という．

（3） 交通密度

ある時刻において，道路の単位長さ当りに存在する車台数を交通密度という．

（4） オキュパンシー（占有度）

交通密度は交通の混雑状況を表す一指標であるが，車台数のみが対象で車の大きさは無関係であることから厳密さを欠く．そこで交通密度の概念に車の長さを加えた混雑状況の表現が工夫され，それがオキュパンシーである．空間と時間に関するオキュパンシーがあり，それぞれ次のように定義される．

$$\left.\begin{array}{l}空間オキュパンシー \quad O_s = \left(\dfrac{1}{L}\sum_{i=1}^{n} c_i\right)\times 100 \\ 時間オキュパンシー \quad O_t = \left(\dfrac{1}{T}\sum_{i=1}^{n} \dfrac{c_i}{v_i}\right)\times 100 \end{array}\right\} \quad (4.8)$$

ここに，L：区間長，n：区間Lに存在する車台数，T：計測時間
　　　　c_i, v_i：車iの長さ，地点速度．

すなわち，空間オキュパンシーは道路上の単位距離の中で車の総延長が占める割合であり，時間オキュパンシーは単位時間の中で車がその地点上に存在する時間の割合である．

さて道路上に断面A-Aを設定し，その前後で微小区間$\varDelta L$を考える（図4.3）．断面A-AをT時間に通過した車台数をn，各車の通過時間をt_iとすれば，

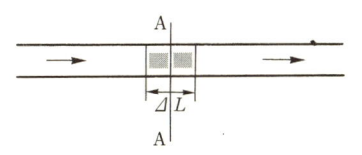

$$交通量 \quad Q = \dfrac{n}{T} \qquad (a)$$

図 4.3 交通流特性説明のためのモデル

また，交通密度に関し

$$\text{交通密度} \quad D = \frac{\text{各時刻に区間} \Delta L \text{を通過する平均車台数}}{\Delta L} = \frac{\sum_{i=1}^{n} t_i / T}{\Delta L} \tag{b}$$

さらに，車 i が断面 A-A を通過するときの走行速度は $v_i = \Delta L / t_i$ であり，T 時間内に A-A を通過する車の平均速度は

$$U_t = \frac{1}{n} \sum_{i=1}^{n} \frac{\Delta L}{t_i} = \frac{1}{n} \sum_{i=1}^{n} v_i \quad \text{（時間平均速度）} \tag{c}$$

である．あるいは，ΔL 区間を通過する車の速度の平均は

$$U_s = \frac{\sum_{i=1}^{n} \left(\frac{\Delta L}{t_i}\right) t_i}{\sum_{i=1}^{n} t_i} = \frac{\Delta L}{\frac{1}{n} \sum_{i=1}^{n} t_i} = \frac{1}{\frac{1}{n} \sum_{i=1}^{n} \frac{1}{v_i}} \quad \text{（空間平均速度）} \tag{d}$$

である．なお証明は省略するが，U_t と U_s との間に次の関係があり，一般に時間平均速度が空間平均速度よりも大きいといえる．

$$U_t = U_s + \frac{\sigma_s^2}{U_s} \quad (\sigma_s^2 : \text{単位区間長に存在する車の速度の分散}) \tag{4.9}$$

式（a），（b），（d）から次の関係を得る．

$$Q = D \cdot U_s \tag{4.10}$$

上式は交通量が交通密度と空間平均速度との積で与えられることを意味するもので，交通流の基本式である．また平均車頭間隔を h_s，平均車頭時間を t_h とすれば次の諸式が得られる．

$$U_s = Q \cdot h_s, \quad h_s = U_s \cdot t_h, \quad h_s = 1/D \tag{4.11}$$

B. 交通流の基本ダイアグラム

交通流諸特性のうち交通量，交通密度，空間平均速度相互の関係について考えれば，1つは式（4.10）の関係が成立する．したがって，いま1つ何らかの関係が得られれば，マクロな視点で交通流の理論が展開できることになるが，これに関し交通流の基本ダイアグラムがある．すなわち，横軸を交通密度，縦軸を交通量として両者の関係を求めれば図4.4が得られる．1つの交通量 Q に

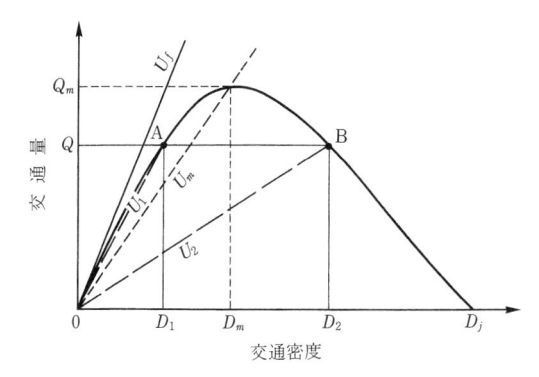

図 4.4 交通流の基本ダイアグラム
（交通量-交通密度関係）

2つの密度 D_1, D_2 が対応し凸型曲線となり，D_1 は疎な空間分布のもとでの早い流れで非渋滞流である．また，D_2 は同じ交通量でも密な遅い流れの渋滞流である．さらに図中の D_j は，道路上に車がびっしり並んで動かなくなった状態であり，ジャム密度と称している．あるいは Q_m は最大の交通量で臨界交通量といい，これに対する密度が臨界密度である．

ところで，式 (4.10) から $U_s = Q/D$ を得る．したがって，基本ダイアグラムの割線勾配は空間平均速度を表す．この割線勾配に関し $Q \rightarrow 0$, $D \rightarrow 0$ の極限を求めれば原点における接線勾配 U_f が得られる．これは交通量が0のときの空間平均速度で，他の車に邪魔されず自由に走行する車の平均速度であり，空

（a）空間平均速度-交通量関係　　（b）空間平均速度-交通密度関係

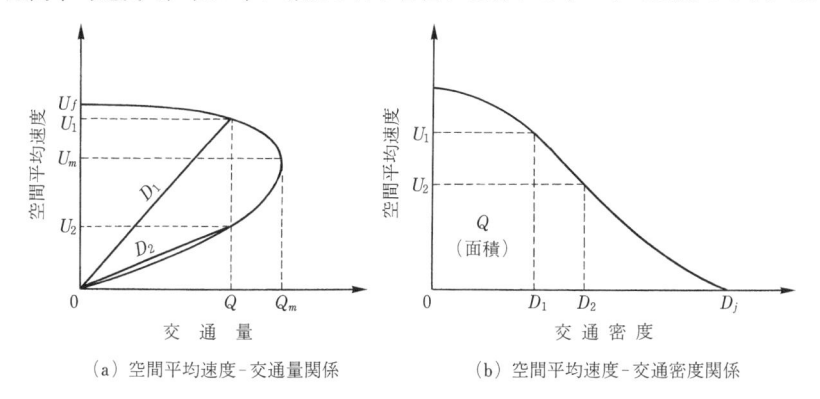

図 4.5 交通流の基本ダイアグラム

間平均自由速度という．

　基本ダイアグラムは，見方を変えて，交通量と空間平均速度，空間平均速度と交通密度で整理することもでき，それぞれ図 4.5 のとおりである．これらのうち後者は U と D との関係が 1 対 1 の対応であることから表現が簡単となり，これに関しさまざまな観測式が提案されている（表 4.4）．

表 4.4　空間平均速度 U_s と交通密度 D の関係式提案一覧

Greenshield　$U_s = U_f - \left(\dfrac{U_f}{D_j}\right)D$	Greenberg　$U_s = a \ln\left(\dfrac{D_j}{D}\right)$
Underwood　$U_s = U_f \exp\left(-\dfrac{D}{D_m}\right)$	Bell curve　$U_s = U_f \exp\left\{-\dfrac{1}{2}\left(\dfrac{D}{D_m}\right)^2\right\}$
星埜　$U_s = U_f - (U_f - U_m)\left(\dfrac{D}{D_m}\right)^r$	Guerin　$U_s = \dfrac{U_j \sqrt{D_j - D}}{a U_f D^2 + \sqrt{D_j - D}}$

a, r：パラメータ，U_f：空間平均自由速度，D_j：ジャム密度，U_m, D_m：臨界交通量に対する空間平均速度，交通密度．

4.4　設計交通容量と設計基準交通量[4]

A.　設計交通容量

　臨界交通量 Q_m は，その地点で通過することができる最大の交通量であり，一種の疎通限界ともいえる交通容量である．この交通容量は道路の形状や交通状況により異なることはいうまでもない．そこで理想的な道路条件として，「おおむね平坦かつ直線で見通しがよく，十分な車道幅員をもち（車線幅員 3.5 m 以上，側方余裕 1.75 m 以上），交差点や沿道が交通の流れを阻害しない」状況を想定し，また，交通条件として，「車種が乗用車 1 種に限定され，大きな速度制限や徐行規制がない」と仮定する．こうした理想状態における交通容量を基本交通容量というが，わが国では多くの観測結果などを踏まえて次の値が用いられる[4]．

$$\begin{cases} 2\text{ 方向 2 車線道路} & \text{往復合計で 2500 台/h} \\ \text{多車線および 1 方向 2 車線以上の道路} & 1 \text{ 車線当り 2200 台/h} \end{cases}$$

　上記で，2 方向 2 車線道路の基本交通容量は 1 車線当りに直すと多車線道路の約半分である．これは追越し車が対向車線を塞ぐことを考慮したことによる．

4.4 設計交通容量と設計基準交通量

現実の道路は理想状態と異なり，交通容量は基本交通容量を下回る．すなわち道路条件，交通条件に関する5つの観点を容量低下の主要な要因と考え，次式によって補正するが，これが現実の道路に対する可能交通容量である．

$$C = C_0 \times \alpha \times \beta \times \gamma \times \delta \times \varepsilon \quad (台/h) \tag{4.12}$$

ここに，C：可能交通容量，C_0：基本交通容量

α：車線幅員に対する補正率（表4.5）

β：側方余裕に対する補正率（表4.6）

γ：大型車混入に対する補正率 $= 100/(100-\theta+E\theta)$

（θ：大型車混入率％，E：大型車の乗用車換算率（表4.7，4.8）

δ：動力付き二輪車，自転車の補正率 $= 100/(100+E_a P_a + E_b P_b)$

（P_a, P_b：動力付き二輪車，自転車の混入率．

E_a, E_b：動力付き二輪車，自転車の乗用車換算係数（表4.9））

ε：沿道条件に対する補正率（表4.10）

可能交通容量はいわばその道路の現実的な臨界交通量であるが，これをそのまま用いたのでは必ずしも合理的設計とはなり得ない．そこで，道路の重要度に応じて交通処理上のサービスのあり方に段階を設けて設計上の交通容量を設定するが，その際のサービスの水準を計画水準という．具体的には，設計の基本として30番目時間交通量を考え，これに対しどの程度のサービスを提供す

表4.5 車線幅員に対する補正

車線幅員	補正率 α
3.25 m 以上	1.00
3.00	0.94
2.75	0.88
2.50	0.82

表4.6 側方余裕による補正

側方余裕	補正率 β	
	片方のみ不足	両側不足
0.75 m 以上	1.00	1.00
0.50	0.98	0.95
0.25	0.95	0.91
0.00	0.93	0.86

表4.7 大型車の乗用車換算係数 E（基準）

車線数	地域区分	
	都市部，平地部	山地部
2車線	2.0	3.5
多車線	2.0	3.0

表 4.8 大型車の乗用車換算係数 E（小区間勾配毎の場合）

勾配	勾配長 (km)	2車線・大型車混入率					多車線・大型車混入率				
		10%	30%	50%	70%	90%	10%	30%	50%	70%	90%
3%以下	—	2.1	2.0	1.9	1.8	1.7	1.8	1.7	1.7	1.7	1.7
4%	0.2	2.8	2.6	2.5	2.3	2.2	2.4	2.3	2.2	2.2	2.2
	0.4	2.8	2.7	2.6	2.4	2.3	2.4	2.4	2.3	2.3	2.2
	0.6	2.9	2.7	2.6	2.4	2.3	2.5	2.4	2.3	2.3	2.3
	0.8	2.9	2.7	2.6	2.5	2.4	2.5	2.4	2.4	2.3	2.3
	1.0	2.9	2.8	2.7	2.5	2.4	2.5	2.4	2.4	2.4	2.3
	1.2	3.0	2.8	2.7	2.5	2.4	2.6	2.5	2.4	2.4	2.4
	1.4	3.0	2.8	2.7	2.5	2.4	2.6	2.5	2.4	2.4	2.4
	1.6	3.0	2.9	2.8	2.6	2.5	2.6	2.5	2.5	2.4	2.4
5%	0.2	3.2	3.0	2.8	2.7	2.6	2.7	2.6	2.6	2.6	2.5
	0.4	3.3	3.1	2.9	2.8	2.7	2.9	2.7	2.7	2.7	2.6
	0.6	3.4	3.2	3.0	2.8	2.7	2.9	2.8	2.7	2.7	2.7
	0.8	3.5	3.2	3.0	2.9	2.8	3.0	2.9	2.8	2.8	2.7
	1.0	3.5	3.3	3.1	2.9	2.8	3.0	2.9	2.8	2.8	2.8
	1.2	3.6	3.4	3.1	3.0	2.9	3.1	3.0	2.9	2.9	2.8
	1.4	3.6	3.4	3.2	3.0	2.9	3.1	3.0	2.9	2.9	2.8
	1.6	3.7	3.4	3.2	3.1	2.9	3.2	3.0	3.0	2.9	2.9

表 4.9 動力付き二輪車と自転車の乗用車換算係数

地域	車　　　種	
	動力付き二輪車 E_a	自転車 E_b
地方部	0.75	0.50
都市部	0.50	0.33

表 4.10 沿道状況による補正

市街化の程度	補　正　率 ε	
	駐停車考慮必要なし	駐停車考慮必要あり
市街化していない地域	0.95〜1.00	0.90〜1.00
幾分市街化している地域	0.90〜0.95	0.80〜0.90
市街化している地域	0.85〜0.90	0.70〜0.80

るかにより3段階に分けている．すなわち

$$\text{設計交通容量} = \text{可能交通容量} \times (V/C) \quad (\text{台/h}) \quad (4.13)$$

とし，交通量・交通容量比 V/C の値を各計画水準に応じ表4.11のように設定するが，それぞれは次の意味をもつ．

水準1： 年間を通じて時間交通量が可能交通容量を超えることなく30番

4.4 設計交通容量と設計基準交通量

表 4.11 計画水準毎の V/C

計画水準	地方部	都市部
1	0.75	0.80
2	0.85	0.90
3	1.00	1.00

目時間交通量で定常的走行が可能である.

水準2: 年間10時間程度は可能交通容量を超え，30番目時間交通量の定常走行は難しい.

水準3: 年間30時間程度は可能交通容量を超え，30番目時間交通量で走行速度が変動し停止することもある.

B. 設計基準交通量

設計交通容量を30番目時間交通量と考えれば，これに該当する年平均日交通量（両方向合計）が次式で与えられ，これを設計基準交通量という．

$$\left. \begin{array}{l} \text{多車線道路:} \quad C_A = \dfrac{100}{K}\left(1+\dfrac{100-D}{D}\right)\dfrac{N}{2}C_d = \dfrac{5000\,N}{KD}C_d \\[2mm] \text{2方向2車線道路:} \quad C_A = \dfrac{100}{K}C_d \end{array} \right\} \quad (4.14)$$

ここに，C_A：設計基準交通量（台/日），C_d：設計交通容量（台/h），N：車線数.

多車線道路で車線数が偶数で与えられ両方向同数であるとし，また，C_d を重方向1車線当りの設計交通容量とすれば，重方向 $N/2$ 車線の設計交通容量は $(N/2)C_d$ であり，非重方向 $N/2$ 車線のそれは $((100-D)/D)(N/2)C_d$ である．式 (4.14) の第1式はこれら両者を足し合わせたものである．

道路の車線数は，個々の道路条件，交通条件に応じて設計基準交通量を求め，これで計画交通量を割ることにより得られる．しかしながら，計画交通量そのものが予測値であること，同一設計区間内でも道路条件，交通条件がさまざまに変化することから，結局は標準的な道路条件と交通条件とを想定し（問題4.5参照），それに基づいて車線数を決めるための設計基準交通量を設定し，車線数を決定している．すなわち，計画交通量が表4.12（1）欄の設計基準交通量以下である場合は2車線（登坂車線等は除く）とし，また，多車線道路

表 4.12 設計基準交通量と車線（道路構造令第5条）

(1) 計画交通量が表の(1)の設計基準交通量以下の場合は，車線（登坂車線，屈折車線および変速車線を除く）の数は2とする．
(2) 前項以外の道路（第2種で対向車線を設けないもの，第3種第5級，第4種第4級を除く）の車線の数は4以上の偶数，第2種で対向車線を設けないものは2以上とし，当該道路の区分および地方部に存する道路は地形状況に応じ，表の（2）の1車線当り設計基準交通量に対する当該道路の計画交通量の比で定める．

区分		地形	（1）設計基準交通量 （台/日）	（2）1車線当り設計基準交通量 （台/日）
第1種	第1級	平地部	——	12,000
	第2級	平地部 山地部	14,000 ——	12,000 9,000
	第3級	平地部 山地部	14,000 10,000	11,000 8,000
	第4級	平地部 山地部	13,000 9,000	11,000 8,000
第2種	第1級		——	18,000
	第2級			17,000
第3種	第1級	平地部		11,000
	第2級	平地部 山地部	9,000 ——	9,000 7,000
	第3級	平地部 山地部	8,000 6,000	8,000 6,000
	第4級	平地部 山地部	8,000 6,000	—— 5,000
第4級	第1級		12,000	12,000
	第2級		10,000	10,000
	第3級		9,000	10,000
交差点の多い第4種の道路			上記の0.8倍	上記の0.6倍

の車線数は，計画交通量と表の（2）欄に示す1車線当りの設計基準交通量とから算定するが，奇数となる場合には端数処理して偶数とする．

4.5 道路の整備状況に関する指標

交通状況とりわけ交通処理に関し現状の道路が十分に対処できているか否かを検討し，その問題点を明らかにすることは道路計画の上で重要な視点の1つ

である．そこで，こうした内容を定量的に表現するいくつかの指標が工夫されており，その中で主要なものは混雑度と整備率である．

(1) 混雑度

年平均日交通量を日交通容量（設計基準交通量に相当する）で除したものを混雑度と定義する．したがって，混雑度が1.0以下であれば交通混雑はそれほど深刻でないと考えられ，1.0以上が問題区間である．

(2) 整備率

道路において道路構造令の規定を満たす改良が行われた状態を改良済と称する．しかし，改良済であっても交通量が多くなり混雑すれば問題であり，また逆に混雑度が1.0以下であっても改良がなされていない道路は今後に整備が求められる．こうしたことから混雑状況と改良済か否かの両視点を加味した次の指標が定義され，これを整備率という．

$$整備率 = \frac{改良済延長（車道幅員5.5\,m以上）- 混雑度1.0以上の延長}{道路実延長}$$

(4.15)

[演習問題]

4.1 身近な道路で，各1分ごとの交通量を1時間程度観測し，それがどのような確率分布で表現できるか検討せよ．

4.2 表4.13はある道路地点における過去5週間の日交通量の観測結果である．これより対移動平均法を用いて曜日係数を算出せよ．

表 4.13　日交通量（×10台/日）

週＼曜日	日	月	火	水	木	金	土
1	3879	4322	4593	4486	4181	4232	4093
2	3800	4103	4420	4205	4173	4301	4034
3	3580	3938	4225	4116	4336	4285	4107
4	3495	3853	4065	4182	4264	4282	4126
5	3991	4177	4223	4194	4203	4188	4072

4.3 ある道路地点で1年間の平均と思える平日の昼間12時間交通量を観測した結果

28545台/(12時間)であった．また，過去の調査から昼夜率1.25，K値12%であることがわかっている．これより，日交通量および30番目時間交通量を推定せよ．

4.4 図4.3に示すように，ある道路断面A-Aで微小区間2.0mを設定の上，5分間に38台の車が通過し，それらの通過時間を測定したところ表4.14の結果を得た．これより時間交通量，空間平均速度，交通密度，平均車頭間隔，平均車頭時間を推定せよ．

表 4.14 5分間における各車の小区間通過時間

車No	通過時間 秒	車No	通過時間 秒	車No	通過時間 秒	車No	通過時間 秒	車No	通過時間 秒
1	0.12	9	0.11	17	0.20	25	0.12	33	0.15
2	0.20	10	0.12	18	0.15	26	0.09	34	0.14
3	0.18	11	0.10	19	0.12	27	0.14	35	0.13
4	0.10	12	0.09	20	0.14	28	0.11	36	0.10
5	0.13	13	0.18	21	0.13	29	0.10	37	0.12
6	0.11	14	0.15	22	0.18	30	0.15	38	0.11
7	0.17	15	0.11	23	0.11	31	0.16		
8	0.18	16	0.09	24	0.10	32	0.13		

4.5 表4.11に示す2方向2車線道路の設計基準交通量は，表4.15に示す標準の道路

表 4.15 2方向2車線道路の標準的諸条件

区分		地形	車道幅員	側方余裕		大型車			沿道	計画水準	K
				左	右	勾配	勾配長	率			
第1種	第2級	平地	3.5	2.5	2.5	≦3%	—	15	出入制限	1	12
	第3級	平地	3.5	1.75	1.75	≦3%	—	15	出入制限	1	12
		山地	3.5	1.75	1.75	5%	1.0	15	出入制限	1	14
	第4級	平地	3.25	1.75	1.75	≦3%	—	15	出入制限	1	12
		山地	3.25	1.75	1.75	5%	1.0	15	出入制限	1	14
第3種	第2級	平地	3.25	0.75	0.75	≦3%	—	15	いくぶん 0.8	2	12
	第3級	平地	3.00	0.75	0.75	≦3%	—	15	いくぶん 0.8	2	12
		山地	3.00	0.75	0.75	5%	1.0	15	いくぶん 0.8	2	14
	第4級	平地	2.75	0.75	0.75	≦3%	—	15	いくぶん 0.8	2	12
		山地	2.75	0.75	0.75	5%	1.0	15	いくぶん 0.8	2	14
第4種	第1級	—	3.25	0.75	0.75	≦3%		10	市街化 0.7	2	9
	第2級	—	3.00	0.50	0.50	≦3%		10	市街化 0.7	2	9
	第3級	—	3.00	0.25	0.25	≦3%		10	市街化 0.7	2	9
単位			m	m	m		km	%			%

(注) 沿道条件の"いくぶん（市街化）"，"市街化"は表4.10を参照．

条件および交通条件を想定して算出されたものである．これを確かめる意味で，表 4.15 の各区分・地形の道路に対する設計交通容量および設計基準交通量を算出せよ．

4.6 現在 2 車線ある道路の 20 年後の年平均日交通量が 42580 台/日になることが予測されている．道路は地方の平地部にある県道（自動車専用道路ではない）である．道路の区分を定めよ．そして本予測交通量に見合うためには何車線道路として計画すべきか，現行の道路構造令に基づいて検討せよ．

［参考文献］

1) 樗木武：土木計画学（第 2 版），pp. 117～122，森北出版，2001．
2) 日本道路協会：道路構造令の解説と運用（昭和 58 年 2 月），pp. 65～81．
3) 建設省九州地方建設局：九州の道路交通現況（昭和 57 年 6 月），p. 48．
4) 日本道路協会：道路の交通容量，技術書院，昭和 59 年 9 月．

5

交通需要予測

> 　将来の交通需要の予測に関する事項を勉強する．交通計画の策定に際しては，将来にわたる交通需要の変化を，社会経済活動との関係を踏まえながら予測し検討することが重要である．本章ではそのための予測の基本的考え方，予測方法，予測モデル等について学ぶ．

　交通は人間が行う社会・経済活動の派生需要である．10年前と今日を比べた場合，人々の生活は格段に変化した結果，交通も質的あるいは量的に大きく変化した．したがって将来の交通需要を予測する場合にも，私たちはまず人々の将来の社会・経済活動がどのように変わっていくかを知っておかねばならない．しかし実際のところそれは非常に困難な問題が多い．そしてその結果として，交通が質的あるいは量的にどのように変化するかを予測するとなると，さらに困難が予想される．とくに携帯電話やインターネットなど通信技術の革新が交通へ与える影響などまだまだ未解明な部分がある．しかし都市が交通渋滞でにっちもさっちもいかなくなる状態は，何としてでも避けねばならない．そうならないよう対策を講ずることこそが交通計画の目的である．したがって，3章で示したような交通実態調査の中で得られるさまざまな交通特性に関する知見あるいは交通に関する科学技術の知見などを最大限に生かしながら，将来の交通需要を予測し，その需要に見合った施設計画を策定する必要がある．

　なお交通主体には人と物とがあるが，本章では人の交通需要の予測を対象とする．

5.1 交通需要予測の概要

A. 交通需要予測モデルの基本概念

交通需要予測手法としては今日まで多くの提案があるが，それらをモデル構築の基本的考え方の違いという視点で整理し分類すれば以下の3つの視点がある[1]．

ⅰ) 集計型と非集計型

集計型モデルは，1人1人の交通行動をゾーンの単位で集計し，これをゾーン別居住人口や従業人口といった変数で説明するものである．一方，非集計型モデルは交通の最小単位である個人を対象に，都市活動や交通サービス，個人特性などを考慮して，個人の交通行動の一部ないし全部を決定する過程を説明するものである．

ⅱ) 確率型と決定型

確率型モデルは，トリップの生起回数，目的地，利用交通手段，経路など交通行動の決定にみられる生起や選択の可能性を確率現象として捉え，推定するモデルである．一方，決定型モデルは，それらの可能性を確定的に説明し，推定するものである．

ⅲ) 同時型と連鎖型

人の交通行動全体を同時的に推定するのが同時型モデルである．これに対し，交通行動をいくつかの段階に分け，前段階の結果を前提としながら次の段階を推定するものが連鎖型モデルである．

これまでに提案された交通需要予測モデルの多くは，以上の3つの視点で整理し，意味づけることができる．その中で都市交通のマスタープランの策定などを目的とした交通需要予測には，集計—決定—連鎖型のモデルの活用がほとんどであり，一般に4段階推計法あるいは3段階推計法と呼ばれる．

なお最近では，非集計—確率—連鎖型のモデルが，交通手段の選択行動の分析やそれに基づく交通施策の検討などに用いられることも多い．

B. 4（3）段階推計法について

（1） 4（3）段階の意味

人は，1日の交通行動の中で多くの選択（意志決定）場面に遭遇するが，これを，① 1日にどれだけのトリップを行うか，② 各トリップの目的地はどことするか，③ その交通には何の交通手段を使うか，④ 移動経路はどれを選ぶか，の4段階に分けて考えることができる．この段階区分を個人（非集計）からゾーン（集計）に置き換えて交通需要を予測しようとする考え方があり，これを4段階推計法という．すなわちここでいう4段階とは，① あるゾーンから発生あるいはあるゾーンに集中するトリップの全体量を予測する段階（ゾーン別発生集中交通量の予測），② あるゾーンから発生するトリップはどのゾーンに目的地をもつかあるいはあるゾーンに集中するトリップはどのゾーンを出発地にもつかを予測する段階（分布交通量の予測），③ それらのトリップはどんな交通手段を使って行われるかを予測する段階（分担交通量の予測），④ 交通手段ごとの利用交通はどんな移動経路をたどって行われるかを予測する段階（配分交通量の予測）である．

他方，交通需要の予測対象がはじめから特定の交通手段に限定される場合がある．たとえば今日のようにモータリゼーションが進んだ社会では，マイカーを中心とする自動車が非常に重要な交通手段であるから，交通計画の対象を自動車に限定する考え方も当然成り立つ．この場合，将来の交通需要予測は先の4段階のうち分担交通量の予測が不要であり，これが3段階推計法である．

（2） 推計段階の実施の順番

4段階あるいは3段階の推計をどの順番で行うかを示したものが表5.1である．3段階推計法には1つの考え方しかないが，4段階推計法については，分担交通量の予測をどの段階で行うかによって2つの考え方がある．1つは4段階の3つ目のステップで行う方法で，この場合の分担モデルはトリップインターチェンジ分担モデルと呼ばれる．いま1つは分担交通量の予測を2つ目のステップで行う方法で，その分担モデルはトリップエンド分担モデルとも呼ばれる．しかし後者の分担モデルはゾーン間の交通施設のサービスレベルをモデルの中にうまく導入できないので，今日ではあまり用いられない．

5章 交通需要予測

表 5.1 多段階推計法の分類

区分	3段階推計法	4段階推計法	
		トリップインターチェンジ型	トリップエンド型
成と順序構	発生集中 → 分布交通 → 配分交通	発生集中 → 分布交通 → 分担交通 → 配分交通	発生集中 → 分担交通 → 分布交通 → 配分交通
適用調査	カーOD調査	パーソントリップ調査,物資流動調査	

表 5.2 4段階推計法の概要

段階	推計内容	推計のイメージ
Ⅰ. 発生集中交通の推計	・対象地域内全体の交通量(生成量)はどれだけか ・どのゾーンにどれだけの発生量(集中量)があるか	
Ⅱ. 分布交通の推計	・あるゾーンから発生する交通が自ゾーンを含む各ゾーンにどのような割合で吸収されるか	
Ⅲ. 分担交通の推計	・あるODペア間の分布交通が利用できる交通手段は何か ・そして各交通手段ごとの分担割合はどれだけか	利用交通手段の数(m)に相当するOD表
Ⅳ. 配分交通の推計	・交通手段ごとの分布交通がネットワークのどの経路を使って交通を行うか ・その結果,各区間交通量はどれほどとなるか	

(▨ 予測開始時における与件　　▩ 予測終了時における成果)

したがって以下，ゾーン別発生集中交通量の予測→分布交通量の予測→分担交通量の予測→配分交通量の予測という流れを前提とした4段階推計法について話を進める．4段階推計法での各段階における推計内容の概要などを示せば表5.2 のとおりである．なお最近では分担交通量の予測と配分交通量の予測を，分担・配分モデルと呼ばれるような1つのモデルで同時に行ってしまおうとする考え方も広まりつつある（経路モデル）．

C. 交通主体の帰属地区分とその交通形態

ある限られた地域の交通需要を予測する場合，交通主体がどこに帰属するかを居住地で区分すると，調査対象地域内居住者と地域外居住者に分類される．

O＼D	地域内	地域外
地域内	域内相互交通	流出交通
地域外	流入交通	通過交通

図 5.1　OD 表による交通形態の区分

一方，地域関連交通をその出発地と目的地の位置関係から分類すれば図 5.1 に示すように，域内相互交通，流出交通，流入交通，および通過交通に分類できる．これらを交通形態の分類ということにすれば，図 5.2 に示すように交通形態ごとの交通主体には帰属地の違うものが混在する．ところが3章に述べたように，家庭訪問による実態調査などでは地域内居住者の交通実態に関するデータだけしか入手できない．今後，地域間の交流がより活発になり，広域交通にいかに対処するかが重要な課題となることも予想されるが，そのような課題に対応できる交通計画を立案するためには，地域外居住者の交通も何らかの補完調査を行った上で予測し，地域内居住者の交通と合成することが必要である．しかしその予測手法は，入手できるデータ等に応じてケースバイケースの

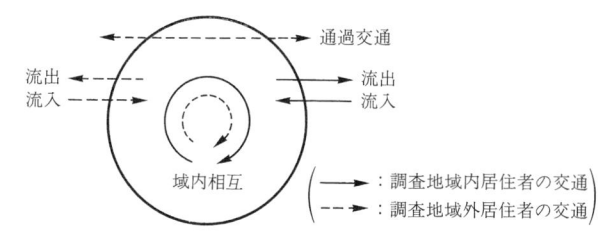

図 5.2　交通主体と交通形態

モデルを構築することが一般的である．したがってそのようなモデルを逐一説明することは困難であり，以下，地域内居住者の交通需要の予測ということを前提に話を進める．

5.2 交通施設のモデルリンクと経路探索法

A. 交通施設のモデルリンク

交通施設の整備状況は，人の交通行動に大きな影響を与える．大都市圏においてサラリーマンがマイホームを都心から離れたところに求めて都市圏が拡大していくのは，都心周辺の地価上昇が大きな理由であるが，それと同時に高速鉄道などの整備が遠距離通勤を可能としているからでもある．これは，交通施設の整備が人の交通行動に影響を与えている例である．

こうしたことを考慮すると，将来の交通需要予測を行う際には，地域の将来の交通施設の整備状況などを計量して，それを予測システムの中に取り込むことが必要である．しかし交通施設の整備状況を具体的にいかなる指標として計量するかは，どのような予測モデルを作成するかということに関わるものである．最も基本的かつ普遍的な指標は，ゾーン間の最短所要時間や最小移動コストである．そしてこれら指標の計量は，予測対象地域のゾーン数がごく少ない場合は手計算でも十分に対応できる．しかしゾーン数が増え，また，分析の対象とする交通手段が多様になると，勢いその作業量は増大し，コンピュータの力を借りなければならなくなる．

このためグラフ理論を基本として，実際の交通施設網をノード (node) とリンク (link) で表し，それに地図上の距離 (km) や走行時間 (分)，利用交通量 (台/日，台/時) の情報などを付与して表現することが一般に行われる．これが交通施設のモデルリンクといわれるものである．このモデルリンクのデータからゾーン間の最短経路を探索するアルゴリズムを用意すれば，交通施設の整備状況やサービス特性を，道路距離，時間距離，走行コスト等多様な指標として効率的に算定できる．

モデルリンクの最も基本的な構成を図 5.3 に例示する．表 5.3 はこれをコンピュータにインプットするためにコーディングしたものである．この例ではリ

ンクに距離と速度を与えているので，距離での最短経路のほか，距離/速度の演算をしてリンクの走行時間に換算し，時間距離での最短経路を求めることも可能である．これらのデータをさらに加工すれば最小コストを実現する経路を求めることもでき，非常に多様な応用が可能になる．また，道路のように一方通行規制のある場合，鉄道やバスのように出発地から駅やバス停までのアクセス（access），駅やバス停から目的地までのエグレス（egress）あるいは乗り継ぎが必要な交通などに対しても，図5.4に示すようにすれば，現実の交通行動を反映してモデルリンクを作成することが可能となる．

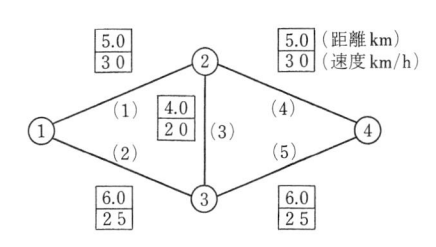

図 5.3 モデルリンク

表 5.3 モデルリンクのコーディング

リンク No.	両端ノード A端	両端ノード B端	距離 (km)	速度 (km/h)
(1)	1	2	5.0	30
(2)	1	3	6.0	25
(3)	2	3	4.0	20
(4)	2	4	5.0	30
(5)	3	4	6.0	25

(a) 交通規制を考慮した道路のモデルリンクの例

(b) 公共交通機関のモデルリンクの例

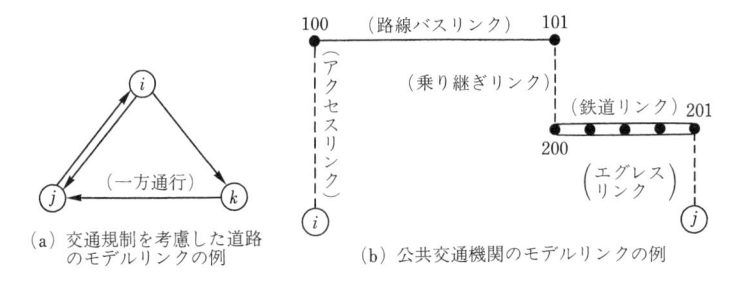

図 5.4 多様なモデルリンクの考え方

B. 最短経路探索のアルゴリズム

リンクデータをもとにゾーン間の最短経路を解析する方法はいろいろ提案されている．その中で，ある地点から他の地点に至る最短経路や最短距離を求める優れた方法にダイクストラ（Dijkstra）法がある．また，任意の2点間すべての最短経路，最短距離を求めるには，演算労力が少ないウォーシャル-フロ

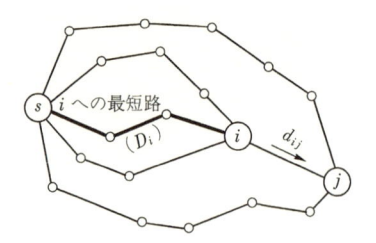

図 5.5 最短経路探索の概念

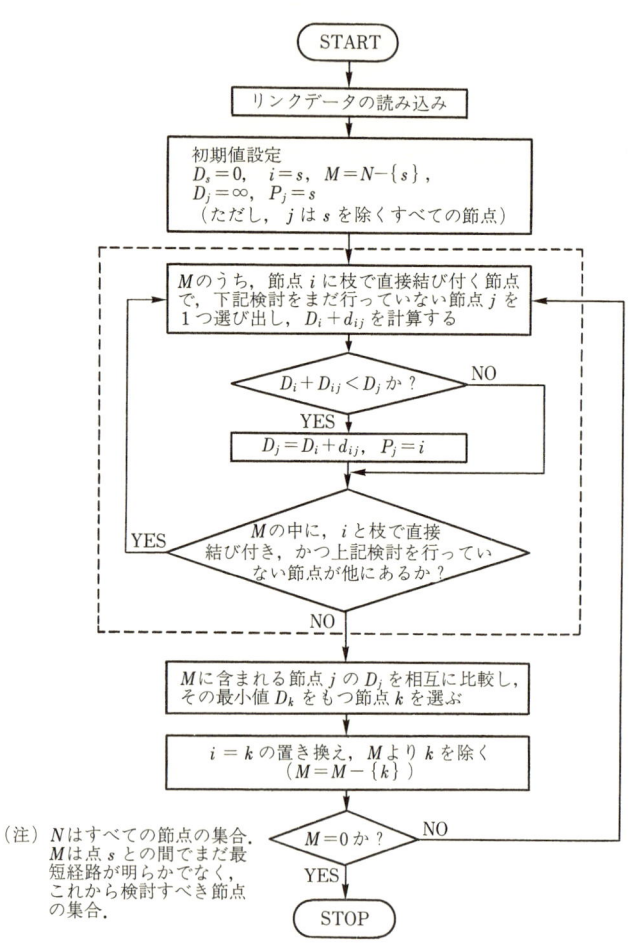

図 5.6 ダイクストラ法による最短経路探索の手順[2]

フローチャート内の記述:

START
↓
リンクデータの読み込み
↓
初期値設定
$D_s=0$, $i=s$, $M=N-\{s\}$,
$D_j=\infty$, $P_j=s$
(ただし, j は s を除くすべての節点)
↓
Mのうち, 節点 i に枝で直接結び付く節点で, 下記検討をまだ行っていない節点 j を1つ選び出し, D_i+d_{ij} を計算する
↓
$D_i+d_{ij}<D_j$ か? — NO →
↓ YES
$D_j=D_i+d_{ij}$, $P_j=i$
↓
Mの中に, i と枝で直接結び付き, かつ上記検討を行っていない節点が他にあるか? — YES → (ループ)
↓ NO
Mに含まれる節点 j の D_j を相互に比較し, その最小値 D_k をもつ節点 k を選ぶ
↓
$i=k$ の置き換え, Mより k を除く
($M=M-\{k\}$)
↓
$M=0$ か? — NO → (ループ)
↓ YES
STOP

(注) Nはすべての節点の集合. Mは点 s との間でまだ最短経路が明らかでなく, これから検討すべき節点の集合.

イド（Warshall-Floyd）法もある．ここではダイクストラ法について紹介する．

ネットワーク上のある点 s から点 j までの最短経路，最短距離を求めることを考える（図5.5）．点 s から任意点 i, j までの最短距離を D_i, D_j とし，また，点 i がリンク (i, j) で結合され，$i \to j$ の長さ（時間や距離）を d_{ij} とする．点 i を通って点 j に至る経路が点 s から j 点までの最短経路であるならば，$D_i + d_{ij}$ は D_j に等しいが，最短経路でない場合は，$D_i + d_{ij} > D_j$ である．そこで，初期値 $D_j = \infty$ を設定の上，$i = s$ を出発点として，点 i と結ぶリンクの他端 j に関し $D_i + d_{ij}$ を求め，この値が D_j より小さければ $D_i + d_{ij}$ を改めて D_j とする．この操作を i を変えながら順次行えば，最終的に最短経路，最短距離が明らかになる．この考えをもとに効率的に最短経路等を求める工夫がダイクストラ法であり，その手順は図5.6に示すとおりである．

ダイクストラ法では，まず行ベクトル $[D_j]$ に初期値として ∞ が設定されるが，繰り返し計算の各段階で，前段階よりも小さい D_j を実現する経路が明らかになるたびにその経路の距離に置き換えられて，最終的に $[D_j]$ には点 s から点 j までの最短距離が与えられる．また，行ベクトル $[P_j]$ を，点 s から点 j までの最短経路で点 j の直前点を記憶する内容とすれば，最初 s を与えて順次より短い経路における直前点に置き換えていけば，最終的に最短距離の直前点ベクトルになる．したがって，点 s から j への最短経路は，点 j の直前点 P_j，P_j の直前点，そのまた直前点，…という具合に，行ベクトル $[P_j]$ を出発点 s が得られるまでたどることにより求められる．

[**例 5.1**] 図5.7のネットワークにおいて，点1から他の各点までの最短径路と最短距離（分）を求めよ．

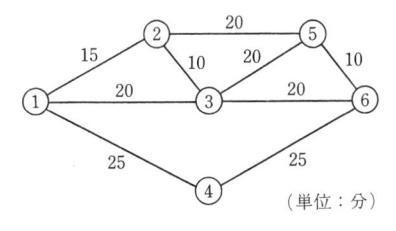

図 5.7 ネットワークの例

(解)

1) 初期値：$D_1=0$, $i=1$, $M=\{2, 3, 4, 5, 6\}$
$$[D_j]=[\infty\ \infty\ \infty\ \infty\ \infty],\quad [P_j]=[1\ 1\ 1\ 1\ 1]$$

2) M の中で $i=1$ と結ばれる点 $j=2, 3, 4$ についてその径路距離を求めると，
$$D_1+d_{12}=15<D_2,\ \text{ゆえに}\ D_2=15,\ P_2=1$$
$$D_1+d_{13}=20<D_3,\ \text{ゆえに}\ D_3=20,\ P_3=1$$
$$D_1+d_{14}=25<D_4,\ \text{ゆえに}\ D_4=25,\ P_4=1$$
したがって
$$[D_j]=[15\ 20\ 25\ \infty\ \infty]$$
$$[P_j]=[1\ 1\ 1\ 1\ 1]$$

3) $\min(D_2, D_3, D_4, D_5, D_6)=D_2$ であるから，$i=2$, $M=\{3, 4, 5, 6\}$ である．$i=2$ と結び付く点は $j=3, 5$ であるが，$j=3$ は
$$D_2+d_{23}=15+10=25>D_3$$
であるから変更なし，一方，$j=5$ は
$$D_2+d_{25}=15+20=35<D_5,\ \text{ゆえに}\ D_5=35,\ P_5=2$$
したがって
$$[D_j]=[15\ 20\ 25\ 35\ \infty]$$
$$[P_j]=[1\ 1\ 1\ 2\ 1]$$

4) $\min(D_3, D_4, D_5, D_6)=D_3$ であるから，$i=3$, $M=\{4, 5, 6\}$ である．$i=3$ と結び付く点は $j=5, 6$ であるが，$j=5$ は
$$D_3+d_{35}=20+20=40>D_5$$
であるから変更なし，一方，$j=6$ は
$$D_3+d_{26}=20+20=40<D_6,\ \text{ゆえに}\ D_6=40,\ P_6=3$$
したがって
$$[D_j]=[15\ 20\ 25\ 35\ 40]$$
$$[P_j]=[1\ 1\ 1\ 2\ 3]$$

5) 以上の過程を繰り返して $i=6$ と置き換えれば $M=0$ となり，計算は終了する．この結果
$$[D_j]=[15\ 20\ 25\ 35\ 40]$$
$$[P_j]=[1\ 1\ 1\ 2\ 3]$$

6) 点1から各点 j への最短径路 (R_{1j}) は，$[P_j]$ の解釈から以下のように得られる．
$R_{12}=(1, 2)$, $R_{13}=(1, 3)$, $R_{14}=(1, 4)$, $R_{15}=(1, 2, 5)$, $R_{16}=(1, 3, 6)$

5.3 フレームの作成

A. フレーム作成の考え方

交通が人間の社会・経済活動の派生需要である以上，将来の交通需要を予測するためには将来の社会・経済活動の規模などを予測する必要がある．この"将来の社会・経済活動の規模，目標等"を具体的数値で示したものをフレーム（frame）といい，その予測作業をフレームの作成あるいはフレームワーク（frame work）という．フレームは図 5.8 に示すように予測モデルにインプットして使うものであるから，当然その指標は構築する予測モデルの構造と一体のものでなければならない．また，予測のどの段階で使うかによって，調査圏域全体について必要なフレームとゾーン単位で必要なフレームに分類される．

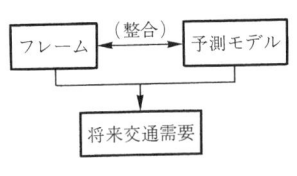

図 5.8 フレームと予測モデル

ところで，交通は社会・経済活動から派生するものであるが，その一方で交通施設には地域開発促進機能や土地利用誘導機能がある．これは見方を変えれば土地利用（社会・経済活動）は交通施設によって導出される結果ともいえる．このように交通計画と土地利用計画の間には，いわば"鶏が先か，卵が先か"の議論にも似た関係があるが，このことを示したものが図 5.9 である．このため Walter G. Hansen や I. S. Lowry は，交通条件の変化による将来土地利用の予測モデルを提案している[3]．

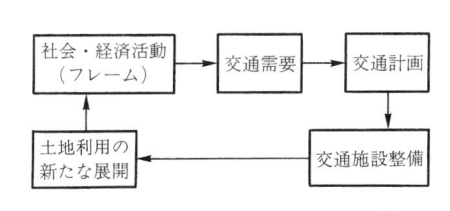

図 5.9 交通計画と土地利用計画との対応

しかし一般的な交通計画では土地利用計画与件を前提とする．そして交通計画と土地利用計画との整合を図るために，①まず複数のフレームを用意する，そして②それぞれのフレームに対する交通需要予測を行い，③おのおののフレームが派生させる交通需要への対応に必要な施設規模を立案し，④土地利用計画と交通施設計画とを総合的に評価して最適な組合せを選ぶ，といった方法が

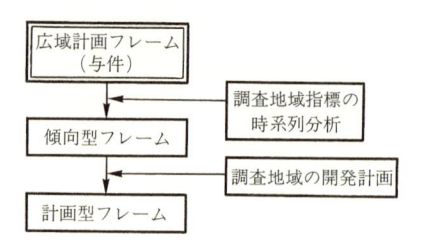

```
┌─────────────┐
│ 広域計画フレーム │
│   (与件)    │
└──────┬──────┘
       ↓           ┌──────────────┐
┌─────────────┐ ←──│ 調査地域指標の │
│ 傾向型フレーム │    │  時系列分析   │
└──────┬──────┘    └──────────────┘
       ↓           ┌──────────────┐
┌─────────────┐ ←──│ 調査地域の開発計画 │
│ 計画型フレーム │    └──────────────┘
└─────────────┘
```

図 5.10 フレーム相互の基本的関係

とられる.この場合,複数のフレームを設定する具体的視点には,大きく分けて傾向型と計画型という2つの考えがある.この2つのフレーム相互の基本的関係は図 5.10 に示すとおりであり,その内容や狙いとするものをまとめたものが表 5.4 である.傾向型はその名のとおり現在の趨勢を踏襲したものであり,これに大規模開発計画などを加えたものが計画型である.

表 5.4 フレームケースの考え方

ケース	ケースの内容
傾 向 型	○現在の趨勢が将来も続いた場合のフレーム ○この需要予測を行うことによって,現在の交通施設が将来抱えることとなる問題箇所の発見などを行う
計 画 型	○積極的な開発を進めるフレーム(むしろ現在の趨勢を変えたいような姿勢) ○積極的開発を成功させるために交通計画面で重点的対応が必要な施設の発見などを行う

交通計画を含む地域・都市計画には,広くは国土計画から狭くは都市計画あるいは市町村計画までいろいろなレベルのものがある.当然ながら調査対象地域が小規模な計画では,その地域を含む上位の広域計画との調整が必要になる.したがって,そのフレーム作成においては,地域独自のものを推定するよりは,調査地域が広域計画の地域全体に占める比率をトレンド推計し,これを広域計画のフレームに乗ずる方法(ブレークダウン)がよく用いられる.

B. フレームの推計方法

(1) 基本となるデータ

先に述べるように,フレーム指標は,予測モデルと一体のものでなければならないので,予測モデル作成に先立って指標を特定することはできない.その

5.3 フレームの作成

一方で,実績値を入手できる指標にも限りがある.そこでここではまずフレーム作成のため実際に利用し得るデータの概要を整理しておく.

交通計画に利用できる人口・経済統計には,国勢調査,事業所統計調査(1996年からは事業所・企業統計調査に改変),工業統計調査,商業統計調査,国民所得統計,NHKの国民生活時間調査などがある[4].フレーム作成のためによく利用されるものは表5.5に示す4つであるが,とりわけ国勢調査が重要である.本調査は単に人口指標のデータばかりでなく,市区町村間の通勤・通学流動(分布交通)やその利用交通手段(人口10万人以上の都市)のデータも利用できるので,交通計画には欠かせないものである.

表 5.5 主要な統計調査の概要

調査名	調査の概要	主なフレームデータ指標
国 勢 調 査 (総務省統計局)	○世帯を対象とする5年ごとの全数調査 ○各調査年の10月1日現在 ○西暦調査年の末尾が0のとき,大調査(通勤,通学地までの利用交通手段なども調査) ○西暦調査年の末尾が5のとき,簡易調査	○属性別居住人口 ○産業別就業人口 ○産業別従業人口 ○昼間人口
事業所統計調査 (総務省統計局)	○事業所を対象とする3年ごとの全数調査 ○各調査年の7月1日現在	○地域別産業別事業所数 ○地域別産業別従業者数
工 業 統 計 (経済産業省)	○製造業に属する事業所を対象に,毎年行われる全数調査 ○各調査年の12月末現在	○製造品出荷額 ○事業所の敷地面積,建築面積 ○従業者数
商 業 統 計 (経済産業省)	○卸売業,小売業に属する事業所を対象に,2年ごとに行われる全数調査 ○各調査年の5月1日現在	○商品販売額,飲食店販売額 ○産業別従業者数

(注)( )内は調査実施者

(2) フレーム推計方法の概要

① 圏域全体のフレーム推計

圏域全体のフレームとして人口や経済に関する指標の将来値を予測するために,指標特性に応じて多様なモデルが工夫され用いられている.その中で最も基本的な手法は,時系列分析による傾向曲線の当てはめである.よく用いられる傾向曲線とその概要を示せば表5.6のとおりである.社会的な現象の多くは長い目で見れば,図5.11に示すように導入期-成長期-成熟期-衰退期を経て発展する[5].この変化が一巡するタイムスパンは,当然個々の社会現象によっ

表 5.6 フレーム推計における主な傾向曲線

手法 (曲線名)	適用される変化過程 (例)	概　　要
直線回帰式 $(y=at+b)$	○4つの発展段階の中の個別過程	○変化が一巡するタイムスパンが非常に長い場合はその一部の期間だけをみると，直線的変化や2次放物線的変化を示す．
2次放物線回帰式 $(y=at^2+bt+c)$		○全体フレームを上位計画からブレイクダウンする場合などもこれらの手法が用いられることが多い．
指数曲線 $y=ab^t$ または $y=at^b$	○導入期＋成長期や成熟期＋衰退期など	○4つの発展段階の中で，変化の速度が緩→急となる前半，あるいは逆に急→緩となる後半部分の傾向を示すデータなどに用いられる．
修正指数曲線 $y=k+ab^t$		
成長曲線　ロジスティック曲線 $y=\dfrac{k}{1+me^{-at}}$	○全体の発展過程	○日本全体の人口や自動車保有台数など広域の社会現象の発展過程全体を説明するに適した手法である．
成長曲線　ゴンペルツ曲線 $y=ka^{b^t}$		

て異なるが，採用したフレーム指標の中にこのような発展過程を考慮する必要がある場合には成長曲線が用いられる．しかし交通計画はおおむね10年先，20年先の計画である．このようなタイムスパンで現象を捉えようとすると，図5.11に示した4つの変化過程の一部分だけを対象とすることになる場合が多く，そのときには直線回帰式や指数曲線などが用いられる．

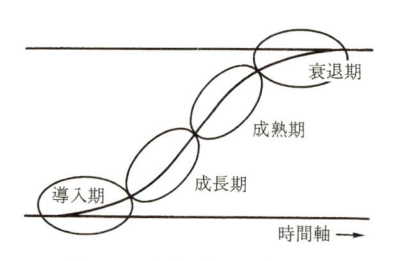

図 5.11 社会現象の発展過程

② ゾーン別のフレーム推計

これは，①で求められる圏域フレームをコントロールトータルとして各ゾーンにブレイクダウンすることにより推計される．すなわち，その推計の手順は図5.12に示すように，個々のゾーンごとに指標の時系列データをもとに直線回帰式などによって計画年次の値を推計し，すべてのゾーンの合計値が圏域フレームに一致するようにこれを補正する，という手法が最も一般的である．ただ大規模開発計画は，その計画の現時点での達成率などを考慮して取り扱いに

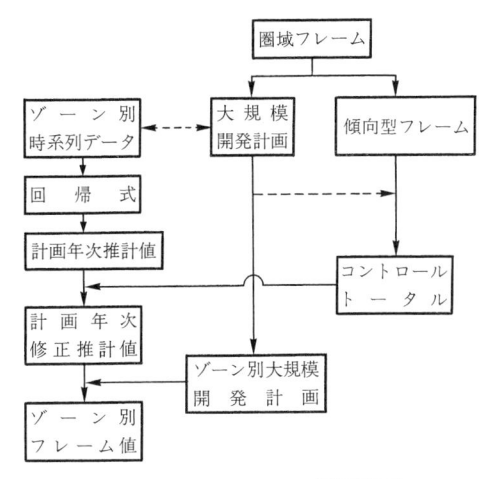

図 5.12 ゾーン別フレーム指標推計フロー

注意しなければならない．たとえば達成率がまだ低い場合には時系列データとは別の扱いをする必要があるし，逆に達成率がすでに高い場合にはトレンドの中にその影響はすでに反映されていると考えてもよいことになる．

5.4 発生集中交通量の予測

　発生集中交通量の予測は１つの推計段階ではあるが，実際にはさらに２段階に分けて行うことが一般的である．すなわち，まず人なり自動車なりの交通特性から決まる生成原単位（トリップ/（人・日）またはトリップ/（台・日））をもとに，対象地域内で発生する総交通量（T）を予測するが，これは生成量の予測ともいわれる．次いでこれをコントロールトータルとして，対象地域内のゾーンごとの発生集中交通量（G_i, A_j）を予測する　この間の手順を図5.13に示す．

A. 生成量の予測

　生成量の予測は，パーソントリップでは１人当りのトリップ数を生成原単位として，これに対応する将来の対象地域内フレームを乗ずることによって求められる．当然ながら将来の人の生成原単位は，所得水準や自動車の保有率の向

5章 交通需要予測

表 5.7 職業別目的別生成原単位[6]　　（単位：トリップ/人・日）

目的 職業	通勤	業務Ⅰ	私用Ⅰ	私用Ⅱ	帰宅Ⅰ	帰宅Ⅱ	全目的
専門事務技術職	0.846	0.607	0.210	0.136	0.711	0.282	2.795
管理職	0.809	1.227	0.198	0.132	0.671	0.270	3.310
販売従事者	0.660	1.756	0.221	0.151	0.565	0.322	3.679
農林漁業従事者	0.056	0.379	0.203	0.201	0.052	0.364	2.914
運輸通信従事者	0.787	1.194	0.122	0.115	0.663	0.243	3.133
生産工程従事者	0.758	0.569	0.174	0.110	0.670	0.295	2.582
採鉱採石従事者	0.871	0.382	0.085	0.109	0.800	0.239	2.490
サービス業従事者	0.702	0.694	0.263	0.161	0.607	0.355	2.784
学生	0.000	0.000	0.197	0.240	0.827	0.274	2.464
生徒・児童	0.000	0.000	0.134	0.181	0.944	0.259	2.492
主婦	0.000	0.000	0.804	0.500	0.001	1.013	2.318
無職	0.000	0.000	0.389	0.388	0.001	0.626	1.405
合計	0.341	0.384	0.307	0.243	0.519	0.442	2.527

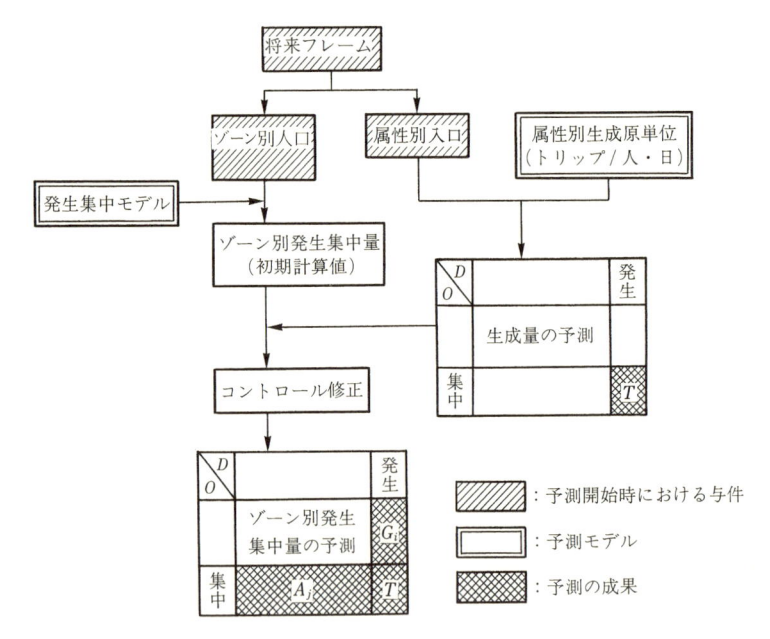

図 5.13 発生集中量予測フロー

上，あるいはゆとり時代の到来による出勤率や登校率の低下などによって変化することが予想される．したがって，生成原単位はこれらの変化を反映できるものとすることが重要である．表5.7は北部九州圏パーソントリップ調査における職業別目的別生成原単位の例である[6]．

B. ゾーン別発生集中交通量の予測

ゾーン別発生量，集中量を予測する方法にはモデル法と原単位法の2通りがあり，それぞれの考え方は以下のとおりである．

（1）モデル法

この方法で一般に用いられるモデル式は，重回帰モデルである．その説明変数として考えられるものには，居住人口，産業別就業人口，学生数，従業地ベースの就業人口（従業人口），用途別床面積，自動車保有台数，商品販売額，工業出荷額等がある．これら説明変数の選定で重要なことは，ゾーン別発生集中交通量と説明変数との論理的な因果関係であるが，それとともに変数そのものの将来値がある所与の精度で予測できなければ意味がない．また，モデルの操作性をも考慮する必要がある．一例として，北部九州圏総合交通体系調査で作成されたパーソントリップの交通目的別発生集中交通量予測モデルを示せば，表5.8のとおりである[7]．

表 5.8 発生集中量予測モデルの例[7]

目 的	発生集中の別	モ デ ル 式	重相関係数	説 明 指 標
通勤	発 生	$y = 0.330452\, P_0 - 1573$	0.991	P_0：居住人口 EE_0：総従業人口 EE_2：2次従業人口 EE_3：3次従業人口 （備考） 業務Ⅰ：農林漁業を除く業務 私用Ⅰ：買物・娯楽など 私用Ⅱ：その他の私用
	集 中	$y = 0.746568\, EE_0 - 592$	0.997	
業務Ⅰ	発 生	$y = 0.692103\, EE_0 - 5544$	0.984	
	集 中	$y = 0.711049\, EE_0 - 4479$	0.987	
私用Ⅰ	発 生	$y = 0.226677\, P_0 + 0.857332\, EE_2 + 0.222495\, EE_3 - 2042$	0.983	
	集 中	$y = 0.216015\, P_0 + 0.297037\, EE_3 - 2381$	0.967	
私用Ⅱ	発 生	$y = 0.205931\, P_0 + 0.0649367\, EE_0 - 989$	0.978	
	集 中	$y = 0.18271\, P_0 + 0.139561\, EE_0 - 2022$	0.973	

(2) 原単位法

本法は，A項で示したような生成量の予測をゾーン単位で直接行うという考えに立つものである．とくに土地利用の用途別土地面積や延床面積などのデータが揃っていて，それらの単位面積当りの生成原単位を設定できる場合は有効な方法といえる．しかし実際のところこれらのデータをゾーン単位で，しかも現況と将来にわたって入手することは困難であり，したがって通常はそれほど用いられるものではない．ただ大規模開発計画など限定された区域で，その計画に関連する交通量を予測するような場合には有効な方法である．

[例 5.2] A市（4ゾーンよりなる地域）の人口指標値が表5.9であるとき，表5.7の生成原単位，表5.8の発生集中量予測モデルを使って，各ゾーンの通勤交通の発生集中量をもとめよ．

表 5.9 A市の人口指標

(その1：職業別人口)

管理職	販売従事者	生産工程従事者	サービス業従事者
5000(人)	10000	15000	20000

(その2：ゾーン別人口)

指標 ゾーン	居住人口	総従業人口
1	20000(人)	30000(人)
2	20000	10000
3	40000	6000
4	30000	4000
計	110000	50000

(解) 1) 生成量の予測

	（人）		（トリップ／人・日）		（トリップ／日）
管理職	5000	×	0.809	=	4045
販売従事者	10000	×	0.660	=	6600
生産工程従事者	15000	×	0.758	=	11370
サービス業従事者	20000	×	0.702	=	14040
合　計					36055

2) ゾーン別発生量，集中量の予測結果（表5.10）

表 5.10　A市のゾーン別発生集中量（単位：トリップ/日）

ゾーン	発生量		集中量	
	初期値	コントロール補正値	初期値	コントロール補正値
1	5036	6041	21805	22488
2	5036	6041	6874	7089
3	11645	13968	3887	4009
4	8341	10005	2394	2469
計	30058	36055	34960	36055

（注）　初期値は表5.8のモデルによる計算結果である．

5.5　分布交通量の予測

A.　基本的な考え方

（1）　分布交通と分布モデル

分布交通の予測とは，1つ前の段階で予測された各ゾーンの発生量と集中量を既知として，ゾーン間を移動するトリップ数を予測するステップである．

いまゾーン数をn，その中の任意のODペア（ij）間の分布交通量をX_{ij}とすれば，X_{ij}が満足すべき条件は次のとおりである．

$$\left. \begin{array}{l} \sum_{j=1}^{n} X_{ij} = G_i \quad (i=1, 2, \cdots, n) \\ \sum_{i=1}^{n} X_{ij} = A_j \quad (j=1, 2, \cdots, n) \end{array} \right\} \quad (5.1)$$

$$\text{ただし，} \sum_{i=1}^{n} G_i = \sum_{j=1}^{n} A_j$$

この条件だけですべてのX_{ij}を決めることを考えると，これは$2n-1$個の独立な方程式から$n \times n$個の未知量を求めることを意味しており，1組だけの有意解を決めることはできない．したがって現実的な解を得るためには，まずX_{ij}の初期値を何らかの方法で仮定して，次にそれが式（5.1）を満足するように修正することが必要である．すなわち，分布交通量の予測のためには，以下の2点について基本的対応方針を決定しなければならない．

① 初期値の設定の仕方

各X_{ij}の初期値をどんな方法で設定するかということであり，それには2

つの考え方がある．1つは，将来の X_{ij} は現在の分布パターンが何らかの形で反映されて出現すると考えるもので，このような考え方で初期値を決める方法を現在パターン法という．いま1つは，人がゾーン間を移動する際の交通行動特性を何らかのモデル式で表現し，このモデル式を使った計算によって得られる値を初期値とするものである．そしてこのような手法を分布モデル法という．

② 条件式（5.1）の満足のさせ方

①の方法によって設定した初期値が式（5.1）を満足するよう修正する方法にどんな考え方を用いるかということである．これにも2つの考え方がある．1つはある条件のもとで式（5.1）を満たすまで繰り返し収束計算を行う方法であり，いま1つは同時確率最大化などの理論に基づくものである．一般的には前者の方法が用いられ，①の現在パターン法の中で提案された手法の中から，収束のための繰り返し計算回数が少なくてすむものが採用されることが多い．

（2） 分布交通の予測を行う場合の留意点

分布モデルは人の交通行動特性を反映できることが条件であるが，交通行動特性の顕著なものとして"人の交通は移動距離によって大きな影響を受ける"ということがある．このことをキーにして過去の研究事例をみると，分布モデルの検討に際してはとくに次の2点に留意する必要がある．

① 交通目的と分布交通

交通の分布パターンは，通勤，通学，買物など交通目的によって大きく異なる．この特性を示す方法はいろいろ考えられるが，図5.14はその一例である[6]．

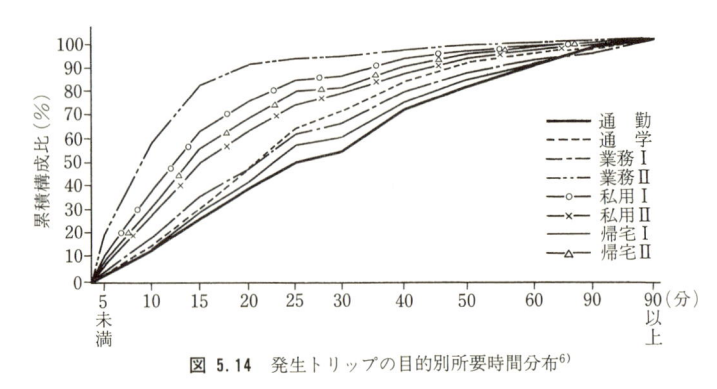

図 5.14 発生トリップの目的別所要時間分布[6]

これは横軸にトリップの所要時間,縦軸にトリップ数の度数分布の累積構成比をとったもので,交通目的によって明らかに所要時間分布に違いがある.このことはとりもなおさず,交通量の分布が交通目的によって異なることを意味するものであり,分布モデルの検討は交通目的別に行うことが必要である.

② ゾーン内々交通とゾーン内外交通

①より所要時間と分布交通との間に強い関係があることが確認される.ゾーン間の移動所要時間の算定方法については5.2節で示したとおりであるが,この方法ではゾーン内々距離(ゾーン内の移動に要する所要時間)を算定できない.一方,同一ゾーン内で移動するゾーン内々交通とゾーン内々率(ゾーン内々交通量/ゾーン発生量×100%)を交通目的別に示したものが,表5.11である[7].集計のゾーン規模が大きくなればなるほどゾーン内々率も大きくなるのは当然であるが,この例では,内々率が最も高いものは通学の77.3%,最も低いものは通勤の38.0%,そして全目的では61.0%である.このように全体の交通の中でゾーン内々交通の占める割合が非常に高いことがわかる.したがって内々交通をうまく説明できれば,結果として分布交通全体の予測もうまくいくことが期待される.ところがその重要なものに対してゾーン内々距離が論理的に設定できないことから,ゾーン内々交通とゾーン内外交通とに分けて予測することが必要になる.

こうしたことから,分布モデル法による分布交通の予測は,交通目的別に,そしてさらにゾーン内々とゾーン内外の交通とに分けて行われることが多い.

表 5.11 交通目的別内々率[7]　　（単位：千トリップ,%）

交通目的		通 勤	通 学	業 務	私 用	帰 宅	合 計
内々	トリップ数	546.9	792.8	915.0	1682.0	2564.3	6501.0
	率	38.0	77.3	51.0	72.3	63.0	61.0

B. 分布交通の予測方法

（1）現在パターン法

この手法はその名のとおり,将来の分布交通は現在の分布交通のパターンが反映されるということを前提としている.通常,新しい交通施設が整備されて

地域間の時間距離が短縮されれば，その地域間の交通は急増するが，現在パターン法は，交通と交通施設とのこのような関係を考慮しない手法である．したがってこの考え方が適用できるのは，将来にわたって交通施設を含む都市構造に大きな変化がないような地域に限られることになる．もちろん OD 調査が実施されていて現在 OD 表が用意されていることが，大きな前提条件になる．

さて現在パターン法には，この現在の OD パターンを将来 OD 表にいかに反映させるかという方法の違いによって，均一成長率法，平均係数法，デトロイト（Detroit）法，フレーター（Fratar）法などがある．これらのモデルのいずれを使うにせよ 1 回の計算だけでは，分布交通量の計算結果として得られるゾーン別発生量と集中量が，前段階で予測されていてコントロールとなる発生量と集中量（G_i, A_j）に一致しないので，繰り返し計算が必要となる．その際の収束速度はフレーター法が非常に優れているため，現在パターン法ではほとんどの場合，フレーター法が採用される．

このフレーター法の一般式は次のとおりである．

$$X_{ij} = X_{ij}(0) \cdot M_i \cdot N_j \cdot \frac{1}{2} \left(\frac{g_i}{\sum_{k=1}^{n} X_{ik}(0) \cdot N_k} + \frac{a_j}{\sum_{k=1}^{n} X_{kj}(0) \cdot M_k} \right) \quad (5.2)$$

$$(M_i = G_i/g_i, \quad N_j = A_j/a_j)$$

ここに $X_{ij}(0)$：ゾーン i，ゾーン j 間の現在の分布交通量

X_{ij}　　：ゾーン i，ゾーン j 間の将来の分布交通量

g_i, G_i：ゾーン i の現在および将来の発生量

a_j, A_j：ゾーン j の現在および将来の集中量

なお式（5.2）の（ ）内は，

$$L_i = \frac{g_i}{\sum_k X_{ik}(0) \cdot N_k}, \quad L_j = \frac{a_j}{\sum_k X_{kj}(0) \cdot M_k} \quad (5.3)$$

とおいて，位置の係数あるいは L 係数（location factor）と呼ばれている．

フレーター法の考え方は以下のとおりである．すなわち，まず発生ゾーン i 側からみてその分布交通を推計するには，i ゾーンの将来発生量（G_i）が各ゾーンにどれだけ吸引されるかを考えればよい．この場合，各ゾーンの吸引力

5.5 分布交通量の予測

は，各ゾーンの現在の吸引力（$X_{ik}(0)$）と各ゾーンの集中量の伸び率（N_k）の積に比例すると考えられるから，jゾーンの他ゾーンに比べた相対的な吸引力の大きさは，$X_{ij}(0) \cdot N_j / \sum_k X_{ik}(0) \cdot N_k$ で示される．したがってiゾーンから発生する交通（G_i）のうち，jゾーンに吸引される交通量（X_{ij}）は次式で示される．

$$X_{ij} = G_i \cdot \frac{X_{ij}(0) \cdot N_j}{\sum_k X_{ik}(0) \cdot N_k} = X_{ij}(0) \cdot M_i \cdot N_j \cdot \frac{g_i}{\sum_k X_{ik}(0) \cdot N_k}$$

同様にこれを集中側（j）からみると，jゾーンに集中する交通（A_j）のうちi

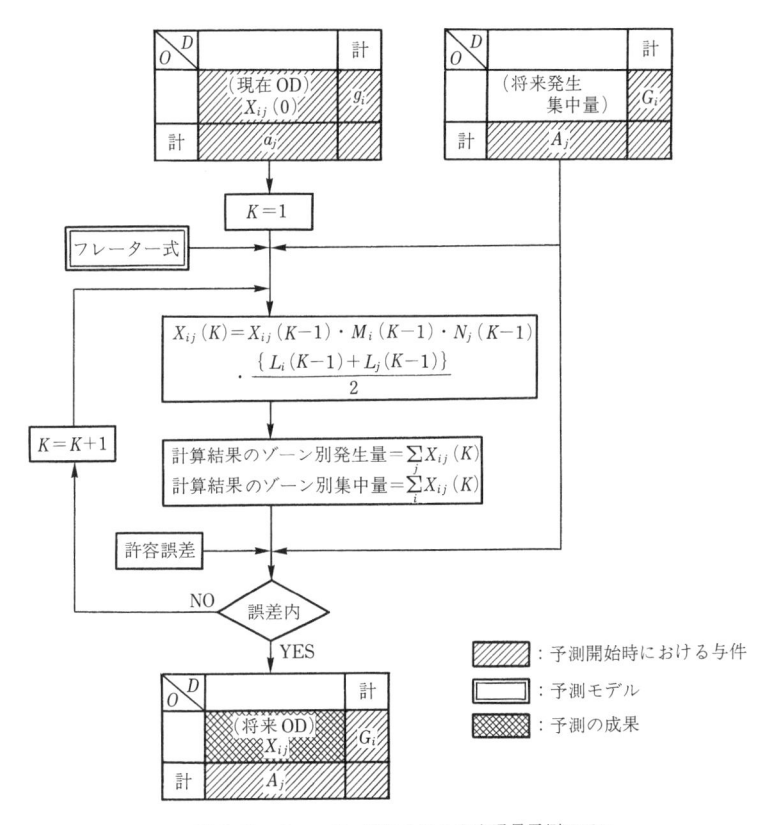

図 5.15 フレーター法による分布交通量予測のフロー

ゾーンから発生する交通量は，次式で示される．

$$X_{ij} = A_j \cdot \frac{X_{ij}(0) \cdot M_i}{\sum_k X_{kj}(0) \cdot M_k} = X_{ij}(0) \cdot M_i \cdot N_j \cdot \frac{a_j}{\sum_k X_{kj}(0) \cdot M_k}$$

そして実際の i-j 間の交通量（X_{ij}）は i 側からみた交通量と j 側からみた交通量の平均値に等しいとすると，式（5.2）が得られる．

ところが式（5.2）で求められる X_{ij} の行和（発生量），列和（集中量）はコントロール値としての発生量，集中量に一致しないため，予測結果の OD 表（第1次近似解）を改めて現在 OD 表と見なし，計算の結果として求まる発生量，集中量とコントロール値としての発生量，集中量とが十分に等しいと判断されるまで繰り返し計算を行う．この繰り返し計算の過程を一般化するには，$X_{ij}, M_i, N_j, g_i, a_j, L_i, L_j$ のすべての変数に繰り返し計算回数を示す添字（K）を付加すればよい．この考え方を予測フローで示したものが図 5.15 である．

［例 5.3］ 例 5.2 の場合について，表 5.12（その 1 の現在 OD 表）を用いて，フレーター法による将来 OD 表を予測せよ（第1近似解のみでよい）．

表 5.12 フレーター法による分布交通量の予測例

（その 1） 現在 OD 表 (単位：千トリップ/日)

O＼D	1	2	3	4	計
1	2.2	1.5	0.2	0.1	4.0
2	1.1	1.5	0.3	0.1	3.0
3	3.5	0.7	0.8	0.0	5.0
4	1.7	0.3	0.2	0.8	3.0
計	8.5	4.0	1.5	1.0	15.0

（その 2） 発生集中量 (単位：千トリップ/日)

O＼D	1	2	3	4	計
1					6.0
2					6.0
3					14.0
4					10.0
計	22.5	7.1	4.0	2.4	36.0

（その 3） L 係数

ゾーン	L_i	L_j
1	0.432	0.405
2	0.454	0.487
3	0.396	0.394
4	0.401	0.331

（その 4） 第1近似解 OD 表 (単位：千トリップ/日)

O＼D	1	2	3	4	計
1	3.7	1.8	0.3	0.1	5.9
2	2.5	2.5	0.7	0.2	5.9
3	10.4	1.5	2.4	0.0	14.3
4	6.0	0.8	0.7	2.3	9.8
計	22.6	6.6	4.1	2.6	35.9

（2） モデル法とゾーン内々モデル

人の交通行動特性を反映したモデルをつくってこれによって予測を行う場合，問題は内々交通と内外交通に分けて対応しなければならないことである．もちろん内々距離をうまく表現できればこの問題も解消されるので，その研究もいろいろ行われてはいるが，これまでの研究では必ずしも十分な成果は得られていない．したがってここでも内々交通モデルと内外交通モデルに分けて話を進める．このような前提に立った分布交通量の予測手順は，図5.16に示す

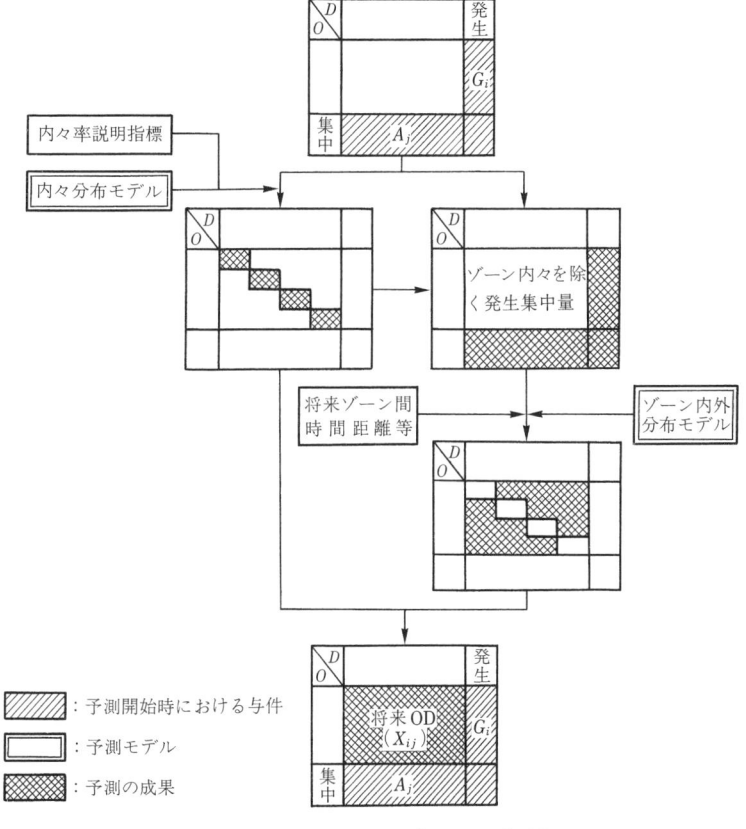

図 5.16 ゾーン内々，内外を考慮した分布交通量予測フロー

ように行われることが多い．以下，まず内々モデルについて示す．

全体の交通量に対して占める割合が高い内々交通量を予測するための内々モデルは未だ開発途上の分野といってよく，内外モデルほどの普遍的モデルは提案されていない．そこで既存の研究事例や全国各地で行われているパーソントリップ調査の報告書から提案されている内々モデルを整理すると，表5.13に示すようなものがある[7]．この表の例でみれば，ゾーン別発生量，集中量の他に採用されている説明要因としては，アクセシビリティ（accessibility）やゾーン面積などがあるが，周辺ゾーンの吸引力の大きさおよびそれらと当該ゾーンとの結合度合を隣接指数として計量した例もみられる[8]．なおアクセシビリティとは，あるゾーンから他のすべてのゾーンや施設などへの到達のしやすさを意味する概念で，一般に次式で示される．

$$a_i = \sum_j \frac{V_j}{t_{ij}^\gamma} \quad (i \neq j) \tag{5.4}$$

ここに，a_i：i ゾーンのアクセシビリティ

V_j：j ゾーンの集中力の大きさや施設の集積度を示す指標

表 5.13 ゾーン内々モデルの諸タイプ[7]

タイプ	モデル形式	適用地域
① 指数タイプ	$X_{ii} = k(G_i + A_i)^\gamma$	富山・高岡
② アクセシビリティタイプ	$X_{ii} = kG_i \cdot A_i \cdot e^{-\beta a_i + c}$	第1回北部九州圏
	$\dfrac{X_{ii}}{G_i} = \dfrac{1}{1 + k\left(\dfrac{a_i}{A_i}\right)^\beta}$	滋 賀 県
③ 面積タイプ	$X_{ii} = k(G_i + A_i)^\gamma \cdot M_i^\beta$	浜 松
	$X_{ii} = kM_i^\beta \cdot X^\gamma$ M_i：i ゾーンの面積 X：（現況の発生量および集中量の小さい方－将来の発生量および集中量の小さい方）の絶対値	仙 台
	X_{ii}：i ゾーンの内々交通量 a_i：i ゾーンのアクセシビリティ G_i：i ゾーンの発生交通量 A_i：i ゾーンの集中交通量 k, β, γ, c：係数	

t_{ij}：i ゾーンから j ゾーンへの所要時間

γ：係数

(3) 重力モデル（ゾーン内外分布モデル）

モデル法による分布モデルの作成では，まずゾーン間の空間的隔たり（距離抵抗）が人の交通行動に与える影響をどのように反映させるかが大きな問題である．一般的にはゾーン間の直線距離（km），道路距離（km），所要時間（分），移動経費（円）といった指標について計量し，これを距離関数としてモデルに組み込むといった方法がよく採用される．このような距離関数の導入を前提としたモデルとして代表的なものが，重力モデル法（gravity model）である．このモデルは，その名のとおり物理学における重力モデルの人の交通行動への応用であり，ゾーン間の分布交通量は各ゾーンの発生力，吸引力とゾーン間の距離抵抗によって決まる，ということを仮定したものである．一般的なモデルの形は，次式で示される．

$$X_{ij} = k \cdot G_i^{\alpha} \cdot A_j^{\beta} \cdot t_{ij}^{-\gamma} \tag{5.5}$$

ここに t_{ij}：ゾーン i, j 間の距離抵抗

k, α, β, γ：係数

係数の k, α, β, γ の値は，現在 OD 表に対する式(5.5)の回帰分析により求めることができる．しかし実際にモデルを使って将来の分布交通量を計算しても，先の現在パターン法の場合と同じように，計算結果としての発生集中量が，コントロール値としての発生集中量に一致しない．このため図5.17に示すように，ここでもフレーター法などを用いて収束計算を行わなければならな

表 5.14 重力モデルの例[7]

交通目的	係　数　値　等		
	k	γ	重相関係数
通　勤	0.00151	2.087	0.955
通　学	0.000061	1.306	0.860
業　務　I	0.002056	2.222	0.972
私　用　I	0.000261	1.840	0.939
私　用　II	0.000506	1.856	0.919

（$\alpha = \beta = 1$ の場合）

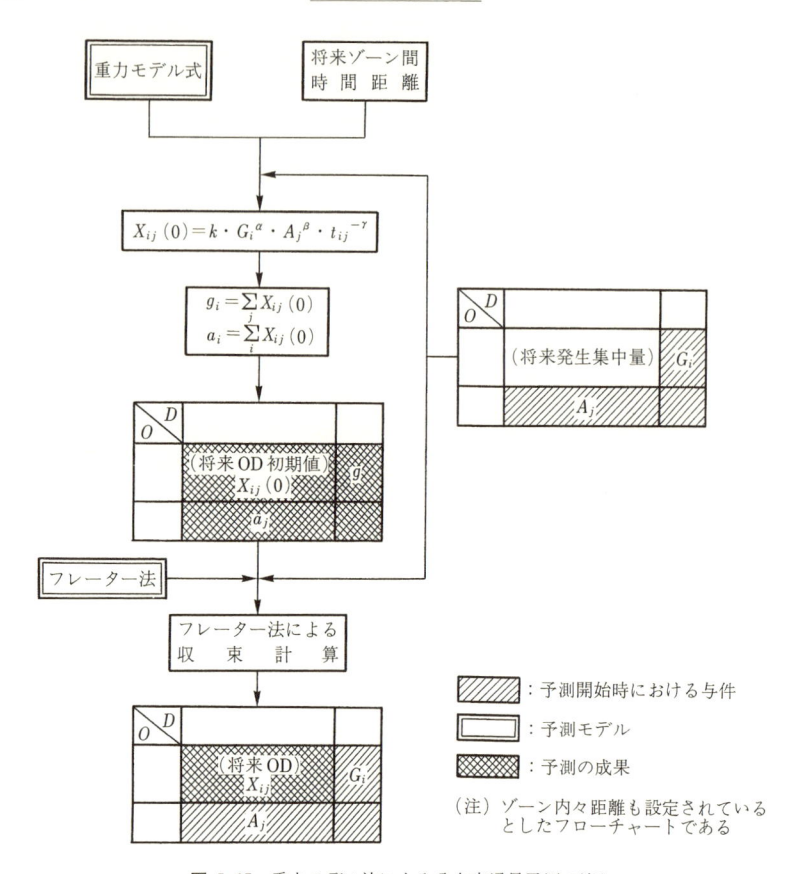

図 5.17 重力モデル法による分布交通量予測の流れ

（フローチャート）

- 重力モデル式
- 将来ゾーン間時間距離
- $X_{ij}(0) = k \cdot G_i^{\alpha} \cdot A_j^{\beta} \cdot t_{ij}^{-\gamma}$
- $g_i = \sum_j X_{ij}(0)$
- $a_i = \sum_i X_{ij}(0)$
- （将来OD初期値）$X_{ij}(0)$
- フレーター法
- フレーター法による収束計算
- （将来発生集中量）G_i, A_j
- （将来OD）X_{ij}, G_i, A_j

凡例：
- ▨：予測開始時における与件
- □：予測モデル
- ▩：予測の成果

（注）ゾーン内々距離も設定されているとしたフローチャートである．

い．北部九州圏パーソントリップ調査における重力モデルを表 5.14 に示す．

　この重力モデルは，その考え方がきわめて簡明で汎用性の高いモデルである．このためパーソントリップ調査などで行われる将来分布交通量の予測ではほとんどの場合，この重力モデルが採用されている．しかし一方では，その簡明性ゆえに説明できない部分を補おうとする改良型のモデルの研究も数多く行われている．その代表的なものにはブーヒーズ（Voorhees）型修正重力モデルあるいは米国道路局モデルと呼ばれるようなものがある．後者のモデル式は次に示すとおりであり，前者は $K_{ij}=1$ の場合に相当するものである．

$$X_{ij} = G_i \cdot \frac{A_j \cdot f(t_{ij}) \cdot K_{ij}}{\sum_{j=1}^{n} A_j \cdot f(t_{ij}) \cdot K_{ij}} \tag{5.6}$$

ここに　$f(t_{ij})$：距離抵抗の関数

　　　　K_{ij}　：iゾーンとjゾーンの固有の結び付きを示す調整係数

（4）介在機会モデル

このモデルは，分布交通について確率の考え方を導入したもので，その成立には次の3つの基本条件を前提としている[9,10]．

① 人は交通をできるだけ出発地に近いところで行おうとする．

② そのため人は自分の出発地に近いかどうかで各ゾーンを並べ換える基準を設定できる．

③ 人があるゾーンを目的地として選ぶ確率は，そのゾーンの吸引力に比例する．

これら3つの条件より導かれる式が介在機会モデルの基本式であり，式(5.7)で与えられる．この場合，目的地ゾーンのkはすべての目的地ゾーンを近い順に並べ換えたときのk番目のゾーンであり，これまでの目的地ゾーンとは意味が違うことに注意しなければならない．

$$X_{ik} = G_i \cdot (e^{-L \cdot V_{k-1}} - e^{-L \cdot V_k}) \tag{5.7}$$

ここに　L　：ある地点に吸引される確率（一定値）

　　　　V_k：各ゾーンを近い順に並べ換えたとき，kゾーンまでの累積の吸引力

このモデルの適用に際しては，重力モデルと同じようにまずゾーン間時間距離などでゾーンの並べ換えが必要である．ただこれは単に近い順に並べ換えるものであるから，いままで示してきたように内々距離は定義できなくとも，内々交通は当然出発地に一番近いゾーンへの交通として対応することが可能である．また，V_kには各ゾーンの集中交通量（A_j）を用いることが多いが，ゾーンの社会経済活動規模を示す指標値を用いることも可能である　そしてL値は，現在OD表と式(5.7)による計算OD表との平均トリップ長が一致するよう繰り返し計算によって求める．

このようにこのモデルは人の基本的交通特性がよく反映され，重力モデルなどでは対応の困難なゾーン内々交通もゾーン内外交通と同等に取り扱うことも可能である．しかし，計算結果を左右する肝心の L 値の決定はかなり難しい．

5.6 分担交通量の予測

A. 基本的な考え方

（1） トリップエンドモデルとトリップインターチェンジモデル

5.1節B（推計段階の実施の順番）の項で示したように，分担交通の予測は，4段階の2番目に行う場合と，3番目に行う場合が考えられる．前者の分担モデルはトリップエンド型分担モデルと呼ばれ，後者はトリップインターチェンジ分担モデルと呼ばれる．トリップエンド分担モデルはその名のとおり，発着ゾーン（トリップエンド）の特性を用いて交通手段の分担関係を説明するものである．過去における例としてはゾーン別の自動車保有台数，居住人口密度，都心からの距離，アクセシビリティなどが説明要因として用いられているが，その多くは交通施設の整備度を直接示すものではない．人が交通手段の選択を行う場合は利用できる交通手段のサービス水準を比較して行動を決定するというメカニズムから考えると，当然ながらこのエンド分担モデルでは不合理が多く，結果として今日ではこの手法はあまり用いられていない．しかし近年，問題となっている都心部の駐車場容量の制約による交通手段分担への影響ということを考える場合，これはエンド分担モデルの議論の範疇に属する内容もあることには注意が必要である．

（2） 代表交通手段から端末交通手段への変換

人が1つの目的トリップを行う場合，1つの交通手段だけで交通が達成されることもあれば，2つ以上の異なる交通手段を使って達成される場合もある．しかし1トリップ複数交通手段の交通形態を予測システムの中に直接反映させるのは困難なため，代表交通手段を定義して1トリップに1交通手段を対応させ，分担交通量の予測を行う．当然のことながら，代表交通手段別OD表は，図5.18に示すように1トリップ複数交通手段の交通を各交通手段ごとに分割して表した交通手段別OD表とは一致しない．このため，鉄道利用客の駅間

OD を作成する，あるいは端末交通手段としての徒歩を含む歩行者全体の流動を分析する，などの交通計画課題に対しては，図 5.19 に示すように別途，代表交通手段を複数の個別交通手段に変換する過程が必要である．

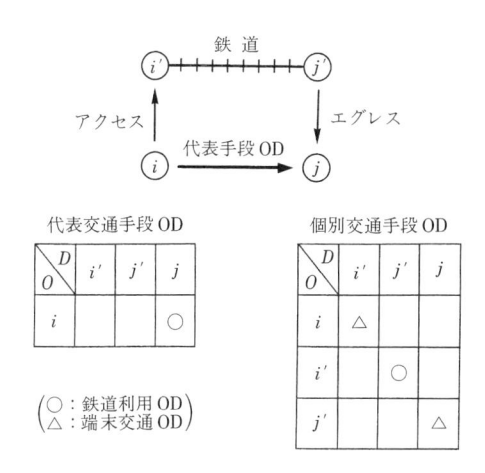

図 5.18 代表交通手段 OD と個別交通手段 OD

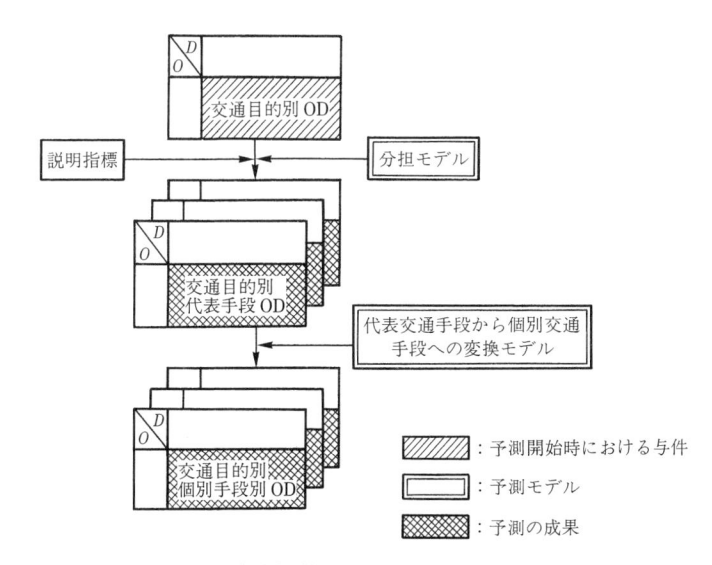

図 5.19 代表交通手段別 OD の個別交通手段 OD への変換

表 5.15 分担率説明要因例

大分類	具体的ファクター
交通主体の属性	性，年令，職業，所得，免許の保有，自動車の保有，同伴者の有無，etc.
トリップの属性	交通目的，移動距離，運搬荷物の有無と重量，発着ゾーン特性（都心部），etc.
交通手段の属性	（利用できる交通手段別の）所要時間，費用，運行本数，始（終）発時刻，乗り換えの回数，快適性，etc.
その他	天候，曜日

（3） 分担率説明要因

人がトリップを行う場合，その交通機関の選択に影響を与える要因は，表5.15に示すようにきわめて多様であり，かつ相互に関連をもつものが多い．しかしそれらの要因を計量し，分担モデルの中に取り入れることには自ずから限界があるので，パーソントリップ調査の結果を詳細に分析して，分担率をうまく説明できる要因を抽出することが非常に重要である．

B. 分担モデル

（1） 分担モデルの構造的分類

分担モデルにトリップエンド分担モデルとトリップインターチェンジ分担モデルがあることはすでに示したとおりである．以下，これ以外の視点から分担モデルの構造的分類を示すと以下のとおりである．

① 内々分担モデルと内外分担モデル

内々距離を論理的に算定することができないため，ゾーン内々交通とゾーン内外交通に別々の分担モデルを用意しなければならない．このことを前提とした分担交通量の予測手順は図5.20に示すとおりである．この場合，内々分担モデルはゾーン特性だけで分担率を説明することとなり，エンド分担モデルと同じ構造となる．

② 2手段分割方式と多手段分割方式

人が移動に際して交通手段を選択する状態を考えると，代替できる交通手段が何もない（選択の余地がない）場合もあれば，5つも6つもある交通手段の

5.6 分担交通量の予測

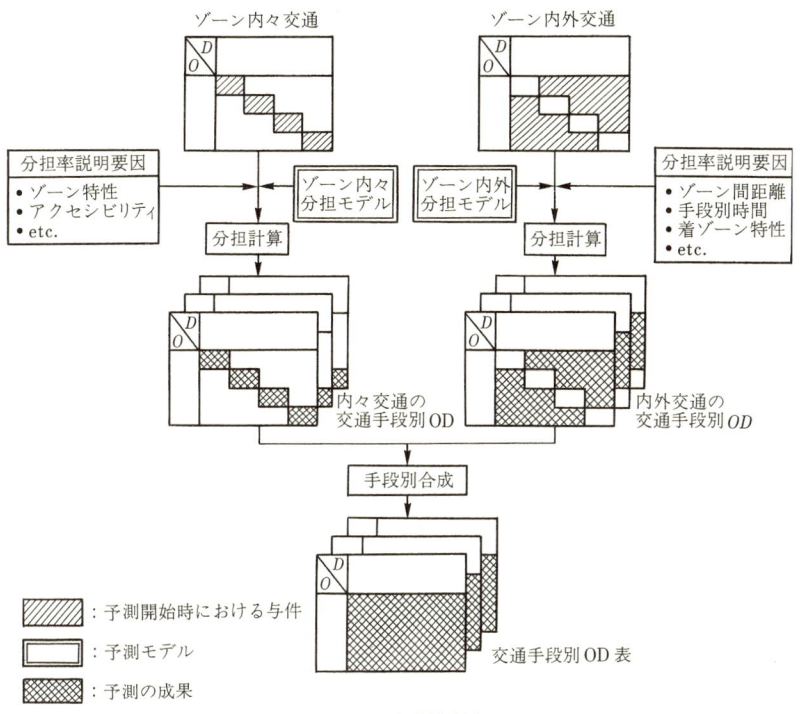

図 5.20 分担交通量予測フロー

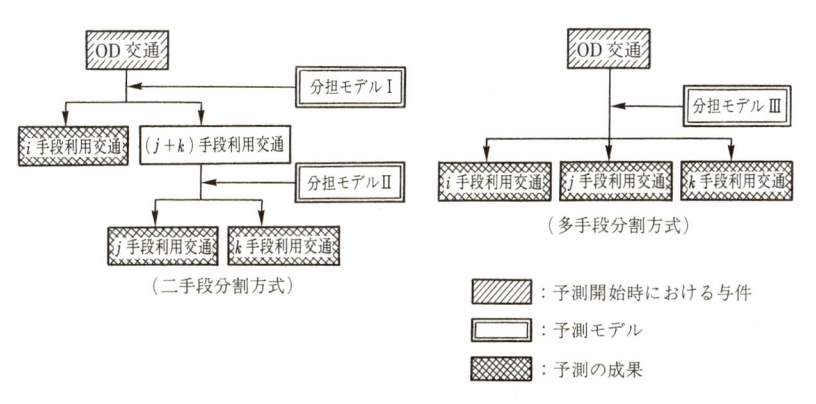

図 5.21 分担モデルの分割方式による分類

中から最適なものを1つ選択する場合もある．しかし代替交通手段がないという状態も，他の交通手段の利用条件を極端に悪くすることによって，複数の交通手段から1つを選択する場合と同等に扱うことができる．したがって分担モデルはつねに2つ以上の交通手段の競合関係を考慮しながら各交通手段の分担率を推計するものとして表現できるが，競合関係を2つで考えるか3つ以上で考えるかによって，図5.21に示すようにモデルの構造が2つに分類される．2手段分割方式の分担モデルとは，まず第1段階で多数の交通手段を特性の異なる2つのグループに分けておのおののグループの分担率を決定し，これ以降の段階でも同じように計算のつど2つのグループに分けて分担率計算を繰り返すモデルである．これに対し，多手段分割方式の分担モデルは，3つ以上の交通手段ごとの分担率を一度の計算で求めてしまうモデルである．

③　分担率算定法による分類

異なる交通手段ごとの分担率を算定する方法によってゾーン内外分担モデルを分類すると，次の3つに分類できる．

- 分担率曲線モデル
- 関数モデル
- 犠牲量モデル

これらのうち，数多くの実績をもつ分担率曲線モデルと関数モデルについて以下概要を示す．なおゾーン間を結ぶ幹線交通施設の計画では交通手段別の内々交通量を必要としないので，内々分担モデルについてはとくに触れないこととする．

(2)　分担モデルの概要

① 分担率曲線モデル

分担率曲線モデルは，分担率が主として1つの要因によって規定されることが明らかな場合に用いられるモデルで，その作成の手順は以下のとおりである．

(i)　まず横軸に主要因の特性値を，縦軸に対象とする交通手段 (k) の分担率を目盛る．

(ii)　次にパーソントリップ調査の結果を集計して OD ペアごとの特性値と手段分担率とを求め，その点をグラフの該当する位置にプロットす

5.6 分担交通量の予測

る．
（ⅲ）このようにしてプロットされる多数の点の分布状況に最もよく適合する曲線をフリーハンドなどで描く．

そしてこの分担率曲線を使って将来の i ゾーンから j ゾーンへの k 手段の分担交通量を求める場合の手順は次のようになる．

（ⅰ）まず $i \to j$ への将来特性値を算定する．
（ⅱ）横軸上のこの特性値に相当する点から垂線を立て，分担率曲線と交わる点の縦軸の値（P_{ij} ％）を読み取る．
（ⅲ）将来の $i \to j$ への k 手段利用交通量は，$X_{ij}(k) = X_{ij} \times P_{ij}(\times 1/100)$ で求めることができる．

図 5.22 は，交通機関利用トリップからマストラ利用トリップを求める分担率曲線の例である．いま，仮に $i \to j$ 間の時間比（マストラ利用時間マイカー利用時間）が 2.0 であったものが，将来は地下鉄が整備されて 1.0 になるとすると，マストラ分担率は 40％ から 80％ になると予測することができる．

この手法は，考え方が明快で計算も非常に簡単なので，わが国でパーソントリップ調査が最初に行われ出した頃は盛んに用いられた．しかしマイカーとマストラの分担関係などを 1 つの主要因で説明することには自ずから限界がある．このため最近ではこの手法は，交通施設の整備が手段分担率に影響を及ぼさない予測段階，たとえば徒歩・二輪交通と交通機関利用交通とに分担させる段階などに限って，利用されることが多い．

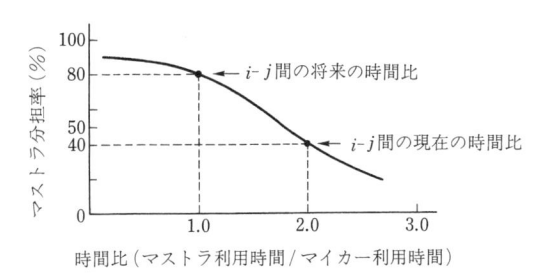

図 5.22 マストラ分担率曲線の例

② 関数モデル

これは，各交通手段の分担率を目的変数に，そしてその分担率の変化を規定する要因を説明変数とする関数で表そうとするものである．この関数モデルの利点は，必要に応じて複数の説明要因をモデルに組み込むことができることにある．これによってマストラとマイカーの分担関係のように，多数の複雑な要因が働いている場合などを比較的精度よく説明することも可能となる．

その作成は以下のような手順で行われる．

(ⅰ) 分担率を規定すると思われる要因を抽出して，その特性値を算定する．

表 5.16 ロジット分担モデル係数表[7]

	項	目	目的別モデル係数				対応手段		
			通勤	業務Ⅰ	私用Ⅰ	私用Ⅱ	自動車	バス	鉄道
モデル係数	1	自動車保有率	0.03824 (1.9)	0.05672 (1.5)	0.03260 (1.8)	0.03626 (2.2)	○		
	2	所要時間	−0.02294 (2.7)	−0.03356 (1.9)	−0.03609 (4.2)	−0.01980 (2.7)	○	○	○
	3	距離	0.07827 (7.1)	0.02790 (1.7)	0.02103 (2.4)	0.03573 (4.4)			○
	4	鉄道乗換え回数	−0.30254 (1.4)	−0.62815 (1.3)	−0.38370 (1.7)	−0.13974 (0.7)			○
	5	バス乗換え回数	−0.69502 (1.8)	−1.12840 (1.1)	−0.62232 (2.2)	−0.44766 (1.7)		○	
	6	自動車条件 都心	−0.94155 (0.2)	−0.46911 (0.2)	−1.79512 (0.4)	−1.05060 (0.2)	○		
	7	自動車条件 非都心	0.17058 (0.8)	0.51644 (0.2)	−0.35531 (1.8)	−0.15131 (1.2)	○		
	8	鉄道利用条件 アクセス性が良い	0.05431 (0.1)	0.09088 (0.1)	0.12876 (0.2)	0.11880 (0.2)			○
	9	鉄道利用条件 良くない	−0.33337 (0.4)	−0.08784 (0.1)	0.10410 (0.2)	−0.28057 (0.4)			○
	10	バス停密度	0.31052 (2.0)	0.22587 (0.5)	0.21688 (1.6)	0.20588 (1.6)		○	
統計値	1	相関係数 (分担率)	0.902	0.986	0.759	0.716			
	2	相関係数 (トリップ数)	0.946	0.992	0.915	0.929			
	3	χ^2 値	420.9	857.4	391.7	280.4			
	4	ρ^2 値	0.371	0.776	0.343	0.240			

(注)：( ) は t 値

（ⅱ） パーソントリップ調査の結果から分担率を集計する．
（ⅲ） 分担率と特性値あるいは特性値相互間の相関を分析する．
（ⅳ） モデル作成に適すると思われる要因を抽出して回帰分析を行う．
（ⅴ） 精度検定などを通じてモデルを最終的に確定する．

次にこのモデルを使って予測を行うには，将来の要因別の特性値をモデルにインプットして算定されるものが各手段の将来の分担率であるから，これを分担対象 OD 交通量に乗ずれば，交通手段別交通量が予測されることになる．

具体的に使われる関数形としては，重回帰モデルや林の数量化Ⅰ類モデルの他に，最近では5.8節で示す非集計ロジットモデルを集計型に応用した集計ロジットモデルがよく使われている．このロジットモデルでは，ある OD ペア間で交通手段の分担率 P_r を次式で表す．

$$P_r = \frac{\exp(U_r)}{\sum_{k=1}^{m} \exp(U_k)} \tag{5.8}$$

$$U_r = \sum_{i=1}^{l} \alpha_i \cdot S_{ri} \tag{5.9}$$

ここに　U_r：交通手段 r を選ぶことによって得られる効用

　　　　S_{ri}：交通手段 r の i 番目の説明要因値（$i = 1 \sim l$：l は説明要因数）

　　　　α_i：パラメータ

　　　　m：予測の対象とする交通手段の数

説明要因には移動時間や移動コストなど交通手段の選択に関わるものを採用し，パラメーター α_i は実態調査のデータをもとに最小2乗法等により決定する．

表 5.16 は，北部九州圏パーソントリップ調査において作成された集計ロジットモデルの例である[7]．

［**例 5.4**］　表 5.12（その 4）を用いて，3 ゾーンから 1 ゾーンへの通勤交通の手段別交通量を求めよ．分担モデルは表 5.16 とし，交通手段ごとの要因値は表 5.17 に与えられる条件を用いよ．

表 5.17　3ゾーンから1ゾーンへの移動における交通手段条件

交通手段	r	時間	乗り換え回数	その他
自動車	1	45	—	ゾーン間距離＝20km 発ゾーン自動車保有率＝60%
バス	2	60	1	着ゾーン：都心 鉄道アクセス：良い
鉄道	3	30	2	バス停密度：5カ所/km²

（解）　表 5.16 より，各手段の効用は次式で与えられる．

$U_1 = 0.03824 \times 60 - 0.02294 \times 45 - 0.94155 = 0.32055$

$U_2 = -0.02294 \times 60 - 0.69502 + 0.31052 \times 5 = -0.51882$

$U_3 = -0.02294 \times 30 + 0.07827 \times 20 - 0.30254 \times 2 + 0.05431 = 0.32643$

したがって，各手段の分担率は，次のとおり予測できる．

$P_1 = e^{U_1}/(e^{U_1} + e^{U_2} + e^{U_3}) = 0.410$

$P_2 = e^{U_2}/(e^{U_1} + e^{U_2} + e^{U_3}) = 0.177$

$P_3 = e^{U_3}/(e^{U_1} + e^{U_2} + e^{U_3}) = 0.413$

各手段の分担交通量は，次のとおり予測できる．

$X_1 = 10.4 \times 0.410 = 4.3$（千トリップ/日）

$X_2 = 10.4 \times 0.177 = 1.8$

$X_3 = 10.4 \times 0.413 = 4.3$

5.7　配分交通量の予測

A.　配分交通量の意味と準備作業

（1）　配分交通量の意味

　配分交通量の予測とは，5.6節で得られた交通手段別の OD 交通がどのような交通経路をたどって交通を行うかを予測し，その経路上に該当する OD 交通量を付加することによって，区間（鉄道であれば駅間，道路であれば道路区間）の交通量を予測するものである．この区間交通量，すなわち配分交通量が各区間のもつ交通容量や環境基準等を上回ることのないよう将来の交通ネットワークを形成していくことこそが，交通計画の第一義の目的である．したがってこの配分交通量の予測は，多段階の需要予測の中でも施設計画立案のためには最も重要な段階である．たとえば道路計画では予測された配分交通量によっ

て，交通渋滞を起こすことなく円滑に処理できるだけの車線数を計画することができ，また地下鉄やバスの公共輸送機関計画では，車内の混雑度を一定のレベル以下に保てるだけの列車やバスの本数などを計画できる．また，地域の総交通時間や排出ガス量など複数の交通施設計画代替案相互のマクロ評価に必要な諸データも，この配分交通量の予測の結果として得られる．

（2） 配分交通量予測のための準備

5.6節までの作業で得られる成果は，基本的に目的別交通手段別OD表である．配分交通量の予測をする際には，以下の準備作業が必要な場合がある．

まず，これまでの予測の流れの中では調査圏域外居住者などが行う流出入交通や通過交通などを捉えていない．それらの交通が圏域内の交通施設計画に何の影響を与えることのない程度のものであれば問題はないが，そうでない場合にはOD交通の補完が必要である．さらに交通計画の目的が道路網の検討にある場合には自動車の配分交通量が必要であり，パーソントリップ（人）をカートリップ（台）に単位変換しなければならない．このことを一般にトリップ変換という．また，パーソントリップ調査では営業用車の動きが捉えられていないので，その補完も必要である．これらの作業を完了してはじめて，図5.23に示すように配分交通量予測のための自動車ODとすることができる．

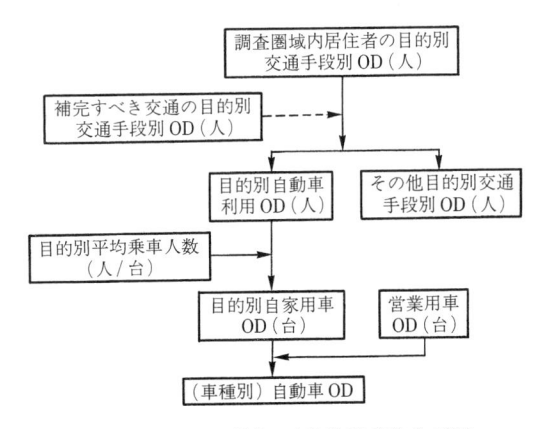

図 5.23 OD交通の補完と自動車OD表作成の流れ

B. 配分交通量の予測方法[11]

（1） ワードロップの配分原理[12]

鉄道輸送システムでは列車運行がスケジュール化されており，任意の区間を走る列車速度は列車ごとに基本的には不変である．ところが道路交通では，図4.5で示したように自動車がある区間を走る速度は，道路の混雑状況によって変化する．すなわち，交通流には，任意のリンクの走行条件が交通量と交通容量との関係によって変化するものと変化しないものがある．一般には前者をFD(flow dependent) 流，後者を FID(flow independent) 流と呼ぶ．配分計算をするとき，FID 流に対しては5.2節で示した経路探索法を使って各ODペア間の最短経路を求めその経路上のリンクに該当するOD交通量を付加すればよいが，FD 流に対しては別途の配慮が必要である．

このような FD 流の配分問題に対し，J. G. Wordrop は1952年に，次の2つの配分原理を示した．

① 等時間配分原理

任意の OD ペア間に存在する利用可能な経路のうち，実際に利用される経路についてはその所要時間がみな等しく，そして利用されないどの経路より小さいとするもので，ワードロップの第1原理といわれる．

② 総走行時間最小化配分原理

ネットワーク中の全配分交通の総移動時間は最小であるというもので，ワードロップの第2原理といわれる．

前者の原理は，個々の車両にとって最小移動時間となる配分経路を求めようとするもので，利用者最適の原理ともいわれる．これに対し後者は，個々の車両にとっては必ずしも最短所要時間経路ではなくとも，全交通のトータルとしての移動時間を最小化できるよう配分経路を求めようとするもので，道路管理者や交通計画主体の立場に立つ原理であることから，システム最適の原理ともいわれる．

（2） 具体的な配分手法

（1）で示したワードロップの配分原理は，各種の配分モデルの理論的出発点となっており，その最適解を種々の数学理論や OR (operations research)

技法を用いて計算する方法が数多く提案されている．それらの中で交通計画の現場で実際に使われ数多くの実績があるものは，ネットワークシミュレーション法と呼ばれるものである．この手法は，ネットワーク（道路網，鉄道網など）およびそのネットワークを利用する将来 OD 表が与えられたとき，その交通量をある最小化の原則に基づく一種のシミュレーションによってネットワークに配分する計算を行うものである．たとえば，人は所要時間の最小化を実現できるよう交通の移動経路を選択するものと考えると，発ゾーンより着ゾーンへ至る最短時間経路を求め，その経路に OD 交通量を配分する．これはワードロップの第 1 原理を満たすものであり，したがってこのネットワークシミュレーション法は，FD 流にそのまま適用できる手法である．また，自動車交通は確かに FD 流ではあるが，道路網計画の策定に対してつねに FD 流としての取り扱いを必要とするわけではない．たとえば事業費や実現の可能性といった制約条件をいっさい考えずに，自動車交通の需要に見合った道路網の姿を見出そうとすれば，自動車交通を FID 流と見なして配分計算を行えばよいことになる．

このようにネットワークシミュレーション法は，FD 流にも FID 流にも適用される非常に応用範囲の広い配分手法である．その適用分野に応じてネットワークシミュレーション法を分類したものが表 5.18 である．この手法分類に際しては，交通流特性の他にもう 1 つ，ネットワークの種類という視点も導入している．ここにネットワークの種類とは，ネットワークを構成する施設が単一のもので構成されているか，それとも運賃体系や料金体系など特性の違う複

表 5.18　ネットワークシミュレーション法の分類とモデル事例

交通流＼ネットワーク種類	単一	複数
FID 流	需要配分法（オールオアナッシング）	転換率曲線付需要配分法
FD 流	実際配分法	
	分割配分法	転換率曲線付分割配分法

数の施設で構成されているかの違いである．

FID 流に対するネットワークシミュレーション法を一般に需要配分法あるいはオールオアナッシング法という．一方，FD 流に対するもの，すなわち道路の容量制約が交通の移動経路の決定に与える影響を考慮しながら配分交通量を求める方法を，実際配分法という．容量制約を配分計算過程にいかに導入するかについても種々の考え方があるが，1 枚の OD 表を複数枚に分割して配分する分割配分法が最も多く使われている．以下，この分割配分法の具体的内容を，ネットワークが単一な場合と複数の場合について示す．

① 単一ネットワークの分割配分法

この手法は，交通量の増加によって区間の走行速度が低下すると後続の交通は他に速く走れる経路を探す，といった交通行動を配分計算の中に反映させるために，図 5.24 に示すようにまず OD 表をある比率で何枚かに分割してお

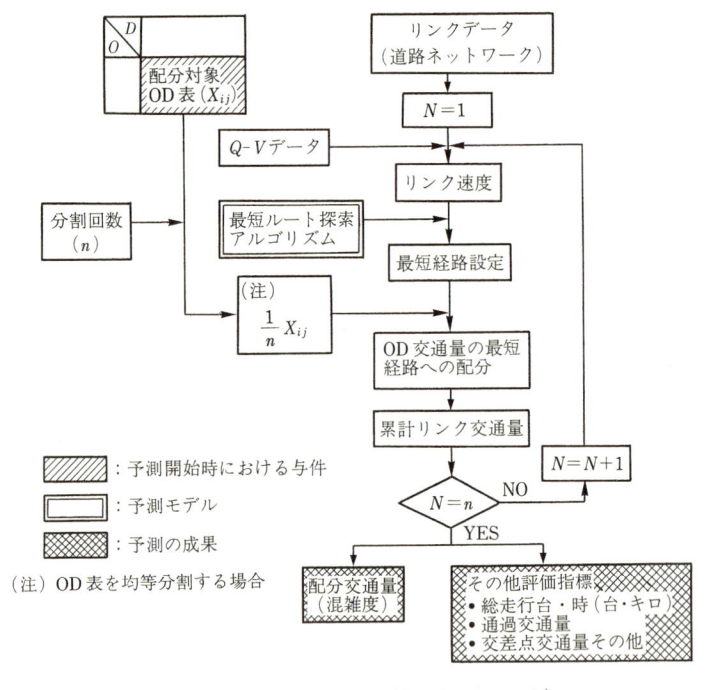

図 5.24 配分交通量予測フロー（単一ネットワーク）

5.7 配分交通量の予測

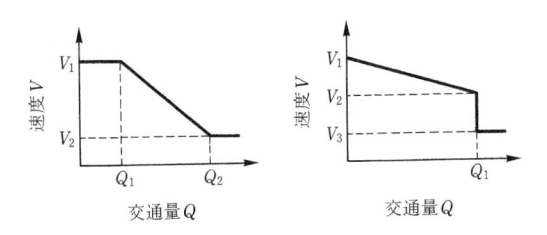

図 5.25 交通量-速度曲線 (Q-V式)の一般形

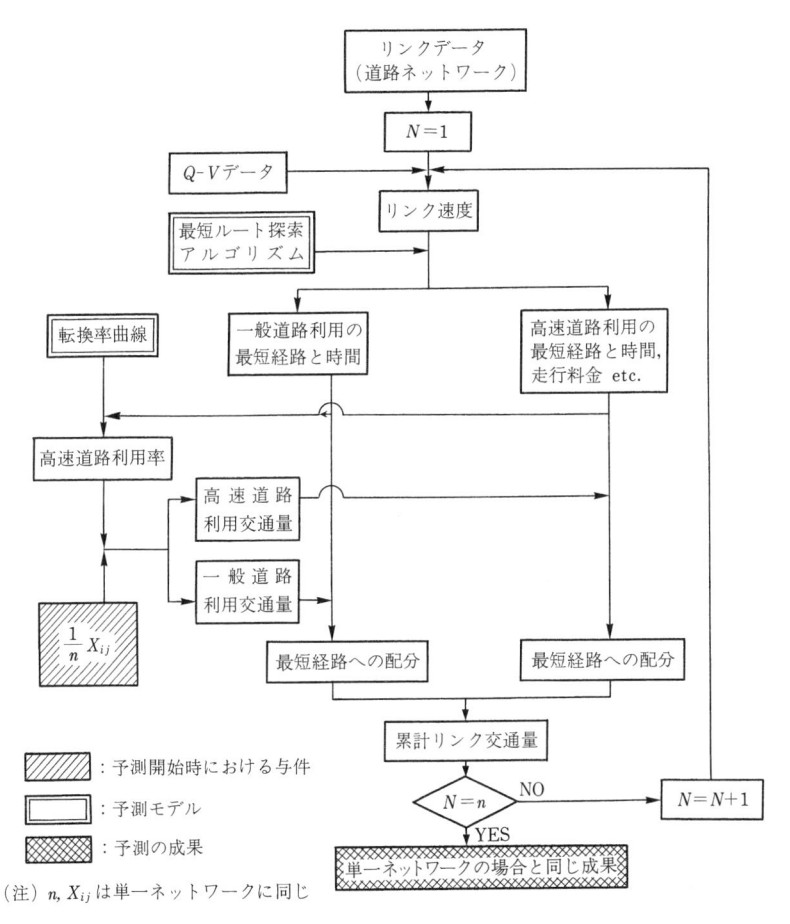

図 5.26 配分交通量予測フロー(転換対象ネットワーク含む)

き，分割枚数分だけ配分計算を繰り返すことから，このような名前で呼ばれる．すなわち，まず1枚目の OD 表を最短経路に配分し，次に各道路区間の走行速度（走行時間）を図 5.25 に示すような Q-V 曲線式によって修正し，修正された走行速度（走行時間）をもとに再び新しい最短経路を探索してその経路に2枚目の OD 表を配分する，といった繰り返しによってすべての OD 表を配分するのである．なお，OD 表の分割には，等分する方法と異なる比率を用いる方法がある．

② 転換率曲線を用いた分割配分法

この手法は，道路ネットワークに高速（有料）道路が含まれる場合，①の分割配分法と高速（有料）道路への転換率を計算する手法を組み合わせて配分交通量の予測を行うものである．すなわち図 5.26 に示すように分割 OD 表を配分する各段階で，まず高速道路を利用する最短経路と一般道路のみを利用する最短経路を求め，次に用意した転換率曲線によって2つの経路ごとの利用交通量を計算し，これをおのおのの最短経路に配分する．そしてこのような計算を分割配分法と同じプロセスで繰り返す．

転換率曲線の代表的な例として日本道路公団のモデルを示すと次のとおりである．

$$P_{ij} = \frac{1.0}{1.0 + \alpha(Y_{ij}/S)^{\beta}/T_{ij}^{\gamma}} \tag{5.10}$$

ここに　P_{ij}：i-j 間の高速道路への転換率

　　　　T_{ij}：i-j 間の一般道路と高速道路との利用時間（分）差　（>0）

　　　　Y_{ij}：i-j 間の高速道路利用料金/T_{ij}

表 5.19　転換率パラメータおよびシフト率

車　種	パラメータ						シフト率			
	大都市周辺			九州内々			1994 年	1997 年	2010 年	2020 年
	α	β	γ	α	β	γ				
乗 用 車	1.440	0.536	0.919	1.440	0.754	0.919	1.000	1.083	1.398	1.652
小型貨物車	0.952	0.566	0.760	0.952	0.835	0.760				
普通貨物車	0.017	0.957	0.089	0.017	1.159	0.089				

（注）　高速道路の料金，速度は乗用車を基準に求め，他車種は車種間比率を用いて求める．

S : シフト率（所得の向上などによる利用率の向上）

α, β, γ : パラメータ

パラメータ α, β, γ およびシフト率 (S) としては表 5.19 が使われている．

[**例 5.5**] 例 5.3 の通勤 OD 交通（第 1 近似解）がすべて一人乗車のマイカー利用で行われるものとして，図 5.27 のネットワークの配分交通量をオールオアナッシング法により算定し，各リンクの配分交通量を求めよ．

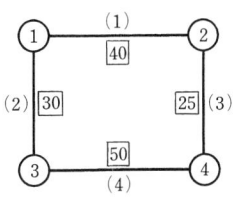

図 5.27 配分ネットワーク

（解）

表 5.20 配分計算の過程と結果 （単位：千台/日）

リンク	OD 内訳	配分交通量
(1)	$4.3(X_{12}+X_{21})$, $6.1(X_{14}+X_{41})$, $2.2(X_{23}+X_{32})$	12.6
(2)	$10.7(X_{13}+X_{31})$, $2.2(X_{23}+X_{32})$	12.9
(3)	$6.1(X_{14}+X_{41})$, $1.0(X_{24}+X_{42})$	7.1
(4)	$0.7(X_{34}+X_{43})$	0.7

5.8 非集計モデル[13,14]

A. 非集計モデル開発の背景

これまでみてきた 4 段階推計法は，各地のパーソントリップ調査などでほぼ共通して用いられているもので，いわゆる実務的に確立された手法といえる．しかし交通計画が，その対象とする空間規模や計画期間の多様さに加え，とくに近年は計画課題にも多様性をもつことから考えると，この 4 段階推計法が必ずしもオールマイティであるとはいえない．

そのため，この 4 段階推計法を代替するあるいは機能補完する調査研究も数多く行われてきた．ここに示す非集計行動モデルもその流れに沿うものの 1 つで，交通の最小単位である個人を対象として，各人がもつ個人属性などの諸条件と実際に行った交通行動という 1 対のデータ群から，個人がトリップごとに行う選択行動をモデル化し，これによって交通需要推計を行うものである．し

たがって広義には,人の交通に関わるすべての選択行動(生成,交通の目的地,利用交通手段,経路の選択など)を分析の対象とするものであるが,今のところ一般的に非集計モデルといえば利用交通手段の分析,すなわち分担モデルへの応用を示す.したがって以下,このことを前提に論を進める.

B. モデル化の基本的な考え方

このモデルは,個人が交通手段を選択するとき,2つ以上の選択肢(利用可能な代替交通手段)に対しておのおのの選択肢を利用したときの効用を想定して,最大の効用のものを選ぶという合理的選択行動を仮定している.そしてこの効用は,交通手段ごとの運賃,時間,快適性などのサービス変数に,個人の社会・経済的属性および誤差を含めた効用関数として表すのであるが,最も一般的に使用されるのは次式に示す線形のものである.

$$U_\gamma = \sum_i \alpha_{\gamma i} \cdot S_{\gamma i} + \sum_j \beta_{\gamma j} \cdot C_{\gamma j} + \varepsilon_\gamma \tag{5.11}$$

ここに　U_γ　:選択肢 γ を選ぶことによって得られる効用

　　　　$S_{\gamma i}$　:選択肢 γ の $i(i=1\sim p)$ 番目のサービス変数

　　　　$C_{\gamma j}$　:選択肢 γ の $j(j=1\sim q)$ 番目の個人属性変数

　　　　ε_γ　:選択肢 γ の確率項(誤差項)

　　　　$\alpha_{\gamma i}, \beta_{\gamma j}$:係数

$\alpha_{\gamma i}, \beta_{\gamma j}, \varepsilon_\gamma$ は標本データに最尤法を適用することによって決定される.そして上式の誤差項にどのような確率分布形を仮定するかによりさまざまな具体的非集計モデルが導き出される.その中でこれをワイブル分布と仮定すると,ある人が m 個の交通手段の中から γ という交通手段を効用最大化の原理に基づいて選択する確率 P_γ は,次式で与えられる.

$$P_r = \frac{\exp(U_r)}{\sum_{k=1}^m \exp(U_k)} \tag{5.12}$$

この式で表される分担モデルはロジットモデル(logit model)と呼ばれ,非集計モデルを代表するものである.

[演習問題]

5.1 A市の居住人口の推移が表5.21で与えられるとき,同市の2010年の将来人口を直線回帰式により求めよ.(1965年を $X_1 = 1$,1970年を $X_2 = 2$,…とせよ.)

表5.21 A市の居住人口の推移

年 次	1965	1970	1975	1980	1985	1990	2010
人口(人)	30971	41599	55160	65838	75555	88703	?

5.2 本文中の例5.2の場合について,次の条件のもとで将来OD表を予測せよ.
(予測の条件)
① 表5.14に示す重力モデル式を使用(ゾーン内々にも適用)
② 収束計算はフレーター法による(1回のみでよい)
③ ゾーン間所要時間(ゾーン内々を含む)は表5.22

表5.22 ゾーン間所要時間
(単位:分)

O\\D	1	2	3	4
1	10	25	20	40
2	25	10	45	15
3	20	45	10	60
4	40	15	60	10

5.3 地下鉄などの高速交通機関が整備されるとき,ゾーン内々率に与える影響について考察せよ.

5.4 人の交通手段選択行動に影響を与える要因を,個人属性,トリップ特性,目的地のゾーン特性の3つの視点から整理せよ.

5.5 本文中の例5.5の場合について,ネットワークが図5.28に示す条件のものとする.OD表,予測年次を2010年と考えて,1ゾーンと2ゾーン間の交通量(X_{12}

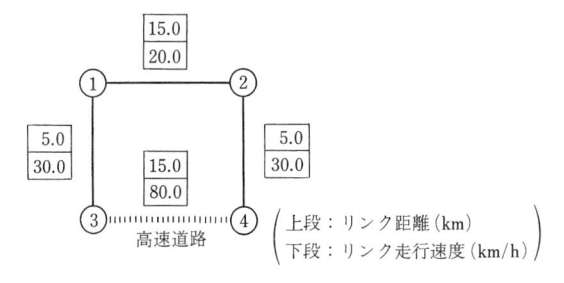

図5.28 配分ネットワーク

$+X_{21}$)のうち高速道路への転換交通量を予測せよ．ただし OD 表の分割回数は1として，転換計算に必要なデータは本文中のものを使用すること．ただし，対象地域は九州，利用料金は 300 円とする．

［参考文献］

1) (社)交通工学研究会編：交通工学ハンドブック，pp. 336～337，技術書院，1984.
2) 樗木，渡辺：土木計画数学 2, pp. 155～158, 森北出版，1984.
3) 佐々木綱：都市交通計画, pp. 111～116, 国民科学社，1974.
4) 松本嘉司：交通計画学, pp. 126～132, 培風館，1985.
5) 八十島，花岡：交通計画, pp. 136～141, 技報堂，1971.
6) 北部九州圏総合都市交通体系調査協議会：第 2 回北部九州圏パーソントリップ調査報告書，一般集計編，1985.
7) 北部九州圏総合都市交通体系調査協議会：第 2 回北部九州圏パーソントリップ調査報告書，予測モデル編，1985.
8) 緒方，河野，樗木：交通施設整備状況を考慮した中心性指数にもとづく内々トリップモデル，土木学会西部支部研究発表会講演集 (1983 年度), p. 353.
9) 前出 4), pp. 82～83.
10) 竹内，本多，青島：交通工学, pp. 122～125, 鹿島出版会，1986.
11) 前出 1), pp. 353～356.
12) 前出 10), pp. 145～146.
13) 土木学会土木計画学研究委員会：非集計行動モデルの理論と実際，pp. 9～52, 土木学会，1984.
14) 前出 4), pp. 213～220.
15) 土木学会：土木工学ハンドブック, pp. 2461～2470, 技報堂，1989 (全体を通じての参考文献).
16) 用語解説集編集グループ：総合交通体系調査関係用語解説集，九州大学出版会，1982 (全体を通じての参考文献).

6

交通網の計画と評価

　交通網の計画で大切なことは，個々の交通網相互の整合であり，それらが全体として一体的な交通網として機能できるよう計画立案することである．これがいわゆる「総合交通体系」といわれるもので，その意味や幹線交通網の計画立案に関する基本的な考え方について学ぶ．

　欧米先進国に比べると交通社会資本においても整備が非常に遅れているわが国では，今後とも引き続き道路や鉄道などの交通施設の積極的整備が求められている．しかし2章でみたように現在の交通問題は非常に複雑で多岐にわたる内容となっている．この問題に対応するためには，単に各種の交通施設を個別に計画・整備し，運用・管理するだけでは不十分である．各交通施設がそれぞれのもつ特性を発揮するとともに，相互に補完し合いながら有機的連携を図り，結果として全体が1つの交通システムとして機能できるよう構成されなければならない．このような計画の視点が総合交通体系の確立と呼ばれるものであり，その内容は，本章だけでなく7章，8章などの内容とも深く関わりをもち，交通計画を考える上で最も基本的概念となっている．したがって，本章ではまずこの総合交通体系の意味をよく理解した上で，道路網，鉄道網，バス網など個別の幹線交通網を計画立案する場合の基本的考え方をみていく．

6.1　総合交通体系の意味と交通網の計画

A. 総合交通体系の意味

「総合」とは，いうまでもなく「個別」に対立する語句である．以前の交通

計画は，道路，鉄道，バスなど個別の交通手段ごとに路線の計画や輸送力の設定を行うということが一般的であった．しかし急激な都市化とそれに続くモータリゼーションの進展がもたらした現在の交通問題は，個別の交通手段ごとの対応の無力さを明らかにした．このような経過の中で「総合交通体系」の確立の必要性が提唱されるに至ったのである．この総合交通体系というものの定義にはいろいろなものがあるが，その1つが「国民経済の成長と近代化に適応して，各種交通機関の全体的構造が均衡のとれた合理的，能率的な総合体系」[1]というものである．通常，この総合性には次の3つの内容が含まれる．

① 各交通手段の適正分担の実現
② 異なる交通手段間の連続性の確保
③ 土地利用（地域開発）計画と交通計画との整合

①はモータリゼーションの進展が，公共交通に大打撃を与えたばかりでなく，交通渋滞，交通事故，交通公害，エネルギーの非効率消費といった多様な問題を引き起こす中で，改めて公共交通の重要性が確認されたことによる．すなわち，道路交通空間の確保に大きな制約がある都市部では，交通手段選択を個々の利用者のまったく自由な選好性向に委ねておけない場合もあり，交通渋滞の解消，生活環境の保全などの課題を総合的に評価して，とくにマイカーと公共交通手段の間に適正分担の実現を図ることが，このの意味である．

①が並列・競合関係にある複数の交通手段の中から1つを選ぶ議論であるのに対し，②は特性の異なる複数の交通手段を組み合わせて使う場合の議論である．以前のように個別の交通手段ごとに計画が行われていれば，当然ながら異なる交通手段の結節点に対する配慮は十分にはなされず，結果として交通の連続性は確保されない．異なる複数の交通手段が有機的連携を図るためには，②の連続性の担保された結節点の整備が不可欠である．

③は，わが国のこれまでの交通施設整備が需要追随型であったことの反省から生まれたものである．交通計画と土地利用との関係は5.3節にも記したとおりである．交通需要の増加に追随して交通施設を整備すれば，周辺の開発が誘発されてそこに新たな需要を生み，それがまたさらに新たな施設整備を必要とするといった，いたちごっこの状態にもなりかねない．また既成市街地の中に新しい施設を導入するとなると，沿線の土地利用との摩擦も必然的に生ずる．

したがってまず交通施設を先行整備した上で，その土地利用誘導機能をうまく利用して，望ましい都市構造と土地利用を実現するという③の考え方が，総合交通体系の中に必要となる．

①についてはいま少し詳しくみることとし，②の具体的内容は7章に譲る．また③については5.3節にすでに対応の仕方を示している．

ところでこの総合交通体系の内容に関わるものとして近年新たに加えられたものとして，「交通需要マネジメント」あるいは「交通需要管理」がある．交通計画は基本的には20年程度の長期展望に立つものであるが，一方で現実に交通問題は発生しており，かつ時々刻々深刻化しつつある．このため，交通計画には，長期計画を策定の上それを着実に形あるものとする方向を示すとともに，当面する問題にいかに対応するかという内容も求められる．そこで，総合交通体系の一分野を構成するものとして，長期計画を見据えながらも短期計画の視点から，一定の目標のもとに既存の交通システムを有効に運用・管理する考えが生まれた．これが総合交通体系における交通需要マネジメントの考え方であるが，この点は8章に示す．

B. 各交通手段の適正分担の実現

私たちが現在利用できる交通手段には徒歩，自転車，自動車，鉄道など実に多様なものがあり，それらはそれぞれに他の交通手段にない特性をいろいろもっている．たとえば人間の最も基本的な交通手段はといえば徒歩であるし，身近な公共交通手段の代表は路線バス，大量性で優るものは鉄道ということになる．しかし総合的な利便性ということでは，何といっても自動車に優位性がある．このためモータリゼーションが進展すると，公共交通は大打撃を受ける．かつて全国の都市によく見られた路面電車はごくわずかの例を除いて姿を消し，それに代わるべき路線バスも需要の長期低減傾向に歯止めがかかっていない．そして最大のエポックは，1987年4月の日本国有鉄道の分割民営化であった．一方でこのモータリゼーションの進展は，慢性的な交通渋滞や交通事故の多発を招き，その排出ガスや騒音などは沿道の生活環境に悪影響を及ぼした．そして2度のオイルショックでは，消費エネルギーの非効率の問題も露呈した．ところが自動車のもつこのような外部不経済性にもかかわらず，依然と

して人々の自動車志向は衰えていないのが現実である．その結果として，増え続ける自動車需要を賄えるだけの道路整備に遅れを生じ，必要な道路空間の確保が困難な大都市などでは，もはや利用交通手段を単に個々の利用者の自由な選択性向に委ねるわけにはいかない場合も生じている．

　総合交通体系における"各交通手段の適正分担の実現"とは，このようにともすれば自動車に偏りがちな人々の交通手段選択性向を，直接，間接の手段を使って，自動車以外の他の交通手段，とくに輸送効率の高い公共交通手段に目を向けさせることによって，適正な分担関係を実現し，そして地域経済的あるいは国民経済的便益を最大化しようとするものである[2]．

C. 交通網策定の考え方

（1）計画課題の整理と基本交通網

　交通網計画を行うに当たっては，まず計画課題を明確にしておくことが重要である．この場合，とくに次の3点に留意する必要がある[3]．

① 現在すでに発生している問題ばかりでなく，将来に発生が予想される問題をも先取りした計画課題とすること．

② その場合，現在および将来の問題への対応については，ⓐ 交通計画で対応すべきもの，ⓑ 土地利用計画で対応すべきもの，ⓒ その両方で対応すべきもの，といった区分けをはっきりとさせた計画課題として整理すること．

③ 将来の都市ビジョンの実現に交通計画が貢献しなければならない役割を計画課題にはっきりと位置づけること．

　ところで，現在の問題は実態調査の結果や既存の調査データによってかなり正確に把握できるが，将来に発生が予想される問題については，この段階では将来の交通網が未定であるからその把握が難しい．そこでよく使われるものが基本交通網といったネーミングが一般的な施設計画案であり，これは現在の交通網に，近い将来整備が確実に行われる計画施設を組み合わせたものである．図6.1に示すように，この基本交通網をベースに交通需要を予測・分析すれば，将来どこにどのような問題が発生するかが予測でき，計画課題の抽出に有効である．なお近い将来にはっきりした交通施設整備がまったくない地域の場

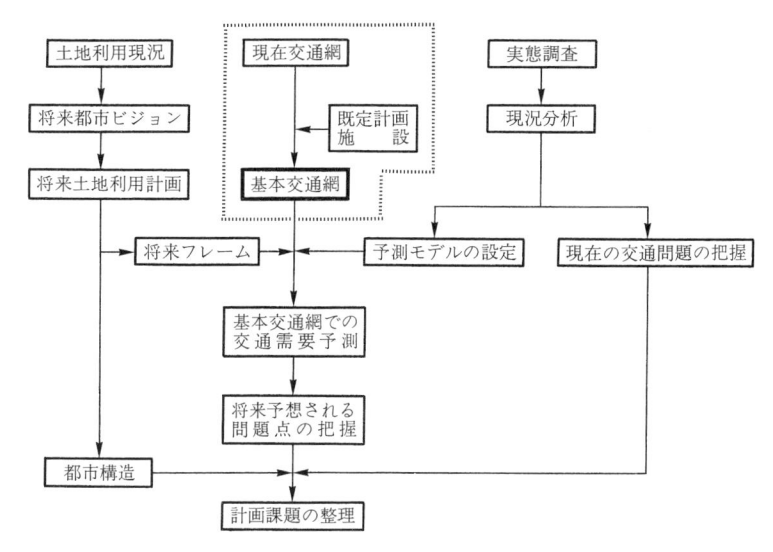

6.1 総合交通体系の意味と交通網の計画

図 6.1 計画課題の整理の考え方と基本交通網の役割

合には，基本交通網と現在交通網は等しくなる．そしてその需要予測の結果は，"現在の交通網のまま何ら手を打たなければ，当該地域にどんな問題が発生するか"を示してくれることになる．

（2） 基幹交通手段の選択

適正な分担関係を実現するための直接，間接の手段には，自動車の利便性に対抗できるような公共交通手段の整備や，その多様な運用・管理など非常に多岐にわたるものが考えられるが，とくに重要なことは基幹的な公共交通手段の選択であろう．これには路線バスから新交通システム，モノレール，そして都市高速鉄道まで多様なものがあるが，一般的には輸送力の大きい交通システムほどその建設コストも大きい．したがって各都市が期待できる需要密度を上回る容量をもつ基幹交通手段をもてば，いずれその経営が行き詰まることは明らかである．すなわち，各都市の基幹公共交通手段は，その都市規模との関係でかなり絞り込みができることになる．

この都市規模と道路施設を含む基幹交通手段との関係を一般的に示したものが表 6.1 である[4]．しかしこの表はあくまでも各都市圏で基幹交通手段を選ぶ場合の目安にすぎない．とくに地形条件を中心とする都市特性によっては，比

表 6.1 都市分類と都市交通施設[1]

都市分類	都市交通を処理するための計画策定上の基本的な考え方	考慮すべき都市交通機関および施設			備考(都市圏域の例)
		道路	公共輸送機関	その他の施設	
大都市圏	・交通機関別分担(モーダルスプリット)をとくに考慮の上,都市高速鉄道,都市高速道路および道路を全体網として配置する	都市高速道路網 主要幹線道路 幹線道路 }網	都市高速鉄道網 バス網	自動車駐車場 交通広場 バスターミナル トラックターミナル	南関東 京阪神 中京
地方中枢都市	・交通機関別分担(モーダルスプリット)を考慮の上,都市高速鉄道,都市高速道路を主要方向に配置し路網を構成する	都市高速道路網 主要幹線道路 幹線道路 }網	都市高速鉄道網 バス網	同 上	札幌,福岡,仙台,北九州,広島
地方都市 — 地方中核都市	・交通機関別分担(モーダルスプリット)を考慮の上,都市高速鉄道等を配置し道路網を構成する	(都市高速道路) 主要幹線道路 幹線道路 }網	都市高速鉄道 バス網	同 上	新潟,浜松,長崎,岡山,鹿児島等
地方都市 — 地方中核都市(I)	・道路網による	主要幹線道路 幹線道路 }網	バス網	自動車駐車場 交通広場 バスターミナル (トラックターミナル)	盛岡,水戸,福井,徳島,宮崎等
地方都市 — 地方中心都市	・同 上	幹線道路 補助幹線道路 }網	同 上	交通広場 (バスターミナル)	北見,弘前,飯田,岩国,今治,矢代等
地方都市 — 地方中小都市	・同 上		バス	交通広場	網走,飯山,大月等

較的都市規模が小さくても鉄軌道システムの必要性が生ずることもあるし,逆に都市規模が大きくても市街地が同心円的に四方に広がっているような場合には,鉄軌道システムの導入が適さない場合もある.したがって基幹交通手段の選択に際しては,表6.1を参考にしながらも,都市の特性や将来の需要量などを考慮して図6.2に示すような流れに沿って慎重に検討していくことが非常に重要である.

人口45万人を擁する長崎市では,今日なお路面電車が都市の基幹交通手段として健在である.これは,厳しい地形条件によって市街地が南北に細長く展開しているため軌道に有利な都市構造であることに加えて,道路交通の渋滞に路面電車が巻き込まれないよう軌道敷内への車両乗り入れ禁止を早くから徹底

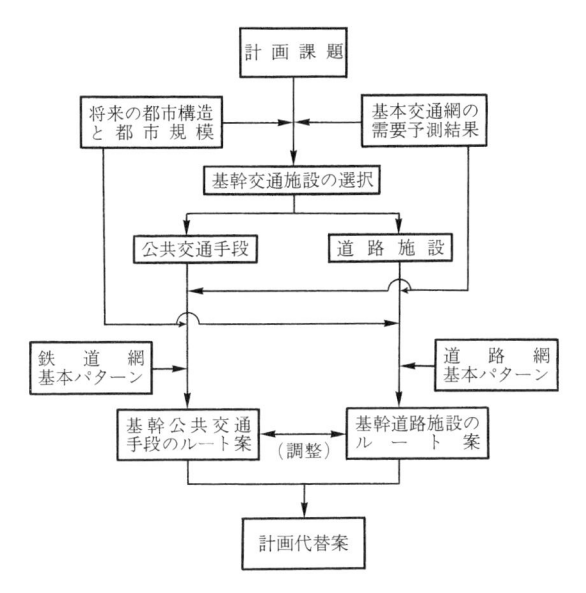

6.1 総合交通体系の意味と交通網の計画

図 6.2 基幹交通手段の選択と計画代替案

したことなどの結果である．長期的にも今のままでよいかとなると問題もあろうが，都市構造などの特性を考慮して交通体系を構築していかなければならないということを確認できるモデル都市の１つであろう．

（３）　交通網の作成手順

交通網作成の基本的手順を図 6.3 に示す．交通網の検討は本来的には，① 基本交通網における需要予測結果の分析などに基づく計画課題に適合する計画案を１つ設定し，② その場合の需要予測を行い，③ その結果があらかじめ設定しているサービス水準や環境規準などを満足するかを評価し，④ 満足できなければ計画案を修正の上，同じ検討を繰り返す，という考え方である．図 6.3 のフィードバックⅠの点線はこの考え方での流れを示している．しかしこれでは最適案に到達するためにかなりの時間や費用を必要とすることも考えられる．そこでこのようなフィードバック作業に代えて一般的によく行われる方法は，まず都市規模や交通網パターンを考慮してあらかじめ数ケースの計画代替案を設定し，おのおののケースについてまとめて需要予測を行い，結果を横並びで総合的に評価し，最も望ましいと思われる案を１つ選択し，必要があれば

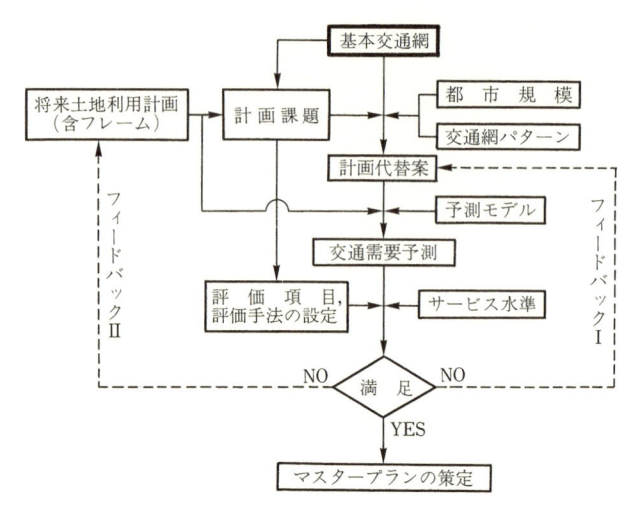

図 6.3 交通網計画代替案の作成フロー

最後に微修正をして，これをマスタープラン（master plan）とする手順である．

図6.3のフィードバックIIの点線の流れは，与えられた土地利用計画が交通計画での評価規準などをクリアできない場合の考え方を示している．いままで示したように，一般的には交通計画は土地利用計画を与件としているが，この場合は逆に交通計画が土地利用計画を規定するものとなる．実際の計画の現場でこのようなケースが生ずるのは，何かの制約条件があって交通計画案が1つに限定されるとき，その交通計画案に適合する土地利用計画代替案を選択するといった必要性が生じた場合などである．

6.2 道路網計画

A. 道路の機能と分類

（1） 道路の機能

道路は階層的，面的ネットワークをもち，多くの場合，沿道施設と直接の関わりをもつ公共交通施設であるが，同時に公共空間としても重要で，全体としてきわめて多様な機能をもっている．その機能の分類は種々試みられている

表 6.2 道路機能の分類

大分類	小分類	機能の内容
交通機能	トラフィック機能	（自動車）交通処理機能
	アクセス機能	沿道の土地，施設への出入機能
土地利用誘導機能		沿道の開発を誘発する機能
空間機能	防災機能	避難路，延焼防止
	生活環境機能	採光，通風，遊び場，街区形成
	都市施設収容機能	軌道，上下水道，電力電話線，ガス管，地下鉄等の収容

が，大別すれば表 6.2 に示すように，交通機能，土地利用誘導機能，空間機能の3つに分けられる[5]．

当然のことながら道路の最も基本的な機能は交通機能であるが，これはさらにトラフィック機能とアクセス機能に分類される．前者はとくに自動車交通を速くあるいは大量に処理する機能であり，後者は沿道の土地や施設への出入りを保証する機能である．ここで重要なことは，図 6.4 に示すように両者がトレードオフの関係にあることである．たとえばトラフィック機能を重視すべき幹線道路ではアクセス機能を制限（アクセスコントロール）し，円滑な交通流を確保する必要がある．ランプ以外でのアクセス機能を排除した都市高速道路は，その代表例である．逆に居住地域内の区画道路などでは，アクセス機能を重視する一方，トラフィック機能は極力制限する必要がある．なおトレードオフの関係にあるこの2つの機能の割合の調整は，各道路が道路網全体の中で果たすべき役割に応じて定める．

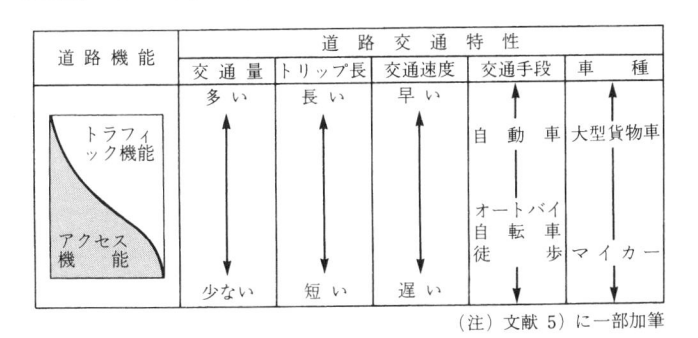

道路機能	道路交通特性				
	交通量	トリップ長	交通速度	交通手段	車種
トラフィック機能／アクセス機能	多い↕少ない	長い↕短い	早い↕遅い	自動車／オートバイ・自転車・徒歩	大型貨物車／マイカー

（注）文献 5) に一部加筆

図 6.4 道路機能と道路交通特性との関係[5]

土地利用誘導機能はこれまでにも述べたとおり，道路の整備が沿道の開発を促す機能であり，アクセス機能の間接効果でもある．空間機能は，公共空間の限定された都市部においてとくに重要な機能である．これはさらに，震災時などにおける防災機能，沿道に立地する建築物の採光や通風の確保などのための生活環境機能，そして軌道，駐車場といった交通施設や各種供給処理施設などを道路空間内に収容するための収容機能に分類される．各種供給処理施設とは，ガス管，上水道管，下水道管，電力線，電話線等の公益施設である．

このように道路空間内に収容されている多様な公益施設の維持・補修などに伴う路面の掘り返し工事は，道路交通の渋滞をはじめとしてさまざまな問題を引き起こしている．また架空線は都市景観を著しく貧相なものにしている．このためこれら公益施設を共同して収容する道路の路面下の施設として，共同溝や電線共同溝（略称，C. C. Box）の整備が積極的に行われている．電線共同溝とは，上記公益施設のうちわが国ではこれまで架空線が主体であった電力線，電話線など，そして今後の普及が予想される CATV ケーブルなどを，地中に収容する簡易な構造物である．

（2） 都市道路の機能分類

都市部の道路は各道路が全体の道路網の中で果たすべき機能の違いによって，自動車専用道路，主要幹線道路，幹線道路，補助幹線道路，区画道路，特殊道路の6つに分類される[6]．それぞれの定義は表 6.3 に示すとおりである．

表 6.3 都市内の道路の種類

種　　類	定　　義
自動車専用道路	○比較的長いトリップの交通を処理するため設計速度を高く設定し，車両の出入制限を行い，自動車専用とする道路．
主要幹線道路	○都市間交通や通過交通などの比較的長いトリップの交通を大量に処理するため，高水準の規格を備え，大きな交通容量を有する道路．
幹　線　道　路	○主要幹線道路および主要交通発生源等を有機的に結び都市全体に網状に配置され，都市の骨格及び近隣住区を形成し比較的高水準の規格を備えた道路．
補助幹線道路	○近隣住区と幹線道路を結ぶ集散道路であり，近隣住区内での幹線としての機能を有する道路．
区　画　道　路	○沿道宅地へのサービスを目的とし，密に配置される道路．
特　殊　道　路	○もっぱら歩行者・自転車，モノレール等自動車以外の交通の用に供するための道路．

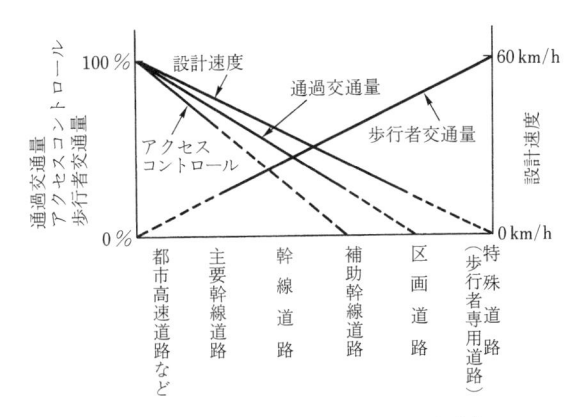

図 6.5 都市道路の交通機能による比較[6)]

そしてその特性を歩行者交通量の割合，アクセスコントロールの程度，通過交通量の割合，設計速度の大きさといった交通機能面から概念的に比較して図示したものが図 6.5 である．当然のことながら道路交通網の計画に際しては，実際の交通流動の中でも各道路が当初想定したとおりに機能を発揮できるようネットワークを考えるべきである．そしてまた，各道路の構造決定に際してもその考えが踏襲されなければならない．

B. 道路網計画

（1） 道路網の基本パターン

道路網を立案する場合，最初から細部の路線検討に入るのではなく，これまでの経験などから得られている基本的な道路網パターンの中から，まず調査対象地域の主要な都市軸などを考慮してその都市に適合する道路網パターンを選び，ついでこのパターンを対象都市に投影して必要な幹線軸を抽出していくといった方法が一般に行われる．

道路網のパターンを分類すれば，放射環状型，格子型，梯子型，斜線型，複合型等に分類できる．道路はそのアクセス機能により沿道の土地利用を誘発するため，都市が拡大していく過程では，都市（あるいは都市圏）全体のマクロな道路網パターンは，図 6.6 に示すようにまず放射状型のパターンが出現する．しかしこれでは通過交通までもが都心に集中することになるので，交通の

(a) 放射状型 (b) 放射環状型

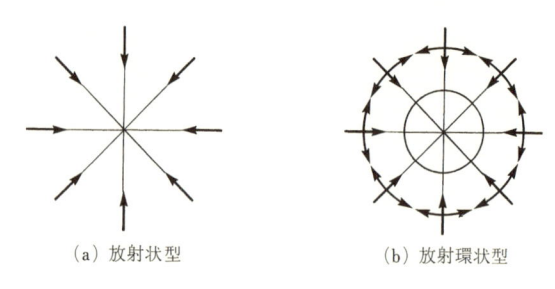

図 6.6 放射状型から放射環状型への展開

分散のため環状線の整備が必要となる．これが放射環状型の道路網である．しかし急激に自動車交通の時代に移行したわが国のほとんどの都市では，未だ放射状型のパターンに留まっており，都心部で激しい交通渋滞がみられる．このため計画課題として，環状線の整備あるいは都市規模によっては副都心整備が取り上げられるケースが非常に多い．

格子型や梯子型の道路網パターンは，都市規模の比較的小さな場合に，あるいは都市の中の特定地区によくみられる．斜線型は格子型に短絡する斜めの道路が組み合わされた型であるが，不規則交差点が数多く出現して交通処理に問題が生じやすい．また，複合型はその名のとおり放射環状型や格子型などの合成型で，大都市などでは都心地区で格子型を示し，郊外部などで放射環状型となる場合が多い[7]．

（2） 道路密度

A項で述べたように道路は交通機能以外にも空間機能という重要な機能を果たすことが求められる．このため道路網の検討に際しては，交通機能についてある一定のサービス水準を提供できるよう，交通の需給面からの分析が必要なことは当然であるが，これ以外に沿道の土地利用区分に適合する空間機能を確保するために必要な道路規模，といった点についても分析が必要である．そのためには用途地域など土地利用区分ごとの標準道路密度（km/km^2）あるいは km/人）といったものが定義できればよいが，今のところこの点についての研究実績は

表 6.4 市街地幹線道路の整備目標水準

用途地域	道路密度（補助幹線以上）
住 居	4 (km/km^2)
商 業	6
準 工 業	2
工 業	1

6.2 道路網計画

まだ少ない.そこで一般的には「道路整備の長期構想」で示された"市街地幹線道路の整備目標水準"といったものがよく利用されており,その概要を表6.4に示す[8].ただ道路網の在り方は,地形条件や歴史的条件など都市特性によって大きく異なるはずであり,全国一律のこのようなデータはあくまでも1つの目安にすぎないことに注意すべきである.

（3） 道路網計画の立案

公共交通手段と自動車の適正分担の実現を図るべき大都市などでは,図6.2に示すように道路網の計画は公共交通手段網の計画と一体的に進める必要があるが,ここでは便宜上道路網計画だけを切り離してその立案の手順などをみておく.

その策定には計画課題との対応で多様なアプローチや手順が考えられるが,

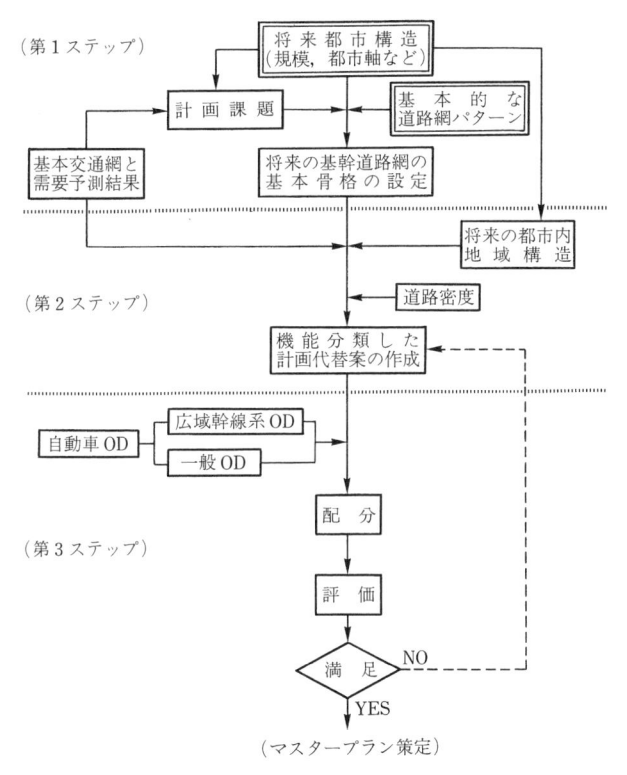

図 6.7 道路網計画の策定手順

一例を図6.7に示す．この例は次の3つのステップに分けて道路網計画を策定するものである．

① 将来の基幹道路網の基本骨格の設定

表6.2などを参考に対象地域で基幹的役割を果たす道路を選択するとともに，都市構造特性などによって整理された計画課題との対応で，この基幹的道路が形成すべき望ましい基本骨格を設定する．

② 機能分類を考慮した計画代替案の作成

基本交通網による需要予測の結果や将来の都市内地域構造の分析によって，①の基幹道路網を補完する道路を付け加えて計画代替案を作成する．このとき，それらの道路が全体の道路網の中で果たすべき機能を考慮して機能分類を行うことが必要であり，また地域別の用途地域との関係から道路密度のチェックを行うことも重要である．

③ 計画代替案の評価

作成した計画代替案ごとに自動車OD表を配分し，別途設定する評価項目によって代替案相互の比較評価を行い，最も望ましい案を選択する．配分計算に当たっては，各道路が②で設定した機能分類に応じた役割を実際に果たし得るか否かをチェックするため，OD表を車種あるいはトリップ長などによって広域幹線系OD表とその他一般OD表などに分割して別々に配分するなど，特別の工夫をすることも考えられる．

6.3 公共交通網計画

A. 公共交通システムの種類と特性

公共交通システムは，不特定多数の輸送需要に対して，公共性をもって事業としての輸送サービスの提供を行うシステムをいう．なおこの公共性には，不特定多数の一般市民に利用されるという意味に加え，子供や高齢者といった交通弱者，すなわち自ら交通手段を用意し得ない人々に対して移動の手段を公共的に保証するという意味も含まれる[9]．

公共交通システムは，輸送需要の集約単位の大きさや輸送距離，そして輸送メカニズムなどの違いによりさまざまなものが開発されている．これらについ

6.3 公共交通網計画

表 6.5 都市陸上公共交通システムの種類[9]

システム特性	地下鉄	モノレール	新交通システム	路面電車	バス
片道時間当り輸送力（千人）	40～50	15～20	10～15	10～15	5～10
表定速度（km/h）	25～30	25～30	15～25	10～15	10～15
最小間隔（分）	2	2	1.5～2.0	1.5～2.0	1.5～2.0
輸送単位（千人）	1.5～2.5	0.5～1.0	0.3～0.5	0.2～0.3	0.1
駅間隔（km）	1.0	0.7～1.0	0.5～0.7	0.3～0.5	0.3～0.5
建設コスト（億円/km）	200～300	状況に応じて変化する			

て，陸上の都市交通システムに限定してその種類や特性を示したものが表6.5である．これらのシステムは，軌道系のものと無軌道系のものに大別される．前者の代表が鉄道であり，後者の代表が路線バスである．この鉄道と路線バスは，輸送力はもちろん，必要な投下資本に非常に大きな差がある．両者のこのギャップを埋めるものとして以前は路面電車が多くの都市に整備され，都市交通の主役として活躍していた．しかし一般車両と走行空間を共有するという環境の中で，モータリゼーションが進展して大量の自動車交通が出現すると，道路交通の渋滞の渦に巻き込まれ，一部の都市を除いて撤去ないしは大幅縮小を余儀なくされた．

そこでこの路面電車に代わり鉄道とバスとの中間的な機能をもつ公共交通システムとして，モノレールを含む新交通システムが開発されたのである．これら各交通システムの輸送力を示したものが図6.8である．新交通システムは，広義には新しい技術の応用により提供される交通システムを総称するものであり，現在すでに供用されて都市交通システムの1つとして定着しているものから，基本概念や基本技術は確立しているが実

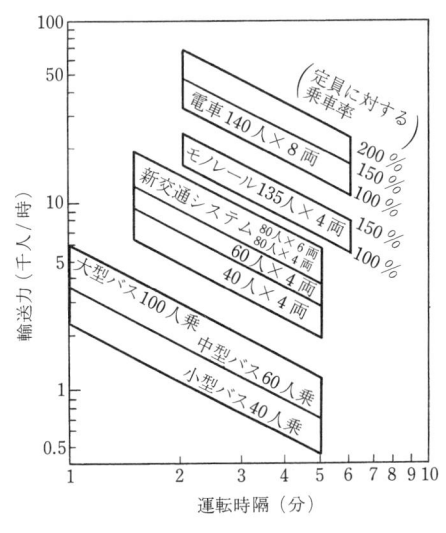

図 6.8 新交通システムの輸送力[10]

用化はされていないものまで含めると,実に幅広い内容をもつことになる.それらを機能や技術面から分類すると,輸送方式では連続輸送方式(動く歩道など)と非連続輸送方式,走行形態では有軌道方式と無軌道方式,そして動力装置の設置場所では地上動力方式と車上動力方式,などに分類される.なお走行形態には,1つのシステムで有軌道方式と無軌道方式の両方を併せもつシステムも考えられている.これが一般にデュアルモードシステム(dual mode system)と呼ばれるもので,ガイドウェイバスシステム(guideway bus system)などがこれに相当する.

しかし現在のところ新交通システムといえば,従来の鉄道技術などにコンピュータ制御技術を加えて,専用軌道の上を専用車両が自動的に走行する中量軌道輸送システムを示すことが一般的である.そしてこれには都市モノレールも含まれることが多い.わが国はこの中量軌道輸送システムの開発や実用化については世界でも最も進んだ国の1つである.現在稼動中のもののうち,主な路

表 6.6 わが国で稼動中の新交通システムの概要

	路線名	延長 (km)	表定速度 (km/h)	開業年月 (最新部分開業)	経営主体	建設費単位 (億円/km)
都市モノレール	北九州市 小倉線	8.8	27	1998/4	北九州高速鉄道(株) (第三セクター)	90
	豊中市等 大阪モノレール線	30.2	35	1998/10	大阪高速鉄道(株) (第三セクター)	106
	千葉市 千葉都市モノレール線	18.6	28	1999/3	千葉都市モノレール線(株) (第三セクター)	106
新交通システム	大阪市 南港ポートタウン線	6.6	27	1981/3	大阪市交通局	61
	神戸市 ポートアイランド線	6.4	21	1981/2	神戸新交通(株) (第三セクター)	68
	神戸市 六甲アイランド線	4.5	21	1990/2	神戸新交通(株) (第三セクター)	92
	小牧市 桃花台線	7.4	30	1991/3	桃花台新交通(株) (第三セクター)	41
	横浜市 金沢シーサイドライン	10.8	30	1989/7	横浜新都市交通(株) (第三セクター)	61
	広島市 広島新交通線	18.4	31	1994/8	広島高速交通(株) (第三セクター)	95
	東京都 ゆりかもめ	14.7	30	1995/11	(株)ゆりかもめ (第三セクター)	149

線の概要を表 6.6 に示す．表定速度は駅間距離が比較的短いため地下鉄よりは若干低く，30 km/h 程度である．1 km 当りの建設費はおおむね 100 億円弱であり，地下鉄の半分以下に収まっている[10, 11]．

B. 軌道系システムの計画

（1） 軌道系公共交通網のパターンの検討

道路下や道路上の空間などに専用の走行空間をもつ公共交通システムは，一般交通との錯綜もなく，高速性や大量性などに優れた特性をもつものであるが，当然ながらその整備コストは非常に大きい．それをさらにネットワーク化するということになれば投下資本の膨大さは想像するに難くない．以前はそのネットワークパターンとして，表 6.7 に示すような型式の分類もいろいろ行われた[12]が，近年このような研究はあまり盛んではない．それは以下のような

表 6.7 鉄道網のパターン名分類

形 式 図	パターン名および特性
	・ペターゼン（Petersen）型 ・中心地区は矩形で，外方に至るに従って放射状態
	・カウェル（Cauer）型 ・各線は他線と必ず一度は交差して，乗換回数を少なくする型で，周囲部より外方は放射状型
	・シンプ（Schimpff）型 ・中心地区は直角交差，周辺部から放射状となり，カウェル型の簡易型
	・ターナー（Turner）型 ・半円形に発達した都市に適応した型で，中心地区では平行線路をとり，貫通型を形づくる型

理由による.すなわち鉄軌道系システムのネットワーク化の必要があり,かつその整備に必要なコスト負担にも耐えられる都市となると,ごくわずかの巨大都市のみである.しかしその巨大都市では過去,需要追随的に個別路線の整備を積み重ねてきたため,ネットワークパターンの検討にはそぐわない現実がある.

したがって一般的交通計画の中での公共交通網のパターンの検討は,おおむね次の2つの場合について行われることが多い.

① 幹線システムと支線システムとの構成について
② バス網の検討

①の場合は,図6.9に示すように大量の旅客をまとめて高速に輸送する地下鉄などの幹線と,旅客の発生地から幹線へ旅客を運ぶ支線(フィーダ:feeder)との最適な組合せに関する検討などが対象となる.当然ながらこのフィーダ輸送手段としては,新交通システムの他にバスも対象となる.②の場合は,道路を利用する路線バスは初期投資コスト負担が小さいので非常に高密度に配置が可能であり,一定の条件下での最適ネットワークの設計に関する検討などが対象となる.

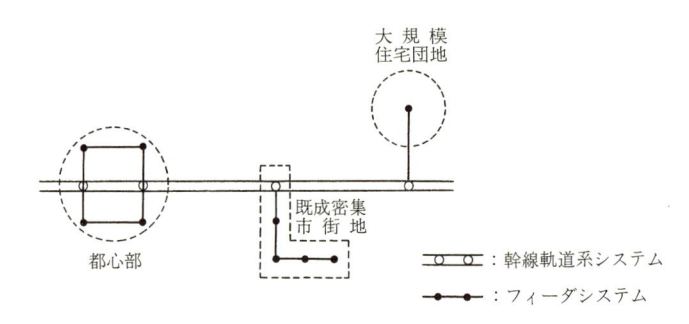

図 6.9 軌道系公共交通網の基本的構成

（2） 軌道系システムの計画立案の考え方

軌道系システムとは軌道上で車両の運行を行うものであるが,その軌道が主として道路空間内に敷設されるか,それとも専用の敷地を有するかによって,法律の体系が異なる.すなわち,原則として前者は「軌道法」,後者は「鉄道事業法」の扱う領域となる.これら軌道系のシステムを法律との関係で整理す

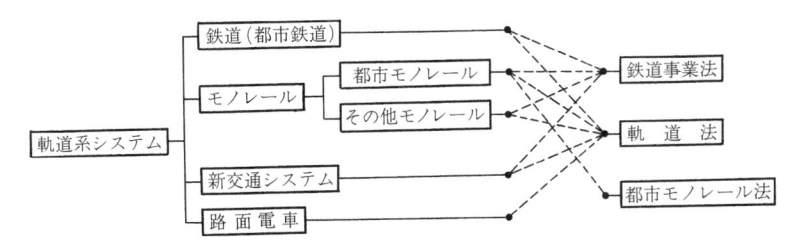

図 6.10 軌道系システムの分類と法律体系

ると図6.10のとおりである．

　ニュータウンの開発に先立って新交通システムを整備するような場合は別として，一般の都市において軌道系システムを新たに導入しようとしても，路線はかなりの部分において道路空間の利用を余儀なくされることになる．したがってその路線計画といっても，軌道系システムを導入できるだけの幅員をもった幹線道路網の中から，多くの需要量を拾い集められるルートを代替案として複数ケース設定し，費用便益分析などによって最適案を決定するといったことが調査の中心となる．しかし今後，土木技術の革新と関連法規の整備が実現すれば，必ずしも道路ネットワークに規定されない地下鉄道（いわゆる大深度地下鉄道）の路線計画も可能となり，その場合には路線選定の自由度が大きく変わることも考えられる．

C. バス交通網

（1）バス交通問題発生のメカニズムと対策

　都市部におけるバス交通に関わる問題が発生するメカニズムを流れ図として示したものが図6.11である．モータリゼーションの進展は，それだけでもバス利用客のバス離れを引き起こすが，道路交通の渋滞が激しくなってバスの定時性の喪失や表定速度の低下が起これば，それはバスのサービス水準の低下となってバス離れに拍車をかける．本来，バスと一体となってマイカーの利便性に対抗するはずの地下鉄，モノレールなど鉄軌道システムの整備は，運営主体間の調整が十分でなければ皮肉なことにバス利用客を奪うことにもなる．また交通渋滞はバスの輸送効率を低下させ，バス事業の運営・管理費などを増加させる．一方で運賃収入の減少は必然であり，結果としてバス事業の経営は急速

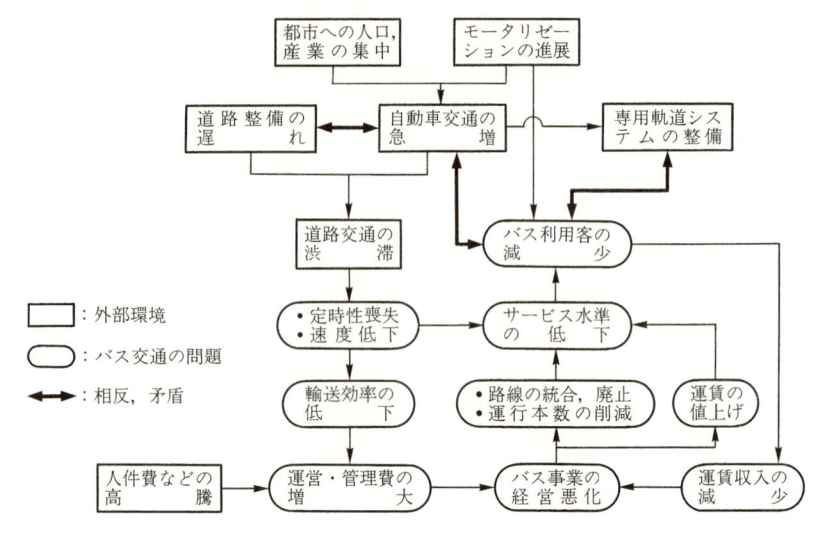

図 6.11 バス交通問題の発生の流れ

に悪化する．このためバス事業者は合理化の一環として路線の統廃合や運行本数の削減などを行う一方，運賃値上げによる増収を図るが，これらは改めてバスサービスの相対的低下になり，結果的にさらなる利用客のバス離れにつながることになる．

このようにバス交通問題はとめどない悪循環に陥っているといわなければならない．その結果，居住人口8万人を擁しながらも，1987年1月に市内の路線バスがすべて廃止された群馬県館林市（その後，復活）のようなことも起こり得るのである．また，かつて都市交通の主役の座を果たしていた路面電車がほとんど姿を消したのも，このバス交通問題のメカニズムと基本的には同じである．

都市部のこれらバス交通問題へ対処するためには，何といっても道路整備の推進によるバス走行環境の改善が最大の課題である．しかしバスを都市の基幹的交通手段の1つとして再生・存続させるためには，信頼性，利便性，快適性，経済性等バスサービスの総合的魅力を向上させる必要がある．これらの対策の大部分は交通需要マネジメントに関わることであり，8章で改めて学ぶこととして，ここでは次にバス路線網の編成についてその考え方をみておく．

（2） バス路線網計画

　鉄軌道システムと違って，路線バスは一般的には都市内のほとんどの主要道路に導入されている．そのうえ大規模集客施設や団地などが整備されるたびに新しい系統が導入される．このため都市のバス路線系統は実のところまことに複雑で，日常的に利用している人以外にはわかりにくいものになっていることが多い．したがって現行の路線網を離れて，まったく新しくバス路線網全体を編成し直すべきだという要請もあるが，一方で，利用者が慣れ親しんだ路線バス系統を抜本的に再編することには抵抗も強い．このため，運行主体がこれまでの経験と勘により，系統の部分修正を行うというのが一般的には広く行われている．

　なお地下鉄などの鉄軌道システムが新しく導入された地域では，バスと鉄軌道が相互に補完し合いながら有機的連携を果たせるように，バス路線網の再編成が必要となる．また 8 章で示す名古屋市の基幹バスシステムや大阪市のゾーンバスシステムの導入時のように，バス運行の考え方を根本的に変更したケースなども再編成の必要性が生ずる．この場合，その再編成に際しての理論的考え方の例としては次のようなものがある[13]．

① バス利用者 OD，バス保有台数などの条件下での最適路線網をモデルで設定し，現行の路線網がこれに近づくよう修正していく方法
② 一定の条件下で複数の系統代替案を用意する一方，潜在バス利用者数といったものを定義して，これが実需要化する可能性の大きな案を選択する方法

6.4　計画の評価[14]

　交通施設の整備は，地域の社会経済活動に大きな影響をもたらす．したがってこれまでみてきたような考え方で立案される複数の交通網計画代替案に対し，さまざまな視点から評価を行い，それら評価の総合的判断，解釈に基づいて最終的に 1 つの計画案を選定することが必要である．そして最終的に選定された案が，一定の手続きを経て都市交通のマスタープランとして認知されることになる．

しかし交通施設の整備は異なる評価主体にさまざまな効果を及ぼし，同時に異なった評価を受けることになり，それを計画の中で予測することは非常に難しい．とくに情報化，技術革新，高齢化といった新しい時代の潮流の中では，市民1人1人の価値観はますます多様化することが予想され，安全性や高速性などこれまでの交通計画の評価で中心となっていた課題に加え，今後は快適性やゆとり，そして地球環境保全までをも含めて非常に幅広い評価が求められることになる．交通計画の評価では，こうした中で計画代替案を相互に評価し解釈していずれを選択するかの意志決定をいかに行うか，一方で対立する意見をいかに調整するか，といったことへの科学的取組みが求められる．

A. 評価の基本要素と手順

(1) 評価の基本要素

評価の体系を構成する基本要素は，ⓐ評価主体，ⓑ評価の項目，およびⓒ評価基準である．

評価主体には事業者，管理運営者，利用者，周辺住民，社会全体の5者が考えられる．なお交通施設については事業者と管理運営者は同一の場合が多く，その場合は評価主体は4者となる．当然ながらこれら各主体は，それぞれ計画から得る利害得失が異なることから評価の視点も異なる．

評価の視点を具体的に示すものが評価項目である．その選定に際しては，計

表 6.8 評価主体と評価項目[4]

評 価 主 体	主 な 評 価 項 目
事 業 者 (管理運営者)	・事業の収益性 ・事業の推進難易度（技術面，用地取得等） ・社会経済環境の変化に対する弾力性，等．
利 用 者	・迅速性，低廉性，確実性 ・安全性，快適性，利便性，等．
周 辺 住 民	・環境性……騒音，振動，大気汚染，日照 ・社会性……コミュニティ分断，生活圏拡大 ・経済性……資産価値増大，集客力拡大，等．
社 会 全 体	・雇用機会の増大，産業振興，税収増 ・防災空間や都市景観の形成 ・都市環境，省資源，等．

画目標のあらゆる側面が表現できること，それらの評価項目間には重複がないことなどに注意が必要である．各評価主体ごとに主な評価項目を示すと表 6.8 のようなものが考えられる．評価項目は適切な尺度のもとで指標化する必要がある．たとえば評価主体が"利用者"の評価項目の1つとして"迅速性"を指標化しようとすれば，"ある一定距離の移動に要する時間"といったことになる．当然ながらこれらの評価項目には定量的に表示できるものとそうでないものがあるが，できる限り客観的かつ具体的に評価する意味から定量的評価になるよう努めるべきである．そして各評価項目とその指標から計画代替案を評価する場合に，解釈の基準となるものが評価基準である．すなわちこの評価規準に照らして，代替案がもつ評価項目ごとの優劣や問題点が明らかになる．したがって評価規準をいかに設定するかは重要な課題であるが，法律や条例等で定められた基準などがあればそれを採用する場合が多い．

（2） 評価の手順

評価の基本要素間の関係などを考慮しながら計画代替案の評価をどのような

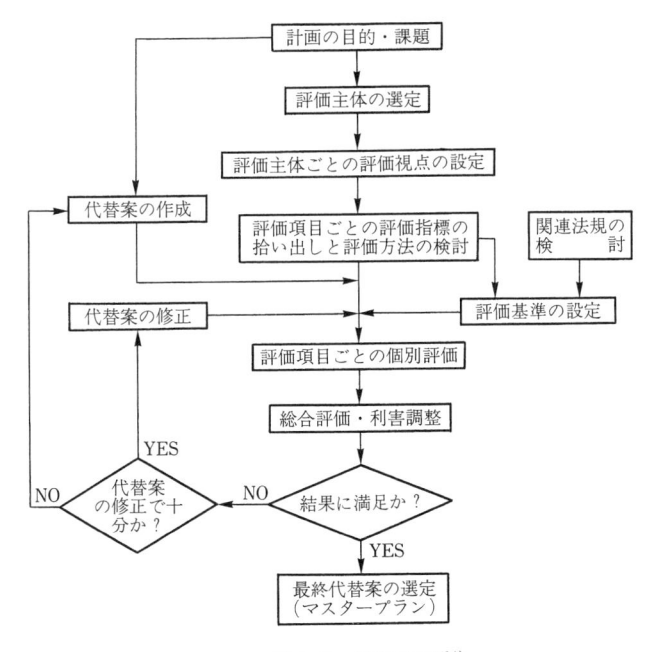

図 6.12 評価の手順[14]

手順で行うかを整理したものが図6.12である．まず計画の目的や課題に照らし合わせながら，評価主体と各評価主体ごとの評価項目を設定し指標化する．評価項目については，最初に拾い落しのないようあらゆる項目を整理し，項目間の重要性や関連性を分析して代表項目を選び出し，それらについてデータの入手の難易，評価主体の理解が得られるかなどについて配慮が必要である．

評価項目が明らかになれば，各項目ごとに評価規準と照らし合わせて計画代替案を評価する．しかし多様な評価項目を個別に各代替案間で比較すれば各代替案はそれぞれに長短があるため，すべての項目に関し他の代替案より優位であると解釈される代替案を見出し得るといったことはごくまれである．このため各評価項目，指標に関し総合化する手法が必要となる．

B. 評価のための代表的な手法

（1） 費用便益分析

費用便益分析（cost-benefit analysis）は，計画代替案の実施に要する費用と，それから得られる便益を貨幣換算して両者を比較し評価する手法である．この方法はアメリカの水資源開発プロジェクトの選択に関連して実際に用いられたものであり，現在ではいろいろなプロジェクト評価に最も多く使用されている評価手法である．

費用と便益の計量化の基本的考え方は以下のとおりである．すなわち，ある計画代替案の施設耐用年数を T，T 期間内のある年度 t において必要な費用を C_t とする．この C_t は建設費，運営費，維持管理費などを総合して表すもので，その現在価値は $C_t/(1+r)^t$（ここに r：社会的割引率）で与えられる．したがって，T 期間の費用の現在価値 C は次のとおりである．

$$C = \sum_{t=1}^{T} \frac{C_t}{(1+r)^t} \tag{6.1}$$

一方，ある年度 t に得られる便益を B_t とし，また T 期間の最終年度における計画施設の残存価値を R とすれば，T 期間の総便益の現在価値が次式で与えられる．

$$B = \sum_{t=1}^{T} \frac{B_t}{(1+r)^t} + \frac{R}{(1+r)^T} \tag{6.2}$$

6.4 計画の評価

このようにして計算される費用と便益の大小関係を表す方法には，便益費用差（$B-C$），便益費用比（B/C）の2通りがある．差で表す場合は大規模なプロジェクトに有利になりがちで，逆に比で表す場合には小規模なプロジェクトに有利になる傾向があり，注意が必要である．なお便益には正の効果ばかりでなく負の外部効果なども算入される必要がある．

ただ本法は経済面以外の効果の貨幣換算が困難であるという問題点がある．このため近年ではこの問題点を克服するための手法が，数多く開発され提案されている．

［例 6.1］ 1990年度初めに開業した地下鉄がある．その前5年間に毎年度500億円ずつ建設費（年度始め支出）として投資してきた．この地下鉄の供用後30年間の各年度収入（年度末に一括して納入されるものとする）が200億円と見込まれている．社会的割引率を5％として，建設費および30年間の収入の供用開始時点での現在価値を求め評価せよ．

（解） 過去にすでに使われた費用は，使われていなければ利子がつくものであるから，その現在価値（C）は次式で与えられる．

$$C=\sum_{t=1}^{5}500\times(1+0.05)^{t}=2901.0 \quad (億円)$$

一方，将来の収入の現在価値は次式で与えられる．

$$B=\sum_{t=1}^{30}200\times(1.05)^{-t}=3074.4 \quad (億円)$$

$B>C$ であるが，これに供用後の維持管理費を考えると，事業の独立採算性はかなり難しいものと予想される．

（2） インパクトスタディ

計画はさまざまな直接効果と間接効果をもたらす．その全体的な評価の方法の1つとして，計画実施前の状態と実施後の状態とを比較して効果を推計する手法がインパクトスタディ（impact study）である．この手法は計画代替案相互の比較評価のためのものというよりは，他の手法などで最終案として絞り込んだ計画案について改めて総合的効果を計測する，といった場合に用いられる．そしてこのインパクトスタディには前後比較法と地域比較法という2つの手法がある．前後比較法は計画実施前と実施後の状態を比較して，その間の各評価項目に対する差異を効果と判断するものである．地域比較法は，計画対象

地域と類似の地域構造,社会経済構造をもつ地域で計画対象地域の計画内容に類似するものがすでに実現した地域を選び出し,これと計画地域とを比較して,その間の差異を効果として評価するものである.

前後比較法は,計画代替案の評価に直接活用できない問題があり,また算出される経済効果を,計画の実行による効果分と自然成長分とに区分することが難しいなどの問題がある.一方,地域比較法は類似の地域で類似の計画が実行されているところを見出せない限りは適用できない.とりわけ地域の類似性は,これを厳密かつ詳細に考えるほどその判断が困難になる傾向にあり,比較地域の発見が難しくなる.

(3) 評価の総合化のための手法の例

① プロフィール分析

多くの評価項目を何らかの手段で標準化してスコアを求めたものを改めて評価値としたり,あるいは各評価項目について目標値を定めて,その目標に対する達成度合を新たな評価値とすることもできる.たとえば 0〜100% のような標準スコアに直して,全体の評価項目を図 6.13 のようにグラフ化すれば,各代替案の全体的な評価の状況が視覚的に理解できる.この図をながめて全体的にバランスのとれた良い評価結果を示す計画代替案があれば,それが総合的にみて望ましい案であると判断する.このような手法がプロフィール分析と呼ばれるものである.しかしバランス状態の判断があいまいであること,代替案や評価項目の数が多くなるほど複雑なプロフィールになることから,本法を広く用いることはできない.しかし簡便な総合評価法として予備検討などには本法が活用できよう.

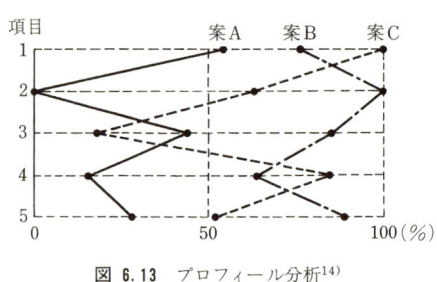

図 6.13 プロフィール分析[14]

② 辞書的順序づけによる評価

各評価項目について,重要度の高いものから順序づけを行い,まずは最も重要な項目を取り上げ,それに関する評価値で代替案の優劣をつける.もしこれで優劣がつかなければ 2 番目に重要な項目による評価値で優劣をつける.以下

この手順を繰り返して代替案の優劣を判断する手法である.

③ 重み付き総合評価

各評価項目はその重要性が異なり,また評価値の単位も異なる.それらの評価値を基準化する観点から,評価項目ごとの重み係数を求め,それを用いて重み付き平均したものを総合評価値とすることが必要となる場合もある.重み係数は,意識調査により直接的に設定する方法や,ISM (interpretive structural modeling) 法,FSM (fuzzy structural modeling) 法,AHP (analytichierarchy process) 法等を利用することも考えられる.

[演習問題]

6.1 総合交通体系の確立が必要となった社会的背景について述べよ.また総合性に含まれる内容を4つあげよ.

6.2 交通網策定における基本交通網の役割について述べよ.

6.3 交通手段の適正分担の実現のために,これからの公共交通手段が備えるべき条件について述べよ.

6.4 自動車中心の貨物輸送がもたらしている問題点を示せ.そして総合交通体系の視点から,今後検討すべきことをまとめよ.

6.5 インパクトスタディとは何か.またその手法について説明せよ.

6.6 ある都市で地下鉄の建設のためにその計画代替案としてA,B,Cの3つが用意されている.それぞれの建設費,建設後の維持管理費と収入の見通し(30年間)は表6.9のとおりである.建設後は直ちに供用開始するものとして,費用,便益を供用開始時点現在価値で算定し,代替案相互の費用便益を分析せよ.

(演算条件) ① 建設期間は3年間で,建設費の投入は毎年均等
② 耐用年数は30年間(残存価値は表6.9)
③ 社会的割引率は5%

表 6.9 地下鉄の計画代替案　　　(単位:億円)

代替案	建設費	供用後の年間		30年後の残存価値	現　在　価　値　換　算			
		維持管理費	収　入		便益(B)	費用(C)	B-C	B/C
A	2400	110	280	230				
B	3600	150	450	360				
C	2700	120	400	280				

[参考文献]

1) 角本良平：新交通論, p. 199, 白桃書房, 1985.
2) 土木学会編：土木工学ハンドブック, pp. 2483〜2484.
3) (社)交通工学研究会編：交通工学ハンドブック, pp. 362〜363, 技術書院, 1984.
4) 前出3), p. 366.
5) 前出3), pp. 457〜458.
6) 前出3), pp. 367〜370.
7) 前出3), pp. 370〜372.
8) 都市計画中央審議会答申：良好な市街地の形成のための都市内道路の整備のあり方とその推進方策についての答申（1986年8月12日）.
9) 前出3), pp. 401〜406.
10) 井口, 山下：新交通システム, pp. 11〜31, 朝倉書店, 1985.
11) 国土交通省：道路行政, pp. 650〜657, 2001.
12) 高居高四郎：都市計画, p. 140, 共立出版, 1958.
13) 前出3), pp. 446〜447.
14) 樗木 武：土木計画学（第2版）, pp. 206〜241, 森北出版, 2001.

7

交通結節点の計画

道路，鉄道，航空，船舶など特性の異なる交通手段相互を連絡させ，全体として一体の交通網として機能させる交通結節点施設の計画について学ぶ．交通の多様化が進み，複数の交通手段を乗り継ぐ交通は今後ますます増えることが予想されるため，交通結節点の計画が交通計画の中で占める位置づけは非常に重要である．

マイカーは本来ドアツードアの乗り物として，非常に利便性の高い乗り物である．ところが都心などでは目的施設と最寄り駐車場とが離れている場合が多く，マイカーですら徒歩という交通手段と組み合わせて初めて交通が完結する時代である．そしてバスや鉄道という公共交通手段は，もともと何か他の交通手段との組合せで初めて交通を完結することができるものである．都市圏が拡大して人々の交通が遠距離化する，あるいは交通の OD などが多様化すると必然的にたくさんの交通手段を乗り継ぐ機会が多くなる．このような異なる交通手段の連絡の場である交通結節点がうまく計画され配置されていないと交通の連続性の確保は不可能であり，"異なる交通網が有機的に連携して全体として一体の交通網を形成する"という総合交通体系の理念も絵空事となる．また国際化や高齢化の進展の中で，日本語の案内標識などがわからない外国人や乗り継ぎのための階段の昇降が肉体的に大きな負担になるといった利用者が交通結節点を利用する機会も急増している．したがって交通結節点はハード・ソフト両面にわたって，利用者の立場に立った計画が重要である．

なお主な交通結節点としては，自動車ターミナル（バスターミナル，トラックターミナル），駅前広場，駐車場といったものがある．

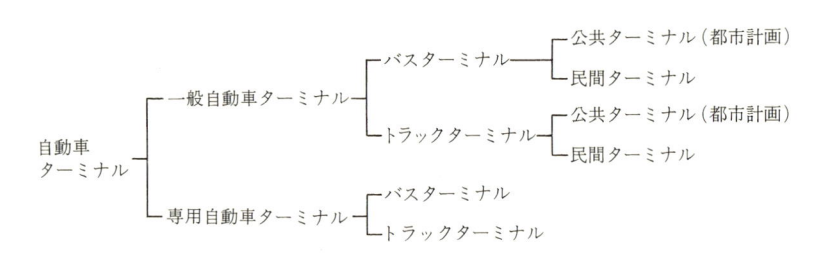

7.1 自動車ターミナル

　自動車ターミナルとは，「自動車ターミナル法」によれば"旅客の乗降又は貨物の積卸のため，自動車運送事業の事業用自動車を同時に2両以上停留させることを目的として設置した施設であって，道路の路面その他一般交通の用に供する場所を停留場所として使用する以外のもの"をいう．そして貨客のいずれを対象とするかによって，一般乗合旅客自動車運送事業の用に供する「バスターミナル」と，一般路線貨物運送事業の用に供する「トラックターミナル」に分類される．また，その使用者の違いによって，自動車運送事業者が当該自動車運送事業の用に供することを目的として設置したものを「専用自動車ターミナル」といい，これ以外のものを「一般自動車ターミナル」という．これら法律に基づく分類を図7.1に，そして表7.1にはその用途別の分類を示す[1]．また主要都市の自動車ターミナルの都市計画決定状況を表7.2に示す．

図 7.1 自動車ターミナルの法的分類[1]

表 7.1 自動車ターミナルの用途別分類[1]

区　分	用　途　分　類
トラックターミナル	○流通団地内ターミナル ○共同ターミナル(運送業者の共同) ○業種別ターミナル
バスターミナル	○都市内バスターミナル ○都市間バスターミナル ○観光バスターミナル ○通勤高速バスターミナル ○諸用途の複合バスターミナル

7.1 自動車ターミナル

表 7.2 主要都市の自動車ターミナルの概要（都市計画決定）

都市計画区域名	バスターミナル			トラックターミナル		
	箇所	面積（ha）	バース数	箇所	面積（ha）	バース数
東　　京	3	4.1	80	4	65.5	1553
名 古 屋	3	3.8	67	—	—	—
福　　岡	3	2.0	41	3	1.0	33
札 幌 圏	6	3.4	75	—	—	—
鹿 児 島	—	—	—	1	7.1	144
熊　　本	1	2.0	36	1	7.5	110

（2000 年 3 月 31 日現在）

A. バスターミナル

　一般的に都市部のバス系統は非常に細分化され，利用客にはわかりづらい構造となっている．それら多数の系統の大部分が集合する場となるのがバスターミナルである．ここではバスの発着とそれに伴う利用者の乗降，待合い，乗り換え等が行われるとともに，バスの駐車，運行管理といったことも同時に行わ

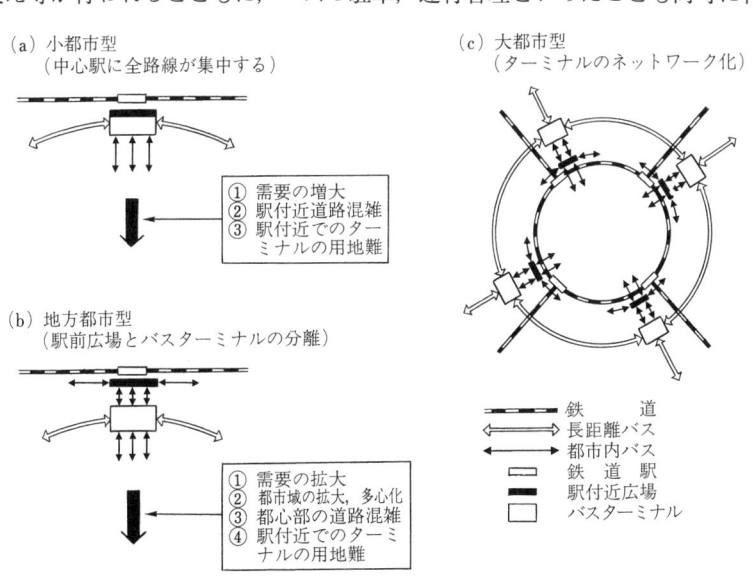

図 7.2　都市規模別バスターミナルの変化[2]

れる．

(1) バスターミナルの計画立案

　バスターミナルの配置を考える場合，とくに重要な条件は都市規模であり，図7.2 はその関係を示すものである．すなわち都市規模がそれほど大きくない場合には，できるだけ主要駅の近傍で，かつ幹線道路へのアクセスに優れた場所にバスターミナルの立地を考える必要がある．とくに需要規模が小さい中小都市では駅前広場をバスターミナルとして活用することが多い．一方で大都市では複数のバスターミナルが必要となることも多く，都心中心駅近傍へのバス路線の乗り入れの是非などを考慮して，郊外部の主要駅にバスターミナルを環状に配置する案などさまざまな代替案を検討すべきである．

　バスターミナルの計画は，交通需要の予測結果に加え，都市規模や鉄道網な

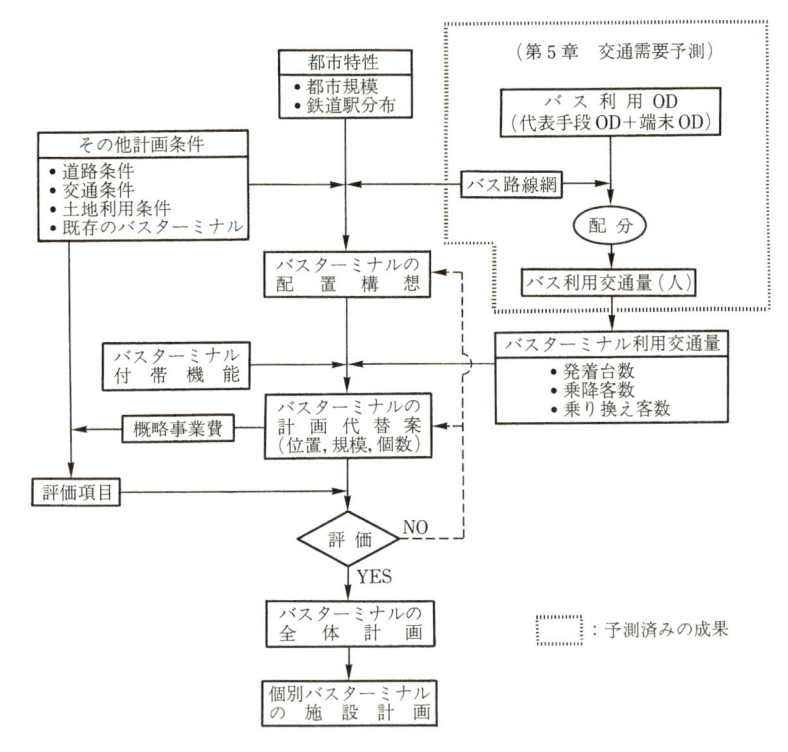

図 7.3 バスターミナル計画立案の手順

7.1 自動車ターミナル

どの都市特性を総合的に判断しながら，図7.3に示すような手順に沿って行う．とくに大都市圏では複数のターミナルが必要となる場合が多く，まず都市圏全体のターミナル配置計画などを決定した上で，個々のターミナルの計画設定を行うという2段ステップでの検討が必要となろう．

（2） バスターミナルの施設構成

バスターミナルを構成する施設は，以下のようなものがある．

① 車両関係施設…出入路，誘導路，車路，バスおよびタクシーの発着・待避スペース，整備スペース，給油所等．
② 旅客関係施設…乗降プラットホーム，コンコース，待合室，洗面所等．
③ 管理関係施設…出札室，ターミナル管理事務室等．
④ サービス関係施設…案内所，呼出放送室，飲食店，売店等．

これらの各施設の計画に当たっては，入車，滞留，発車といったバス動線，歩行者動線，それに管理保全作業の動線相互の連続性と安全性に十分注意してレイアウトを行わなければならない．

B. トラックターミナル

図7.4に示すように，貨物車による輸送特性であるドアツードアの輸送システムを都市間幹線系と都市内端末系の2つのチャネルに分けたとき，トラックターミナルは両者のインタフェースとなるもので，積み換え機能を備えた施設である．産業構造の変化とともに輸送需要が小ロット多頻度化したこと，都市内の道路交通の渋滞や交通公害が深刻化する中で大型貨物車の都心部への直接乗り入れが困難になったことなどを背景に，幹線系チャネルは大型貨物車で一度に大量に輸送し，都心部での集配を行う端末チャネルは混載化などを図ると

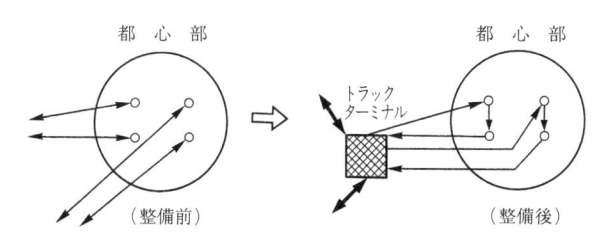

図 7.4 トラックターミナル整備による輸送チャネルの変化

ともに使用車両を小型化しようとする動きが,このような輸送システムの必要性をもたらしたといえる.

(1) トラックターミナルの計画立案

トラックターミナルの計画立案に関し最も重要なことは,その立地場所である.トラックターミナルの必要性からして当然その立地場所は,幹線系輸送と端末系輸送の接続が便利な高速道路のインターチェンジに近く,できれば中心都市の道路網の骨格を形成する放射状線と環状線の交点辺りが理想的ということになる.貨物運送事業者には資本力の弱い零細業者などが多いが,そのような業者のもつ小型ターミナルはできる限り統合して大型化を追求し,ターミナルの共同化による利用効率の向上や管理運営の合理化を図ることも重要なことである.そして政令都市などではとくに,トラックターミナルを卸売業,倉庫業などと一体的に整備して流通業務団地(流通センター)の形成を目指すべき

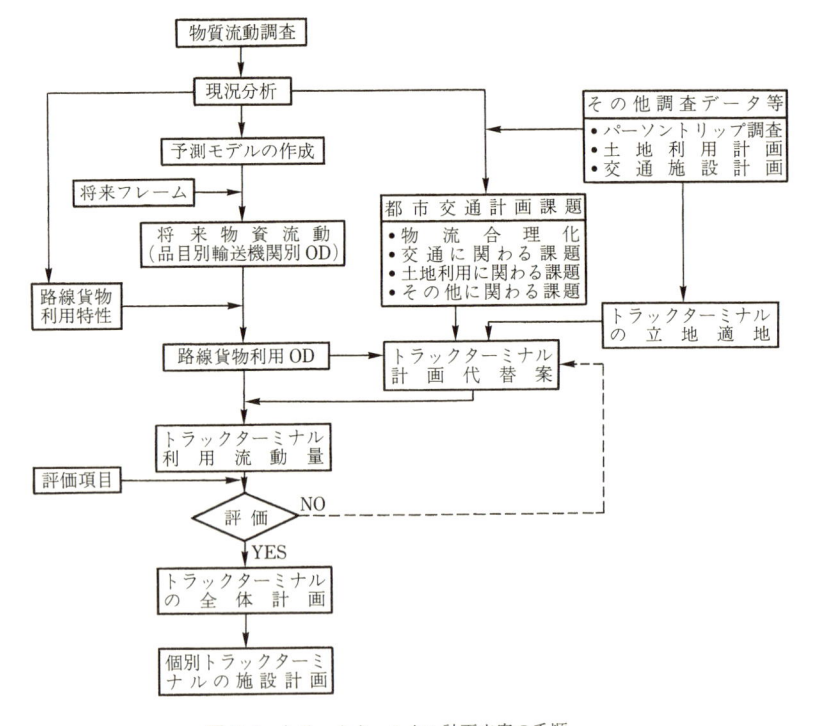

図 7.5 トラックターミナル計画立案の手順

であろう．この流通業務団地の形成は，輸送効率の改善に加え，地域の流通機構の合理化やその競争力の強化につながり，また都心部での土地利用の純化や集配貨物車交通の削減の効果も期待できるからである．

　トラックターミナル計画の立案には，できれば"物資流動調査"の実施が望まれる．このデータを使った将来物資流動の予測は，パーソントリップ調査の場合と同じく四段階推計法で行うのが一般的である．その結果を受けたトラックターミナル計画の立案手順にはいろいろなものが考えられるが，一例を図7.5に示す．トラックターミナルを流通業務団地の一構成要素として考える場合は，交通条件に加えて広大な敷地の入手が前提条件となることから，あらかじめ計画内容のコンセプトについても十分に検討しておくことが重要である．

（2）　トラックターミナルの施設構成

　トラックターミナルに必要な機能は，貨物の積み換えという基本機能に加え，保管，流通加工，品揃え，情報収集といった機能を前提とするが，基本機能に関連して必要な施設には以下のようなものがある[3]．

① 車両関連施設…出入路，車路，トラックの発着や待避スペース，車両の修理整備スペース等．
② 荷さばき関係施設…荷卸し場，荷さばきや仕分けのスペース，作業員室，リフト，ベルトコンベア等．
③ 管理関係施設…管理事務所，乗務員のための各種施設等．

　これらの各施設の計画に当たってはバスターミナル計画と同じように，貨物集荷，配送，積卸し，仕分け作業に関わる人と車の動線の連続性，安全性に十分注意したレイアウトが必要である．

7.2　駅前広場

　駅前広場は，鉄道と他の交通手段とを有機的に結び，安全・快適・円滑な交通処理を図ることを目的として，鉄道駅に接して配置される交通広場である．この駅前広場においては，実に多様な交通手段による交通が，一時に大量に発生・集中することが特徴である．

　その一般的な構成要素は，歩道，車道，バス乗降場，駐車スペース，安全島

等であり，これらの構成要素は，交通需要に対応して規模を決定し，とくに歩行者交通動線の安全性や快適性に重点をおいて，計画的に配置されなければならない．また駅前広場は，単に多様かつ大量な交通を処理する機能だけではなく"都市の顔"ともなるものであるから，都市の個性を反映したデザイン構成とするなどの計画が必要である．

A. 駅前広場の計画

(1) 駅前広場の計画手順

駅前広場の計画の一般的な手順は図 7.6 に示すとおりであり，おおむね次の

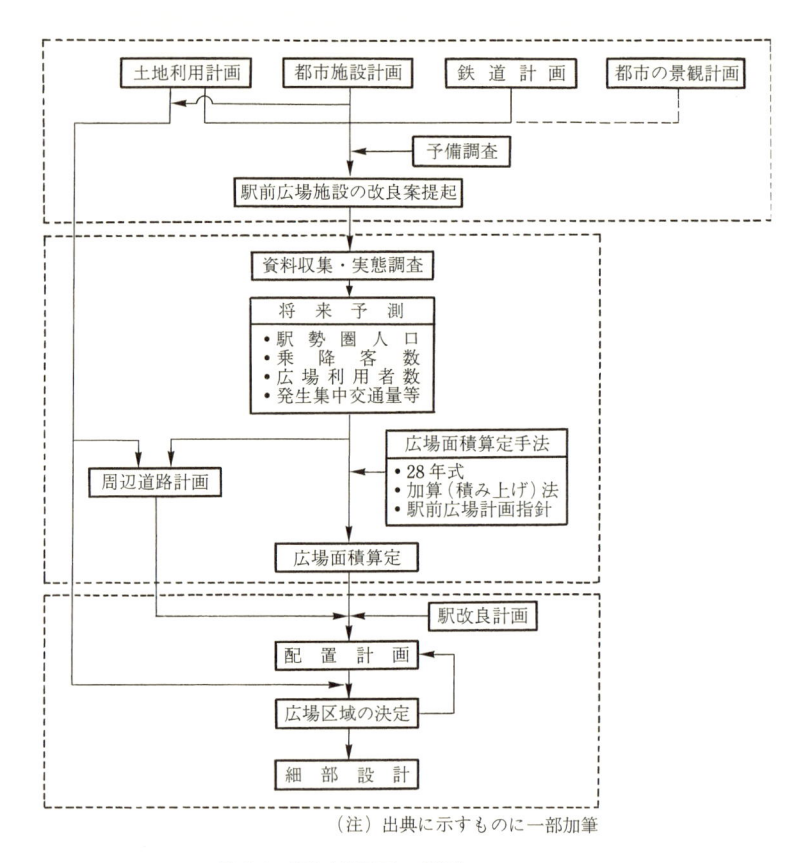

（注）出典に示すものに一部加筆

図 7.6 駅前広場計画の手順[4]

3段階に分けて行われる.

まず最初に行うべきことは，駅前広場の整備に対する方針の設定である．すなわちその都市の土地利用計画や都市施設計画，鉄道計画などを踏まえた上で，必要ならば予備調査を行って，対象とする駅の駅前広場は現状のままでよいのか，それとも改良や新設の必要があるかを決定する．その判断材料の1つとして，都市景観からみた現在の駅前広場がもつ課題などを加えることも重要なことである．

ついで，駅前広場計画に関わる各種指標の将来予測と，駅前広場面積の算定を行う．ここでは複数の手法による算定が一般的であるから，パーソントリップ調査のデータなどが利用できる場合でも，当該駅と駅前広場を対象とした実態調査を行うことが多い．

そして最後のステップが，各施設の配置計画の策定と細部設計である．ここでは周辺道路計画や駅本体の改良計画などとの整合を図ることはもちろんであるが，動線計画，駅前広場空間の有効利用といったことから，立体的な施設配置の採否についても十分に検討することが重要である．

（2）従来手法による駅前広場面積の算定

駅前広場面積の算定方法としては，最近まで以下の2つの方法が代表的なも

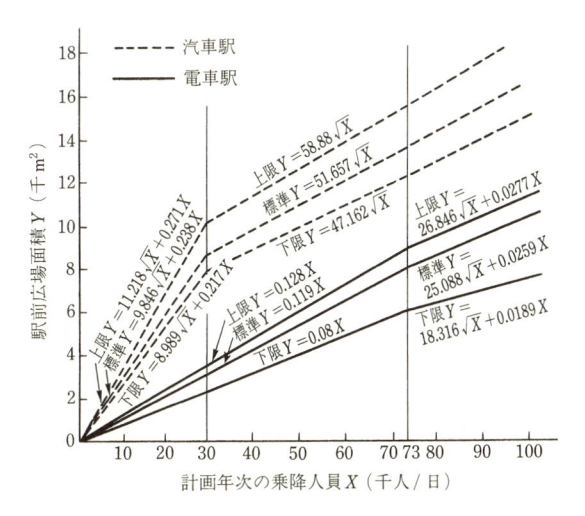

図 7.7　駅前広場面積算定標準[5]

のであった．1つは，当該駅の乗降客数を説明要因としてこれから直接，総所要面積を算定する方法である．そしていま1つは，駅前広場内の各施設ごとに所要面積を算定し，それらを加算することによって総所要面積を求めようとする方法である．

① 乗降客数による広場面積の算定方法

この方法は駅前広場計画委員会が1953年に作成した"広場面積算定式"（通称"28年式"）によるものである．まず計画対象駅の計画年次での乗降客数を何らかの方法で予測しておき，その結果を図7.7に示す関係式に代入して必要な総広場面積を求めるものである．本関係式は，当時の整備済み駅前広場を実態調査したデータをもとに，歩道，車道，駐車場の面積と広場利用者数，鉄道乗降客数，広場に出入する車両台数とのそれぞれの相関式を定めた上で，広場総面積と駅乗降客数の関係式に統合したものである．

② 加算（積み上げ）法

これは駅前広場整備計画委員会が1973年に作成した方法が基本となっており，その名のとおり乗降客数を含む多様な説明要因を用意して駅前広場の構成要素ごとに必要面積を求め，それらを加算（積み上げ）するものである．その算定過程は非常に複雑であるため，考え方を若干簡便化した"小浪式"という算定方法がよく利用されてきた．

（3） 駅前広場計画指針

海岸線を中心とした狭い帯状の平坦地に沿って市街地を形成しているわが国では，まちづくりの中で鉄道そしてその利用窓口となる駅および駅前広場がとりわけ大きな役割を担ってきた．しかし，モータリゼーションの急激な進展，都市機能の高度化，多様化に伴い，駅前広場に求められる機能，役割が今日，大きく変化している．

こうした変化に対応していくために国土交通省（旧建設省）では「駅前広場計画指針研究会」を発足させ，1998年5月に「駅前広場計画指針」[6]を刊行した．以下，同指針の駅前広場の機能と空間，そして駅前広場面積の算定の考え方を簡単に示す．

① 駅前広場の機能と空間

同指針では，駅前広場に求められる多様な機能を，「交通結節機能」と「都

市の広場機能」の2つに分類している．前者についての考え方は，旧来の手法のものと同じであるが，後者については，都市（地区）の拠点を形成する"市街地拠点機能"，憩い・集い・語らいの中心となる"交流機能"，都市の顔としての景観を形成する"景観機能"，駅前広場利用者に各種サービスを提供する"サービス機能"，地震等の災害発生時に防災活動の拠点となる"防災機能"の5つに細分して示している．

そして「交通結節機能」を果たすために必要な空間を「交通空間」，「都市の広場機能」を果たすために必要な空間を「環境空間」と定義している．

② 駅前広場面積

同指針での駅前広場面積算定方法は，基本的には従来の加算（積み上げ）法に近い．すなわち，まず駅前広場の施設別ピーク時の計画交通量をベースに施設別の必要面積を求め，それを加算して交通空間面積（図7.8中のA_T）を求める．次いで，計画対象の地域や駅の特性等を考慮して，適切な環境空間比を設定して，必要な環境空間面積（同A_E）を求める．その合計が駅前広場基準面積となるが，同指針では駅前広場の総合的配置計画を検討したうえで，必要

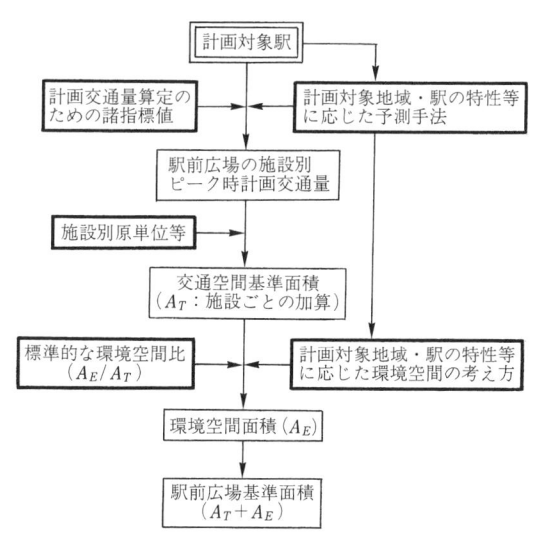

図7.8 駅前広場計画指針による駅前広場面積算定フロー

表 7.3　駅前広場の施設別計画交通量と計画施設指標

施設の区分	計画交通量	計画施設規模
バス乗降場関連	・バス乗車客数 ・バス降車客数 ・バス待ち滞留客数	・バス乗車客パース数 ・バス降車客パース数 ・バス乗車客滞留空間
タクシー乗降場関連	・タクシー乗車客数 ・タクシー降車客数 ・タクシー待ち滞留客数	・タクシー乗車客パース数 ・タクシー降車客パース数 ・タクシー乗車客滞留空間
自家用車乗降場	・自家用車利用者数	・自家用車乗降パース数
タクシー駐車場	・タクシー待ち滞留客数	・タクシー駐車区画数
歩　　道	・駅前広場利用者数	・歩道面積
車　　道	・各交通手段別交通量総和	・車道延長面積
その他	・キスアンドライド計画交通量 ・パークアンドライド計画交通量 ・自家用車短時間駐車交通量 ・二輪車短時間駐車交通量 ・長距離バス等駐車交通量	・待機スペース等 ・自家用車駐車区画数 ・自家用車駐車区画数 ・二輪車駐輪場面積 ・長距離バス等パース数

注 1）計画交通量は，いずれもピーク時間を示す
注 2）パース数や区画数は，更に面積に換算する

面積を最終的に確定することを提案している．

なお，表 7.3 は駅前広場の施設区分，各施設規模を決定する計画交通量とこれからアウトプットされる計画施設規模を，同指針から整理したものである．

B. 広場の配置計画

駅前広場を構成する主な施設としては，多様な交通を処理する基本施設としての，歩道，車道，バス乗降場，タクシー乗降場，駐車場といったものがある．そしてそれら基本施設の機能の補完あるいは駅前広場の公共性といったことから，団体広場，交通統制の施設（ロータリ中央島，誘導島等の交通島），公共施設（交番，公衆電話，便所など），緑地，排水施設，照明施設等も必要である．

これらの施設の配置計画を行うに際しては，まずA項で示したような方法で算定した必要面積を基準として，駅舎と接続街路の現状や将来計画，そして周辺の土地利用などを勘案し，駅前広場の形態を決定する．その際，歩行者，バス，タクシーや一般自動車のそれぞれの動線が簡明で，かつ互いの交錯が極力

生じないよう，歩道，車道，バス乗降場のレイアウトも大まかに想定しておかなければならない．そしてこの形態が決まれば次に個々の構成施設の詳細な配置計画にとりかかることになる．なお駅前広場の土地面積の削減という目的での駅前広場の立体化は極力避けなければならないが，駅の位置（地下，橋上）や駅周辺の建築物の特性，あるいは交通動線の分離などの視点から，必要があれば駅前広場の立体化も1つの代替案として検討されよう．

7.3 駐車場

A. 駐車場問題に関わる最近の動き

（1） 駐車の定義

自動車の"駐車"には，保管のための駐車と，自動車を使って行われるトリップの目的地で生ずる駐車とがある．前者は自動車の使用の本拠地で保管のために駐車することであり，わが国では「自動車の保管場所の確保等に関する法律」（以下「車庫法」）で，保管場所の確保が義務づけられている．すなわちこの車庫法では，① 自動車の登録に当たって保管場所があることを証明する書類を提出すること（車庫証明），および，② 道路上で昼間は12時間以上，夜間は8時間以上の連続的な駐車の禁止（青空駐車の禁止），が定められている．

一方，トリップの目的地で生ずる駐車は，「道路交通法」にその規定がある．すなわち同法によれば，駐車とは，"車両等が客待ち，荷待ち，貨物の積卸し，故障その他の理由により継続的に停止すること（貨物の積卸しのための停止で5分を越えない時間内のもの及び人の乗降のための停止を除く），又は車両等が停止し，かつ当該車両等の運転をする者（以下運転者という）がその車両等を離れて直ちに運転することができない状態にあること"，と定義されている．なお同法では"車両等が停止することで駐車以外のもの"を"停車"として，駐車とは別に定義している．

当然ながらこの駐車あるいは停車によって，人は初めて自動車を使ってのトリップを達成できるのであるから，その場所を確保することは自動車の走行空間，すなわち道路の整備と同じようにきわめて基本的な課題である．このためわが国では「駐車場法」において，都市における自動車の駐車のための施設の

整備に関し必要な事項を定めている．

(2) 違法駐車の問題

このようにわが国では，保管のための駐車，あるいはトリップに伴って生ずる駐車に供する施設の確保にそれぞれ別の法律を用意し，対策を講じてきた．しかし予想をはるかに越えたモータリゼーションの進展，都市への人口や産業の集中，地価の高騰といった社会経済環境の変化の中で，駐車場不足が顕在化した結果，違法駐車に関わる問題が社会問題としてクローズアップされることとなった．

すなわち車の保管場所の確保を義務づける「車庫法」は，軽自動車が1991年以前はまったく法適用の対象外であったことや，いわゆる"車庫とばし"など車庫証明の不正取得によって，実際には車庫のない多くの車を世に生み出した．そしてとくにこれらの車が集中する集合住宅団地などでは，違法駐車車両が道路を不法占拠する結果，消防や救急のための活動に障害を与え，住民の生活を脅かす事態にもなっている．一方，トリップの目的地となる都心部などでは，駐車需要に見合った駐車場が確保できない，あるいは駐車場の情報が利用者に適確に伝達されないといった状況の中で，数多くの違法路上駐車が出現している．そしてその結果，道路の交通容量の低下によるいっそうの交通混雑や交通事故の危険性の増加をもたらした．

なお停車は本来，道路端に車両を停止させることが認められている行為であり，その需要に対応するため道路の横断面構成要素の1つとして"停車帯"というものもある．しかし貨物の積卸し需要が集中するような都心部などでは，この停車車両の存在が交通の円滑な処理などに重大な影響を与えていることもある．この停車をも禁止することは自動車の利便性を大きく損うことになるが，都市規模や地区特性によっては，今後この停車をも含めて駐車対策を検討することが必要な場合も生じよう．

(3) 駐車場に関わる法律と条例の改正

(2)に述べた違法駐車に関わる問題の社会的重大さに鑑み，1990年に駐車場に関わる2つの法律と条例の改正が相次いで行われた．

7.3 駐車場

表 7.4 違法駐車に関わる改正法のポイント

道路交通法	車庫法
① 放置行為に対する責任 　違法駐車の中で，運転者等が現場にいないものを「放置行為」とし，運転者だけでなく使用者（所有者・管理者）の管理も生じるようになった．使用者が放置行為を黙認していた場合等，罰則として罰金や車両の使用制限処分を受ける． ② 放置行為の罰金・反則金の限度額の引き上げ ＜反則金限度額＞ 大型自動車 2.5 万円→3.5 万円 普通自動車 2 万円→2.5 万円 小型特殊自動車等 1.2 万円→1.5 万円 ＜罰金限度額＞ 従来の 10 万円以下から，15 万円以下へ，なお放置行為以外の違法駐車に対する罰金・反則金は現行のまま．	① 軽自動車にも車庫の届け出を義務づけ（東京・大阪のみ） ② 移転など住所を変更する場合にも車庫の届け出が必要 ③ 車庫証明や届け出をしたことを示す「保管場所標章」を所有者は，車に表示しなければならない． ④ 車庫がないまま路上駐車を繰り返した場合，聴聞を経て車庫が確保されるまで使用禁止 ⑤ 青空駐車の罰金額を最高 3 万円から最高 20 万円に引き上げ ⑥ 自宅から車庫までの距離を 500 m～2 km に延長
1991 年 1 月 1 日施行	1991 年 7 月 1 日施行

① 法律の改正

改正された 2 つの法律とは，「道路交通法」と「車庫法」であり，1990 年 6 月に改正が行われた．改正内容の主な点は表 7.4 に示すとおりであるが，改正道路交通法では違法駐車の運転者だけではなく車の所有者にも管理責任を問うこと，また改正車庫法では軽自動車にも保管場所の届け出を義務づけること，すべての車両に車庫があることを証明する「保管場所標章」を表示させること，等が大きなポイントである．軽自動車の届け出義務化はその後さらに強化され，2001 年 1 月 1 日より人口 10 万人以上の市が対象になっている．

② 駐車場条例の改正

「駐車場法」の定めるところによれば，商業地域内，近隣商業地域内またはその周辺地域内において，自動車交通が著しく輻輳する地区で，道路の効用を保持し，円滑な道路交通を確保する必要があると認められる区域については，都市計画に駐車場整備地区を定めることができる．そしてさらに同法により地方公共団体は，この駐車場整備地区内または商業地域もしくは近隣商業地域内において，一定規模以上の建築物を新増築する者に対して，条例でその建築物またはその建築物の敷地内に駐車施設を設けなければならない旨を定めることができる．この規定に基づいて定められる条例が附置義務条例である．そして

そのひな形として，1963年に「標準駐車場条例について」（都市局長通達）が出されていたが，近年の駐車需要の増大に適切に対処するため，この標準駐車場条例を改正する「標準駐車場条例の改正について」（都市局長・再開発課長通達）が1990年6月に出された[7]．

この改正内容の概要は表7.5に示すとおりであるが，旧条例ではなかった都市規模特性，地区特性が新条例では考慮されてそれぞれの特性に応じた基準が設定されたこと，算定の対象となる建物用途が細分化され，さらにその延床面積の下限が見直されたことなどが大きなポイントである．駐車場整備地区内の百貨店その他の店舗・事務所の特定建築物（表7.5の）を例に，その基準値を示すと表7.6のとおりである．この基準によればたとえば50万人未満の都市で10000 m^2 のオフィスビルを建築する場合，旧標準条例では 27台の規模で

表 7.5 標準駐車場条例の改正の概要

改 正 内 容	改 正 基 準	旧 基 準
① 都市規模ごとの基準の設定	ⓐ100万人以上, ⓑ50万人以上, ⓒ50万人未満	なし
② 建物用途の細分化	ⓐ特定用途（百貨店その他の店舗・事務所） ⓑ特定用途（その他），ⓒ非特定用途	2区分 (ⓐ+ⓑ, ⓒ)
③ 延 床 面 積 下 限	都市規模，地区・地域による下限値	地区別用途別
④ 1台当り床面積	都市規模，地区・地域，用途による下限値	
⑤ 足 切 り 制 度	足切りによる附置義務面積の免除は廃止 （ただし一定の緩和制度を設定）	
⑥ 駐車マス面積と台 数 割 合	車種の区分による大きさと台数割合 （小型11.5 m^2 で70%, 普通15.0 m^2 で30%） 身体障害者用車両21.8 m^2 で1台以上	一律15 m^2

表 7.6 新旧標準条例による基準（一部）と試算

条例	都市人口（①）	延床面積下限（③）	1台当り床面積（④）	足切り（⑤）	附置義務台数 (10000 (m^2) の場合)
改正	100万人以上	1500 (m^2)	200 (m^2)	—	50 (10000/200)
	50万人以上		150		67 (10000/150)
	50万人未満	1000	150		67 (10000/150)
旧	—	2000	300	2000	27 (<10000−2000>/300)

(注) ○内数字は，表7.5の改正内容に対応する番号
駐車場整備地区内の百貨店その他の店舗・事務所の場合

よかったものが，新標準条例では67台の整備が必要であり，附置義務が大幅に強化されたことが示される．

B. 駐車場の分類

駐車のために供せられる施設を広義に駐車場とすると，その種類には以下のような分類の視点がある．

（1）利用対象による分類

各駐車場は，それを利用できる対象を特定の利用者に限定するものかそれとも一般公共の用に供するかによって，専用駐車場と公共駐車場に分類される．ここで"一般公共の用に供する"とは，一般の誰にでも利用を認めるということである．したがって自社用あるいは会員用など利用者が特定される駐車場はもちろん，月極め契約だけの駐車場も公共駐車場とはならない．

（2）法律を背景とした駐車場の分類

駐車のための施設は，前述の駐車の意味から考えて保管場所と駐車場に大別される．保管場所の規定は「車庫法」によることはすでに述べたとおりである．一方，駐車場は，「駐車場法」の規定によりまず路上駐車場と路外駐車場の2つに分類される．

① 路上駐車場

路上駐車場とは，駐車場整備地区内の道路の路面に一定の区画を限って設置される自動車の駐車のための施設であって，一般公共の用に供されるものをいう．この路上駐車場は，当該地区内にある路外駐車場（道路の路面外に設置される自動車の駐車のための施設）では満たせない自動車の駐車需要に応じるため，必要な路外駐車場の整備がなされるまでの間の暫定措置として，道路の路面を使用する形で設置される．したがって，都市計画において定められた路外駐車場が当該地区で整備されれば，逐次この路上駐車場は廃止されるものである．整備については，市町村が定める路上駐車場設置計画に従い，道路管理者である地方公共団体が設置し，条例で定めるところにより駐車料金を徴収する．得られる料金収入は，当該地区に整備される路外駐車場の整備費用に充てるように努めることとされている．

なお駐車場ではないが路上に提供される駐車スペースの1つとして道路交通

法に定める「時間制限駐車区間」がある．この区間について公安委員会は，パーキングメーターを，あるいはパーキングチケットを発給するための設備を設置し，および管理することができる．これは，駐車可能な場所に同一の車両が引き続き長時間駐車することを制限することによって駐車の回転率を高め，業務など止むを得ぬ最小限の駐車需要に応じることを目的とする．

② 路外駐車場

路外駐車場とは，道路の路面外に設置される自動車の駐車のための施設であって一般公共の用に供されるものをいう．この路外駐車場は駐車場法の規定により，都市計画駐車場，届出駐車場，構造等制限適用駐車場，附置義務駐車施設に分類されている．

 i) 都市計画駐車場

都市計画上必要な位置に適正な規模で永続的に確保され，広く一般公共の用に供すべき基幹的なものであって，都市計画に定められた路外駐車場をいう．設置主体としては，地方公共団体，公社，公団，民間（第3セクターを含む）等がある．

 ii) 届出駐車場

都市計画区域内において，自動車の駐車の用に供する部分が $500 m^2$ 以上で駐車料金を徴収する路外駐車場を設置するものは，あらかじめ運輸省令，建設省令で定めるところにより，路外駐車場の位置，規模，構造，設備その他必要な事項を都道府県知事（あるいは指定都市長）に届け出なければならない．このような駐車場を届出駐車場という．

 iii) 構造等制限適用駐車場

路外駐車場で自動車の駐車の用に供する部分の面積が $500 m^2$ 以上である駐車場については，有料でなくとも，その構造および設備は，建築基準法その他の法令の規定によるほか，政令で定める技術的基準によらなければならない．この条件に該当する駐車場を構造等制限適用駐車場と一般にいう．

 iv) 附置義務駐車施設

地方公共団体は次の条件を満たす建築物を新増築する者に対し，その建築物またはその建築物の敷地内に駐車施設を設けなければならない旨を条例で定めることができる．この規定に基づいて設置される駐車場施設を附置義務駐車施

設といい，条例のひな形となる標準駐車場条例は先に示すとおりである．

ⓐ 駐車場整備地区内または商業地域もしくは近隣商業地域内において，延べ面積が $3000\,m^2$ 以上で条例で定める規模以上の建築物を新増築する場合

ⓑ 上記地区・地域内においてはたとえ延べ面積が $3000\,m^2$ 未満であっても，建築物が特定用途（劇場，百貨店，事務所など駐車需要の大きい用途）に供する部分のあるものであって，特定部分（特定用途に供する部分）の延べ面積が条例で定める規模以上の場合

ⓒ 上記地区・地域外であっても，建築物の特定部分の延べ面積が $3000\,m^2$ 以上で条例で定める規模以上の建築物を新増築する場合

なおこれら（1），（2）の視点による駐車場の分類を整理したものが図7.9である．

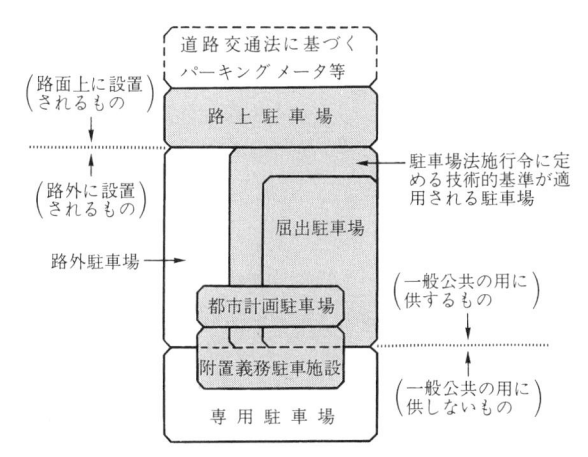

図 7.9 駐車場法の駐車場の分類[8]

（3）構造による分類

駐車場を構造形式から分類すると図7.10に示すとおりであり，大きくは自走式と機械式とに分けられる．都市計画駐車場など公共駐車場はこれまで自走式が中心であった．しかし地価の高騰を背景に土地の有効利用の必要性が強く

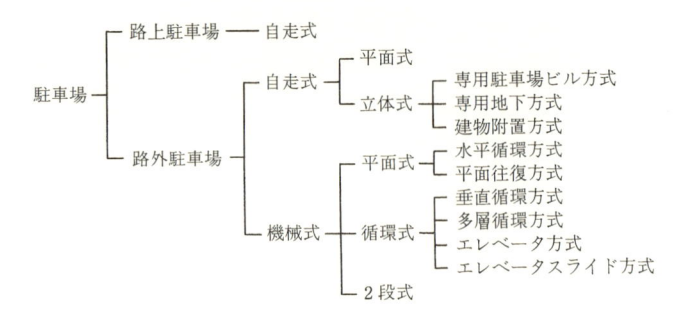

```
                    ┌─ 路上駐車場 ─── 自走式
                    │                    ┌─ 平面式
                    │           ┌─ 自走式 ┤        ┌─ 専用駐車場ビル方式
    駐車場 ─┤                │        └─ 立体式 ┼─ 専用地下方式
                    │                             └─ 建物附置方式
                    └─ 路外駐車場 ┤                ┌─ 水平循環方式
                                │           ┌─ 平面式 ┼─ 平面往復方式
                                └─ 機械式 ┤        ┌─ 垂直循環方式
                                         ├─ 循環式 ┼─ 多層循環方式
                                         │        ├─ エレベータ方式
                                         │        └─ エレベータスライド方式
                                         └─ 2段式
```

図 7.10 駐車場の構造形式による分類[9]

なったこと，一方で機械式駐車場は出入に要する時間の短縮など駐車車両の処理技術が近年大幅に改善されたこと，などの理由により，機械式駐車場も現在は急速に普及している．

C. 駐車場の計画

（1） 駐車場整備計画立案の手順

駐車場法は駐車場整備地区の設定をその基本におくものであり，ここでもそれを前提にして，駐車場の計画立案についての考え方をみておく．この場合対象となる駐車施設は，当然ながら路外駐車場，とくに都市計画駐車場である．

駐車場に関わる計画の立案という場合，対象都市によっていろいろな内容が考えられる．たとえばこれまで駐車場に関する計画が何も行われていない都市では，駐車場整備地区の設定がまず第1の目的になる．駐車場政策の一環としてみると，都市の特性を考慮した附置義務条例をどのような基準で制定するかも，駐車場に関わる計画の1つになるであろう．そしてこれらの内容が決まっている場合には，都市計画駐車場の配置と規模を決定し，個々の駐車場について設計をする，といったことが必要になる．

図7.11は，以上のような内容をすべて含む駐車場整備計画の場合を対象に，計画立案の手順の考え方の1つを示したものである．まず最初に行うことは，駐車場整備地区の設定である．駐車場法によれば駐車場整備地区の設定要件は，用途地域と自動車交通の錯綜地域の2つである．自動車交通の錯綜状態は現況だけでなく将来の状況についての予測が必要であり，パーソントリップ調

7.3 駐車場

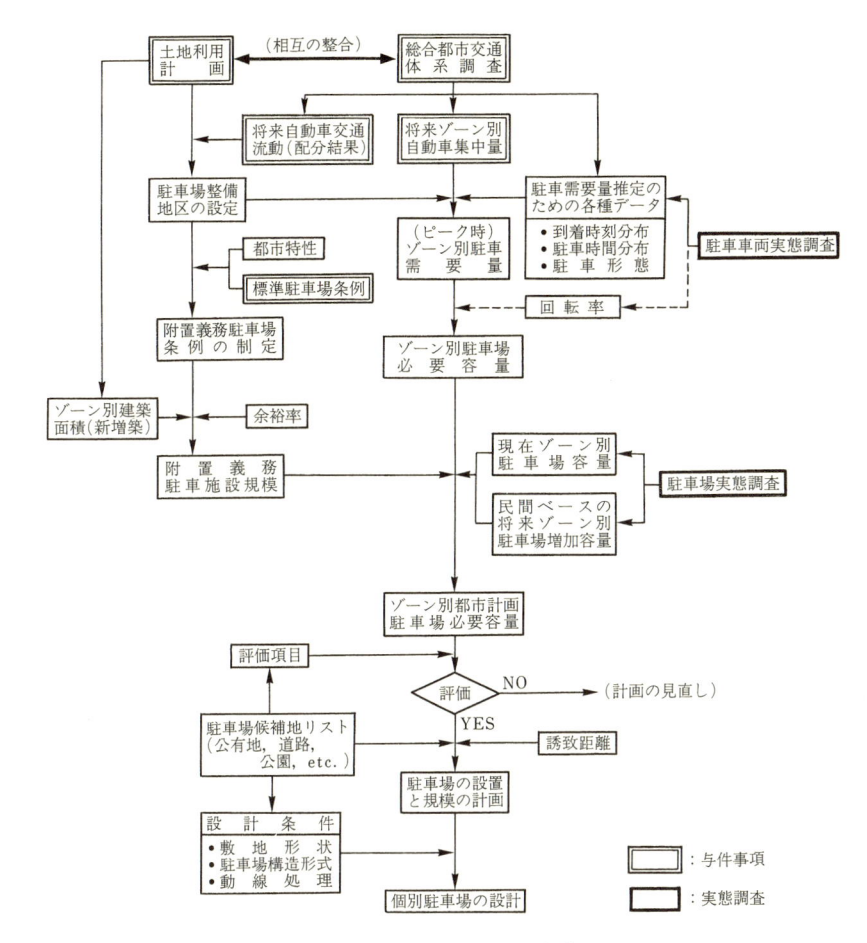

図 7.11 駐車場整備計画の手順

査などが行われていればその結果を利用すればよいが，該当する調査が行われていない場合には別途予測作業が必要となる．

次に必要があれば附置義務駐車場条例を制定することも考えなければならない．このとき，とくに附置義務駐車場の規模を決定することになる各種基準値は，「標準駐車場条例」などを参考に，都市の特性を反映できるようさまざまな面から検討すべきである．

ついで将来のゾーン別駐車需要量と，これを収容するに必要なゾーン別駐車

場容量を推計する．このためには駐車需要量を規定する各種データが必要である．ゾーン別の全駐車場必要容量を推計したら，ゾーン別の建築動向などを分析することによって附置義務駐車場，届け出駐車場など民間ベースの駐車場供給規模を予測して，ゾーン別都市計画駐車場容量を算定する．そしてこのアウトプットされた規模の都市計画駐車場の整備が事業費，用地などからみて実現可能かを評価し，実現が不可能とみられる場合には，さらにどの段階にまでフィードバックするかを分析・決定しなければならない．

最後に駐車場の建設候補地や駐車場誘致距離などの点を分析して，個別の駐車場の配置と規模の計画を決定し，その設計を行う．

以下，駐車車両および駐車場の実態調査，駐車需要量の予測について少し補足する．

（2）駐車車両および駐車場の実態調査

実態調査で行うべき調査項目は，整備の必要な駐車場容量を予測する上で必要なデータから決定される．したがってまず需要予測の方法を確定した上で必要データをはっきりさせ，このうち既存の統計調査データなどで入手可能なものと，実態調査で入手すべきデータに分類する．そしてこれをもとに実態調査の内容などを決定することとなる．

駐車場整備計画立案の際に行う実態調査には，一般的には駐車需要量の推計に関わるデータを入手するための駐車車両実態調査と，将来整備の必要な駐車場規模を決定するための駐車場実態調査の2系列の調査が考えられている．前者は，調査対象地区に駐車する車両の駐車開始時刻，駐車時間，駐車の場所（路上，路外）や利用する駐車場の種類などを調査するものである．後者は，調査地域内に立地する駐車場の容量を時系列で調査するもので，今後民間ベースで新たに整備・供給される駐車場規模などの予測に結び付けるものである．

（3）駐車需要量の予測

駐車需要量の予測方法には，大きくは2つの方法が考えられる．1つは図7.11で示したように，調査対象地区ですでに行われている総合都市交通体系調査などの将来予測の結果を利用して行うもので，ゾーン別自動車集中量を駐車需要量に変換していく方法である．2つ目の方法は，このように利用できる既存調査がない場合などに行われる原単位法といわれるもので，床面積原単位

法がその代表的なものである．
その推計手順は図 7.12 に示すとおりであり，実態調査の結果から用途別床面積駐車原単位（台/m^2）を求め，これに将来用途別床面積を乗ずる．

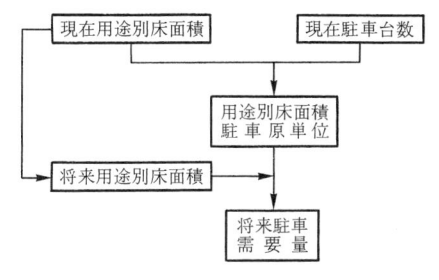

図 7.12 原単位法による駐車需要予測の基本的考え方

（4） 駐車場の配置と設計

路外駐車場は，地区内に立地するさまざまな駐車場がその種類と規模に応じて最も効率的に機能するよう配置されなければならない．このため都市計画駐車場の配置計画は一般的に次のような手順に沿って行われる[10]．

① まず現在の主要駐車場の立地状況ならびに将来新たに民間ベースで立地が予想される主要な届出駐車場や附置義務駐車場を地図に落とす．
② ①の地図上にさらに都市計画駐車場の立地候補地となる公有地，道路，公園などを地図に落とす．
③ 次にこの地図に都市計画駐車場の標準的な誘致距離となる半径 500 m の円を端が接するように描く．
④ 最後に各円内における現在および将来の主要駐車場とのバランスを図りながら，都市計画駐車場の位置と規模とを決定していく．なお一駐車場当りの収容規模は，その管理・運営上の効率性などの点から原則として 100 台以上とすべきである．

また位置の決定に際しては，駐車場出入車両交通と一般車両交通，一般歩行者交通の間，あるいは駐車場利用者が行う徒歩交通と一般車両交通の間に生ずる動線の交錯や重複などに十分注意することが必要である．

駐車場の設計に際しては，「道路交通法」,「駐車場法」,「建築基準法」,「消防法」等の関係法令，条例に定められた基準に適合するものとすることは当然であるが，出入口や場内での車両，歩行者の安全性，円滑性の確保に細心の注意を払う必要がある．

D. 今後の課題

(1) トリップの目的地における駐車問題に対して

トリップの目的地で発生する駐車問題は，大量の駐車需要が発生する都心地区などで顕著である．自動車が社会経済活動に不可欠の交通手段としてこれほどまでに普及した今日，違法駐車の取り締まりの強化だけで問題が収束するはずはない．駐車場の積極的整備を進めるとともに，公共交通手段や自転車道の整備，タクシーの有効利用策の検討，交通規制の強化，さらには都市構造の変革をも志向した総合的対策を，地域特性を考慮しながら，立案・実施していく必要がある．しかしここではあくまでも駐車需要は不変のものとして，都心地区の駐車問題を考える場合の課題をいくつか提起しておく．

① 荷捌き駐車対策

福岡県警交通部が福岡市の中心地区（天神1～4丁目）で1990年6月に違法駐車台数を調査した結果では，貨物車が65.4%を占めたとの報告がある[11]．このように都心地区などの路上駐車のかなりの部分が，荷捌きを目的とした駐車である．ところがこの駐車需要の発生源である建物が，トラックの屋内での荷捌きを可能にする駐車場をもつ場合は少ない．したがってこの荷捌きに伴う駐車需要にいかに対応していくかは非常に重要な課題であり，荷捌き施設を建物に付置していく場合の必要量の設定を含む技術的基準，あるいは共同荷捌き施設の整備手法などを早急に確立する必要がある．

② 中心商店街地区等での駐車対策

都市の中心部に昔から立地する商店街は，大規模駐車場を完備して道路交通条件の良い郊外部に立地する大型ショッピングセンター等との競争の中で，衰退を余儀なくされている場合が多い．このような中心商店街の活性化のためには，大規模駐車場の確保が緊急の課題であるといわれている．ところが買物客の駐車需要は表7.7に示すように，年間を通じての変動が大きく，かつ日祭日中心であることが特徴である．したがって商店街が独自にすべ

表 7.7 福岡県久留米市中心商店街の駐車需要の特性[12]

年平均日駐車需要		1.00
1番目日駐車需要		1.98
30番目 〃		1.53
50番目 〃		1.46
50番目までの日駐車需要の曜日構成（日数）	日祭日	40
	土曜	9
	その他	1

ての駐車需要に対応することには自ずから限界がある．

　一般にこうした商店街の近辺には業務機能の集積もあり，その駐車需要は平日中心である．したがって中心商店街の駐車対策については，行政が都市計画の一環として対応した方が経営の効率性からも望ましいものが存在するはずであり，それらの役割分担のあり方を検討すべきである．さらに年間を通じてのピーク需要等に対しては，公共施設や民間企業に付帯する駐車場等を開放し運用していくなどソフト的対策の検討も大きな課題である．

　③　100円パーキング

1990年代初頭のバブル崩壊後，大都市の都心部やその周辺地区で遊休地の即時的有効利用策として，"100円パーキング"，"コインパーキング"などと呼ばれる時間貸し駐車場が，雨後のタケノコ状態で出現した．厳しい価格競争で，個々の駐車場利用者には利便性の高いサービスが次々に生まれている．

　しかし都市計画サイドからは，たとえば以下のような問題が考えられる．

・駐車場の需給の緩和により，都心部への自動車乗り入れを喚起し，ひいては道路交通渋滞や環境問題を悪化させる可能性がある．

・経済情勢の変化によって突然，駐車場が他用途へ転換されることも考えられ，駐車場の需給バランスが急に崩れる可能性がある．

・街区の奥深くにある100円パーキングを求めて自動車が細街路等に押し入り，歩行者や自転車との軋轢が生じ，地区計画等との矛盾を引き起こす可能性がある．

　したがって，100円パーキングの立地や利用者の実態を調査・分析するとともに，これを都市計画の中でどのように位置づけするかは，急を要する課題である．

　(2)　集合住宅地区における駐車対策

　集合住宅地区の青空駐車問題は，ひとえに駐車場の不足が原因である．たとえば福岡市内の2つの公団住宅を調べた例では，複数台数の保有をも考慮した世帯保有率は83%であるのに対し，駐車場設置率は43%であった[13]．このギャップは団地周辺の民間駐車場などで埋められなければならないものであるが，住居系用途地域では良好な住環境を守るという観点から駐車場の設置について一定の規制があったことなどのため，十分な民間駐車場が供給されていな

いのが現状である．このため大量の青空駐車が団地道路に無秩序に駐車され，住民の日常生活にも悪影響を与えている状況にある．

このため道路交通法および車庫法の改正を受けて，建設省は1990年11月に表7.8に示すような建築基準法の規定に関する特例措置を通達し，さらに1992年6月に通達内容に沿う形で建築基準法が改正された．

表7.8 自動車車庫に関する建築規制に係る通達（1990年11月26日）

( ) 内は旧基準

用途地域 (改正前都市計画法)	建築物に付属		建築物に独立	
	階　数	床面積上限 (m^2)	階　数	床面積上限 (m^2)
第1種住居専用地域	平　屋（平屋）	600（300）	平　屋（ー）	300（不許可）
第2種住居専用地域	2階建（平屋）	3000（1500）	2階建（平屋）	1500（50）
住　居　地　域	3階建（平屋）	ー	3階建（平屋）	ー

（注）建築物に付属する自動車車庫には，延べ面積の1/3以内という条件があるが，この条件には変更なし

しかしこの法改正だけで集合住宅地区の駐車需給のバランスがとれるほどに民間駐車場の整備を期待することは難しい．積極的な投資の呼び水となるような融資・助成制度などの充実を図るとともに，路上駐車をも一定程度認めることも含め，秩序と公正さのある駐車システムを官民一体となって確立していく必要がある．また，新しく建築される集合住宅については，指導要綱などによって設置率の向上を図ることが必要であろう．

[演習問題]

7.1 本文に示した以外の交通結節点として考えられるものを示せ．
7.2 トラックターミナルが必要とされる理由，および立地条件を示せ．
7.3 ジャストインタイム輸送とは何か調べよ．ついで，このシステムと都心の交通渋滞，違反駐車との関係についてまとめよ．
7.4 1990年6月に改正が行われた「道路交通法」と「車庫法」について，その具体的改正内容を示せ．
7.5 トリップの目的地における駐車問題への対応策として考えられるものをあげよ．
7.6 既存の集合住宅地区における駐車問題への対応策として考えられるものをあげよ．

[参考文献]

1) （社）交通工学研究会編：交通工学ハンドブック，pp. 662～664，技術書院，1984.
2) 前出 1)，pp. 664～667.
3) 竹内，本多，青島：交通工学，pp. 255～257，鹿島出版会，1986.
4) 前出 1)，pp. 651～652.
5) 土木学会編：土木工学ハンドブックⅡ，pp. 2424～2425，技報堂，1989.
6) 建設省都市局都市交通調査室（監修）：駅前広場計画指針，pp. 13～40，pp. 92～106，技報堂，1998.
7) 土木学会編：交通整備制度（仕組と課題），pp. 282，土木学会，1990.
8) 建設省都市局再開発課：自動車駐車場年報，p. 2, 1987.
9) 前出 1)，p. 626.
10) 前出 3)，p. 267.
11) 毎日新聞：1991年11月7日.
12) 久留米地域商業近代化委員会：久留米地域商業近代化地域計画報告書（実施計画），p. 177, 1991.
13) 井上，堤，森：第11回交通工学研究発表会論文集，pp. 57～60，1991.

8

交通需要マネジメント

総合交通体系の確立に関わる新たな一分野を構成するものとして，近年その重要性が認められるようになった"交通需要マネジメント（あるいは交通需要管理）"について学ぶ．6章，7章で学んだ内容が交通問題へのハード的対応策であるのに対し，本章の内容は，交通システムの運用，運賃，法制といった面に関するソフト的対応策である．

交通を管理し運用する行為自体は，従来から交通管理者や道路管理者により日常的に行われてきたものである．交差点での信号制御や交通の一方通行規制，異常気象時における通行規制などはその代表的なものであるが，これまでその行為の内容は交通流に対する直接あるいは間接の規制ということに限定されていた．しかしモータリゼーションの進展とともにますます複雑化かつ多様化する交通問題に対処するためには，交通施設の整備という従来からのハード的対応に加え，交通システムの運用，運賃，法制など交通に影響を及ぼし得るすべての面でのソフト的対応策の整備も重要であるとの認識が，1975年頃にみられるようになった．このような考え方を初めて体系的にまとめたものが，OECDが1978年に出版した「Integrated Urban Traffic Management」である[1]．

これに前後してわが国の総合交通体系調査の中でもこの報告書で示された内容に関わるような調査が行われるようになった．そして1992年の「道路整備長期構想」の中で，円滑なモビリティ確保の一環として「交通需要マネジメント（Transportation Demand Management：TDM）」の重要性が位置づけられ，今日では，総合交通体系を構成する重要な一分野であるとの認識が定着

している.

8.1 交通需要マネジメント導入の背景と内容

A. 交通需要マネジメント導入の背景

交通需要マネジメントの導入が必要となった背景を示したものが図8.1である．今日，わが国では，都市部，地方部を問わず全国いかなる地域においても，さまざまな交通問題に直面している．中でも最も大きな問題が道路の交通

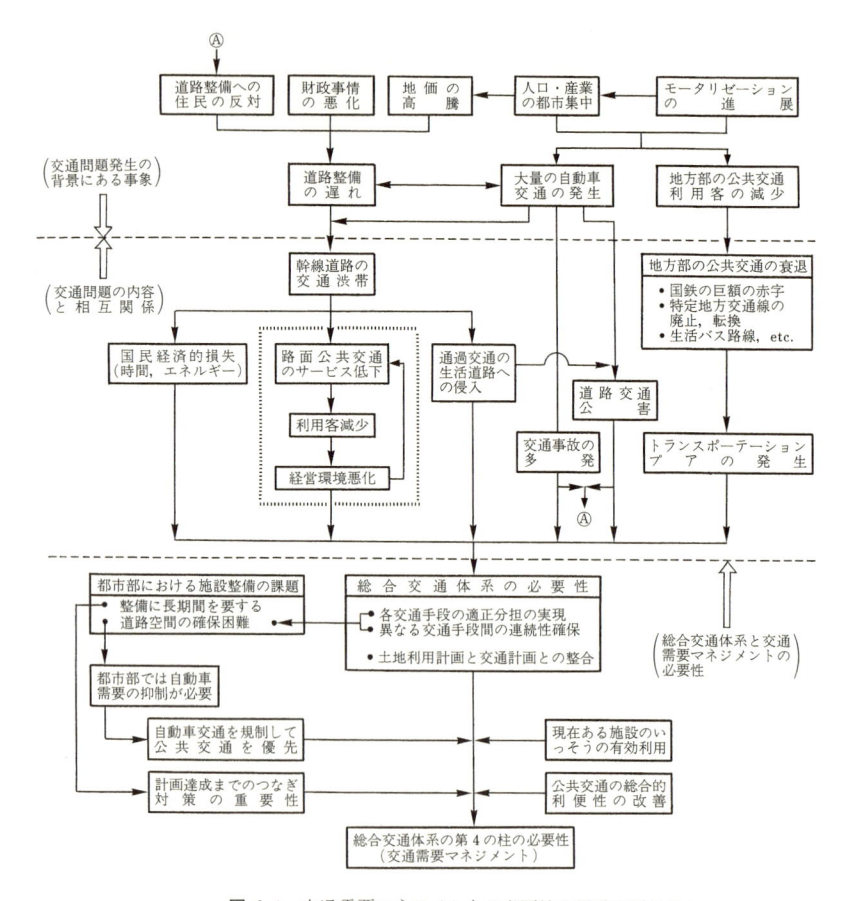

図 8.1 交通需要マネジメントの必要性の認識に至る流れ

渋滞であるが，道路交通の渋滞は，モータリゼーションの進展や都市への人口，産業の集中を背景とする大量の自動車交通の発生に対し，十分な道路整備ができていないという中で生じている．しかしその道路整備を遅らせる原因の1つに，道路交通に起因する交通事故の多発や交通公害の発生が道路整備予定の沿線住民に道路アレルギーをもたらし，反対運動のエネルギーとなっているといった面もある．

このように交通問題相互の因果関係あるいは問題発生の背景にある社会経済環境の要因との関係が，非常に複雑で多様な状態を呈することが，交通問題の解決をますます困難なものとしている．そんな中で考え出されたものが総合交通体系の確立という概念であることは，すでに示したとおりである．ところがこれを実際に推進していく過程での新たな問題として，近年以下のことが認識されるようになった．

① 道路を中心とする交通施設整備について
○ 交通手段の選択は，基本的には個々の利用者の自由な選択に委ねるものであるが，交通計画の側からみれば往々にしてそれは実現可能なレベルを上回る道路整備を要求する結果になる．したがって，大都市など新たな道路空間の確保に制約がある地域では，自動車交通の抑制につながるあらゆる方策を検討しなければならない．
○ 交通施設整備には長期間を要するが，その間にも問題は発生し，かつその状態は時間の経過とともに悪化することを考えると，"当面をどうするか"という，つなぎの交通対策にも十分な配慮が必要である．その場合，現存する交通施設を最大限有効に活用し，運用する方法を考える必要がある．
② 公共交通について
○ 自動車交通を抑制することによって生ずる道路交通容量の余裕は，積極的に路面公共交通の優先利用に割り振り，定時性の確保など少しでもサービス水準の向上に努める必要がある．
○ バス停や駅の新設，異なる公共交通機関相互の乗り継ぎ施設の改善や運賃制度の見直しなど公共交通機関の利便性の改善につながるあらゆる対策について柔軟に検討し，導入を図る必要がある．

このようなことから交通の運用や管理に関わる計画の重要性が広く認識されるところとなり，6.1節でも述べたように，総合交通体系を構成する第4の柱としての位置づけが明確となった．

B. 交通需要マネジメントの内容

A項に示したような交通需要マネジメントが必要とされる背景から，交通需要マネジメントが対象とする内容は，次の3分野にまとめることができる[2]．

① 自動車交通量の規制，抑制策

ともすれば自動車利用に偏りがちな交通に対し，利用を規制あるいは抑制する直接的，間接的な対策の導入により，自動車交通量を削減する．

② 既存の交通施設の有効利用策

供用中の道路を中心とする交通施設について，交通需要との関係で最大限に有効な運用方法を見出し，増加する交通需要に対応する．

③ 公共交通機関のサービスの改善策

公共交通機関のサービス内容，運営方法の改善によって利便性の向上を図り，マイカーから公共交通機関への転換を促す．

なお，交通需要マネジメントには以上の分野以外に，従来からの交通流の管理，すなわち，各種の交通規制や交通制御の内容が含まれるが，これは広義には①に含めることができよう．

8.2 自動車交通量の規制，抑制策

A. 交通信号制御

交差点は方向の異なる交通流が最も多く錯綜する場であり，その結果として道路網全体における交通容量上および交通安全上最も問題のある場所である．このため自動車交通量，横断歩行者数，交通事故の発生状況，周辺に設置されている信号機との間隔等を考慮して，必要があると認められれば交通信号機が設置される．この交通信号機の設置は自動車交通を安全にかつ大量にさばくことがその本来の目的であるが，逆に自動車交通の都心部への流入を抑制する手段として機能させることもできる．

8.2 自動車交通量の規制，抑制策

（1）信号の制御パラメータ

交通信号制御は，信号現示，サイクル長，スプリットおよびオフセットという4つの制御パラメータにより定められる．これらの意味は以下のとおりである．

① 現　示

1つの交差点で，1組の交通流に同時に割り当てられた通行権，すなわち青表示の状態をいう．そして現示の継続時間を現示時間という．

② サイクル長

一連の信号現示が一巡することをサイクルという．そしてその一巡に要する時間をサイクル長といい，通常，秒単位で示される．

③ スプリット（split）

1サイクルの中である現示に与えられる時間の長さや率をいうが，一般的には1サイクル長に対する百分率（％）で表される．

④ オフセット（offset）

複数の交差点の交通信号が系統的に制御されるとき，任意の交差点信号の青開始時点と基準交差点信号の青開始時点とのずれをいい，通常，秒またはサイクル長に対する百分率で表される．なお隣接交差点間のずれを相対オフセット，基準交差点からのずれを絶対オフセットということもある．

1つの信号の制御方法は，1サイクルの中に出現する現示数によって，2現示方式，3現示方式等と表現される．どのような現示方式を採用するかは，交差点の構造や方向別流入交通量あるいは後に述べる信号制御方式などによって異なる．図8.2に4枝交差点における3現示方式の例を示す．

フェーズ	第1現示（1φ）	第2現示（2φ）	第3現示（3φ）
現示のある交通流	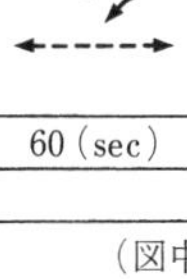	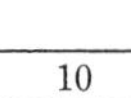	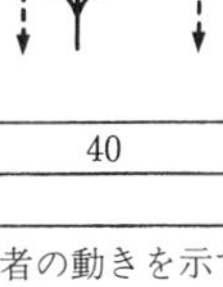
現示時間	60（sec）	10	40
サイクル長	120 sec（全赤を含む）		

（図中の点線（◀----▶）は歩行者の動きを示す）

図 8.2　現示方式の例

（2） 信号の制御方式

　信号の制御方式は，大きくは2つの視点から分類される．すなわち，1つは制御する信号交差点の範囲からの分類で，単一の信号交差点を独立に制御する地点（単独）制御，1つの道路延長上の連続する複数の信号交差点を同時に制御する路線系統制御，そして路線系統制御を面的に拡大した面制御の3種類に分類される．そしていま1つは制御パラメータの設定方式の違いからの分類で，あらかじめ設定された制御パターンを単に繰り返すだけの定周期制御と，交差点に流入する交通需要の変動に合わせて制御パターンを変える感応制御の2種類に分類される．これら分類の内容は表8.1のとおりであるが，実際に設定される信号の制御方式は上記2つの視点のクロスによって決定される．なおこの他に特殊な信号として，押ボタン式歩行者信号やバス優先信号などもある[3]．

表 8.1　信号の制御方式の分類と内容

分類の視点	分　類　と　制　御　内　容		
制御する信号交差点の範囲	地点（単独）制御		単一の信号交差点を独立に制御
	路線系統制御		1つの道路延長上の連続するいくつかの信号交差点を同一サイクル長と適切なオフセットを与えて制御
	面（広域）制御		都市の街路網上に存在する多数の信号交差点を一括して中央集中制御
制御パラメータの設定方式	定周期制御		あらかじめ設定された制御パターンに従って信号表示を操り返す制御方式
		一段式	曜日や時間による交通変動に関係なく同一パターンを繰り返す
		二段式	曜日や時間に応じて複数個のパターンを用意しておき，信号機に内蔵された万年カレンダーで自動的に制御パターンを切り換える
	感応制御		交差点流入部に設置した車両感知器による計測情報をもとに，交通需要変動に応じて制御パターンを自動的に決定する制御方式
		半感応式	主道路と交差する従道路だけの交通流を計測し，その処理に必要な最小限の現示を与え，他は主道路側に与えるもの
		全感応式	交差点のすべての流入部の交通流を計測し，すべての方向の現示を感応式にしたもの
特殊な信号	押ボタン式歩行者信号，バス優先信号，列車感知信号		

B. 自動車交通量の抑制のための手法

自動車交通量を抑制するための手法には，ⓐ 車の所有を抑えるためのもの，ⓑ 車の利用を抑えるもの，ⓒ その他車の効率的利用により交通量の削減を図るもの，といった内容がある．これらの内容に沿って対象分野やその具体的手法を整理したものが表8.2である．

表 8.2 自動車交通量抑制のための手法

抑制を図る段階	抑制の対象となる内容	具 体 的 手 法
車の所有段階	車の所有に関わる諸税	自動車取得税，自動車重量税
	車の所有条件	車庫法改正
	マイカーに代わる手段	レンタカー制度の充実
車の利用段階	車の走行に関わる諸税	燃料税 ◎ロードプライシングシステム
	車の駐車関連	駐車場の整備抑制 道路交通法改正（違法駐車の規制強化）
	交通規制	◎トラフィックゾーンシステム 特定車両流入規制
その他 （車の効率的利用）	マイカーの相乗り	◎カープール，◎バンプール
	タクシー交通の改善	相乗りタクシー，路線タクシー，ジャンボタクシー，タクシーベイ，タクシー呼出し電話
	貨物の積載効率の改善	共同集配システム

(注) ◎印は手法の概要の説明を加えたもの

車の所有や利用に対する課税は本来，自動車交通量の抑制のためにあるものではないが，マクロ経済への影響などを考えなければ，自動車交通量の総量抑制には即効性をもつ．青空駐車や違法路上駐車問題への対応のために1990年に改正された車庫法と道路交通法も，駐車場の積極的整備が行われなければ，結果として交通量抑制につながる．しかし今日，これほどにモータリゼーションが進展した状態ではマイカーが生活の必需品となっている場合が多い．したがって，これら自動車交通量抑制手法を実施する場合には公共交通機関の整備など代替交通手段の保証が不可欠である．

今後，交通需要マネジメントの重要性がいっそう認識され，関連法規の改正などが生ずれば，これらの手法はさらに多様化していくことが考えられる．以

下，代表的な手法について概要を示す．

① ロードプライシングシステム（road pricing system）

混雑区間を走行する車両から混雑税を徴収するというものがロードプライシングシステムであり，これは混雑する道路施設を効率的に利用するという観点から，英国で最初に考えられたものである．そしてその後，混雑対策だけでなく，自動車公害の発生源対策のひとつとしても有効性が注目され，道路交通問題に悩む多くの都市にとって理論的には魅力あるテーマとなっている．しかし，車両に搭載する機器，料金の徴収方法，あるいは社会的公正化の問題などがあり，本格的導入には大きな困難が待ち受ける．そんな中でシンガポールが，朝のピーク時間帯（ウィークデーの7:30～10:15）の都心部流入車に対して特別な乗入許可証を購入させるという ALS（Area Licensing Scheme）を1975年に導入した．その結果，規制時間内に規制地域に流入する交通量は，規制実施前に比べて自家用車で75％，全車で49％減少し，交通量の削減に大きな効果をあげた[3]．

シンガポールではその後，ALSの対象となる地域，時間帯，車種を拡大してきたが，その変化等をまとめたものが表8.3であり，現在では昼間も課金される仕組みになっている．こうしたシステムでは課金方法が大きな課題である

表 8.3 エリアライセンス・スキームの変遷[3]

規制面積		1975年6月実施	1989年6月改定	1994年1月改定
		610 ha	725 ha	725 ha
規制時間帯	平日	7:30～10:15	7:30～10:15 16:30～18:30	7:30～18:30
	土曜日	7:30～10:15	7:30～10:15	7:30～15:00
対象車両		緊急車両，路線バス，スクールバス，4人以上乗車車両，タクシー，トラック，バイクを除く全車両	緊急車両，路線バス，スクールバスを除く全車両	同　左
料金	乗用車	3Sドル/日	3Sドル/日	3Sドル/日
	社用車	3Sドル/日	6Sドル/日	6Sドル/日
	二輪車	－	1Sドル/日	1Sドル/日

注）・上記以外にも，面積，料金等においてマイナーな変更があるが，それは省略している．
　　・それぞれについて20日分の料金で1カ月有効のパスが用意されている．

が，シンガポールでは当初，監視員が個々の車両のフロントガラスに貼られた乗入許可証の有無を目視チェックする方法が採られた．しかしこの仕組みでは人件費等の問題が避けられない．このため，シンガポールでは1989年からALSに代わるシステムとして，車載器と車両感知器による料金徴収システムERP（Electoronic Road Pricing）の導入実験を積み重ねてきた．そしてようやく1998年9月に本格実施を開始し，今日に至っている．

このロードプライシングシステムの事例としては他に，ノルウェーのオスロ（1987年），大韓民国のソウル（1996年）があるが，英国のロンドンや東京都でも早期の導入を目指している[4),5)]．

② トラフィックゾーンシステム（traffic zone system）

本手法は都心地区など自動車交通の錯綜の激しい地区において，図8.3に示すように対象地区をいくつかのゾーンに分割し，自動車での地区の通過あるいはゾーン間の移動を制限することによって，歩行者や地区居住者の交通環境改善を目指すものである．ゾーンは場合によってはセル（cell）といわれることもある．この手法は，古い歴史をもち中心地区が城郭で囲まれたヨーロッパの伝統的都市で適用された例が多い．代表的なものとしては，イエテボリ（スウェーデン），ブレーメン（オランダ），ブザンソン（フランス）等がある[6)]．

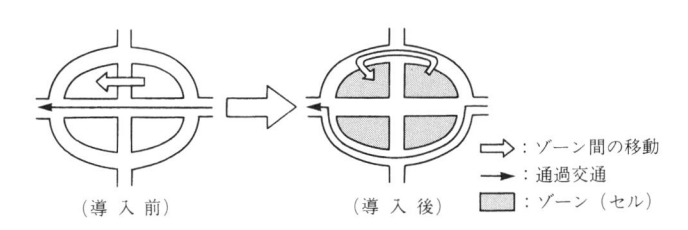

図 8.3 ゾーンシステムの概念

③ カープール，バンプール

カープールとはマイカーの相乗り方式，バンプールとはマイカーの代わりにマイクロバス（13人乗りくらいのもの）を使っての相乗り方式をいう．これによって非効率な一人乗車の通勤マイカーを削減するとともに，省エネルギーや排出ガス量減少を目的とする．米国では地域社会，企業が一体となって，多様なシステムを導入・実施している．

8.3 既存の交通施設の有効利用策

既存の交通施設の有効利用のための手法を分類すると,需要の発生構造の変化に関わるもの,道路空間の運用に関わるもの,交通流の管理に関わるもの,といった分類が考えられる.これらの分類に沿って,対象やその具体的手法を整理したものが表8.4である.需要の発生構造に関わるもののうち,フレックスタイム制は,本来は勤労条件の改善とその結果としての生産性の改善を目的とするものであるが,通勤交通のピーク率をならす効果をもつので,時差出勤と同じ意味合いで使われることが多い.そしてこの時差出勤を運賃面から促進させるものが,ピークロードプライシング(peak load pricing)システムである.すなわちこれは,大都市のピーク需要に見合う鉄道の輸送力を確保するには莫大な投資を必要とするので,ラッシュアワーの鉄道利用客の運賃を他の時間帯に比べて相対的に割高にすることによってピーク率をならそうとするもので,8.2節で示したロードプライシングシステムの鉄道版ともいえる手法である.

表 8.4 既存交通施設の有効利用のための手法

適用の対象		具体的手法
需要の発生構造	交通の特定時間集中	時差出勤(フレックスタイム制),ピークロードプライシングシステム
	交通の発生場所	◎SOHO(サテライトオフィス,リゾートオフィス,ホームオフィス) 商物分離(流通センター整備)
道路空間の運用	車線の運用	一方通行規制,◎リバーシブルレーン 広幅員二車線道路の三車線運用
	交通疎外要因	左右折禁止,路上駐車規制,信号制御の見直し バスベイ・タクシーベイの設置,交差点改良
交通流の管理	交通流の誘導	◎駐車場案内システム,◎道路交通情報システム
	交通制御	◎系統制御,◎面制御

(注) ◎印は手法の概要の説明を加えたもの

交通の発生場所に関わる手法は,単にODの変化に留まらず,多くの場合交通量の減少(走行距離削減,ある一定地区からの交通転移)を伴う.そうい

った意味でこれらの手法は自動車交通量の抑制手法の一面も併せもつ.

以下，代表的な手法について概要を示す．

① SOHO（ソーホー）

戦後のわが国の大都市を中心に見られた，都心部への業務機能集積と郊外部の住宅地化という都市構造の変化は，職住遠隔による勤労者の長時間通勤や朝夕繰り返される激しい交通混雑をもたらした．その結果，勤労者が通勤に伴って背負う時間的，肉体的負担は非常に大きく，それは企業の生産性の低下すら引き起こしかねない状態にある．そうした中，近年の情報（通信）技術（information technology：IT）の革新が，生産活動の拠点としてのオフィスの分散化を可能にする状況を生み出している．この分散型オフィスは立地する場所によって，サテライト（都市近郊）型，ホームオフィス（自宅勤務）型，あるいはリゾート（リゾート地）型といったものに分類される．

一方でIT革新は，新しい発想に基づく新しい製品やサービスを生み出す環境を創り出しており，既存の組織に捉われない多くの起業家や非営利団体（non profit organization：NPO）が活動を始めている．そうした人々や団体が自宅等を仕事場とすることは，ごく自然の成り行きである．

IT時代のこれら新しいオフィスや新しい勤務形態等が，SOHO（Small Office Home Office）と呼ばれるものである．これは，交通混雑の緩和など都市交通問題の解決に大きなインパクトを与える可能性があり，普及に向けた行政支援等も実施されている．

② リバーシブルレーン（reversible lane）

都心と郊外を結ぶ幹線道路では，朝夕2つのピーク時において交通量の多い方向（重方向）が逆転し，かつその重方向比（重方向の交通量が両方向交通量に占める比率）が大きいといった交通特性をもつものが多い．このような道路では，上り下りともに同じ車線数を終日運用するのはいかにも不合理である．このため時間帯によって上り，下りに割り振る車線数を逆転させて，道路容量の効率的利用を図ろうとするのがこのリバーシブルレーンである．本手法は，多く割り振った方向の車線の一部をバス専用レーンなどに活用することもでき，今日では多くの都市で用いられている．なお実際の導入には，ⓐ中央線変移方式，ⓑ逆転式一方通行方式の2つの方法がある．さらに図8.4に示す

ように本来は二車線構成であるが，停車帯などの整備された広幅員道路では，車線数を三車線化した上でこのリバーシブルレーンを導入するといった手法も実際に行われている．

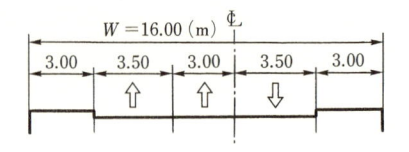

図 8.4 三車線化によるリバーシブルレーンの例

③ 駐車場案内システム

駐車場問題の深刻化の中で，その対応への一環として1990年に道路交通法と車庫法が改正されたことはすでに述べたとおりである．この駐車場問題も基本的には需要に見合うだけの容量が確保されていないことが最大の原因であるが，一方で都心部のオフィス街や商店街などでは位置がわかりにくい駐車場も多く，利用状況に大きなバラツキが生じるとともに，空き駐車場を求めて余分な交通が発生し，これが交通錯綜の一因になるといった問題点も指摘されている．

駐車場に関わるこのような問題点への対策の1つが，この駐車場案内システムである．このシステムは，基本的には駐車場情報の提供を道路空間などに設けた表示板によって行うものである．しかし情報通信技術の発達によって今後は路側通信による情報提供システムの導入が近い将来可能となろう．その実験が1987年10月に愛知県豊田市ですでに実施され，その効果も実証されてい

表 8.5 駐車場案内システムの導入事例と整備費用[7]

都市名(実施時期)	システムの内容	総工費	システムの主な規模
東京都武蔵野市 (昭和57年～　)	駐車場案内システム	1929万円 (管理費は184万円/年)	対象駐車場　　26カ所 表　示　板　　　2基 電話回線用中央制御器　1基 電話回線用端末制御器　2基
埼玉県上福岡市 (昭和59年～　)	駐車場状況表示システム（来店客用）	3000万円 (開発費込み)	対象駐車場　　3カ所 表　示　板　　　3基
福岡県福岡市 (昭和61年～　)	パーキングロケーションシステム	2702万円	対象駐車場　　2カ所 大型標識　　　7本 中型標識　　　3本 小型標識　　　3本
東京都立川市 (昭和61年～　)	駐車場案内システム	4650万円	対象駐車場　　6カ所 案　内　板　　　3基 操　作　卓　　　6基

8.3 既存の交通施設の有効利用策

る．駐車場案内システムの導入事例とその整備費用を表8.5に示す[7]．

なお駐車場案内システムで提供する情報には次に示す3つのレベルがあるが，都市の特性に応じてこのレベルは決められることになる．

ⓐ 駐車場の名称と位置を案内表示板で表示
ⓑ ⓐに加えて各駐車場の空車満車状況を表示
ⓒ ⓐ，ⓑに加えて，可変の矢印により空き駐車場への方向を表示し誘導

④ 道路交通情報システム

道路交通情報とは，道路利用者が道路を通行する際に必要とする各種情報である．必要とする情報は，利用者の属性や交通目的，トリップの緊急性や重要性などによって多様なものが考えられるが，表8.6に示すように主要な場所への経路や距離など時間軸とは独立して示される静的情報と，交通混雑状況など時間軸と対応して変化する動的情報に区分される[8]．既存道路施設の有効利用ということでのこのシステムの役割は，動的情報，とくに交通渋滞箇所やその迂回路を運転者に知らせて交通の分散を図り，それによって道路網全体の有効利用を実現することにある．

表 8.6 情報の種類[8]

情報種類		情 報 内 容
静的情報	道路案内情報	路線案内，地名案内，道路構造（重量制限等），所要距離・時間，料金，等
	沿道観光情報	駐車場案内，観光地・イベント案内，等
動的情報	気象情報	雨，雪，風，霧，等
	道路情報	路面状況（冠水・凍結），決壊，落石，等
	交通情報	交通混雑，事故，等
	規制情報	通行止，通行制限（車線規制・一方通行），チェーン規制，速度規制，等
	その他	注意警戒情報（スリップ注意，横風注意），駐車場利用状況，等

この道路交通情報システムは，一般的には情報収集系，情報処理系，そして情報提供系の3つのサブシステムで構成される．現在でもすでに情報提供メディアには多様なものが使われているが，近年の電子技術・情報処理技術の革新により情報を受ける自動車自体のインテリジェント化が可能となり，通信衛星

などを使ったまったく新しい自動車情報システムの研究が精力的に進められてきた．概要は，8.5節に示している．

8.4 公共交通機関のサービス改善策

交通手段の総合的な利便性ということではやはりマイカーに優るものはないが，マイカーだけに頼っていては都市の健全な発展に支障をきたすことも考えられ，公共交通機関とマイカーとの適正分担を実現することが必要である．そしてそのためには地下鉄，新交通システムなどの新しい公共交通機関の整備はもちろん重要であるが，それに加えて表8.7に示すように，既存の公共交通システムの信頼性，利便性，快適性，経済性等，サービスの改善につながるあらゆる内容について可能な限りの対策を実施し，その総合的魅力の改善に努めな

表 8.7 公共交通機関のサービス改善策

公共交通サービス改革の課題		具 体 的 手 法	
信頼性の確保	定 時 走 行	◎バスレーン ◎公共車両優先システム ○道路の局部改良（狭幅員区間，交差点）	◎バス専用道路 ◎基幹バス
	高 速 走 行	○高速バス	○急行バス
利便性の確保	運行時間帯拡大	○早朝バス	○深夜バス
	運行頻度増加	◎ゾーンバスシステム	○バス増便
	アクセスの改善	◎多様な乗り継ぎシステム （バスアンドライド，パークアイドライド 　サイクルアンドライド，キスアンドライド） ○デマンドバス　　　　　　○フリー乗降バス ○新駅の設置	
	足無し地区の解消	○バス路線新設	○ミニバス
	運行情報の提供	◎バスロケーションシステム	○案内施設整備
快適性の確保	車内の居住性	○列車，バスの増発による車内混雑解消 ○車両改良（冷房，低床）	○予約バス
	バス停施設	○バス停の改善（屋根，照明，付帯施設）	
経済性の確保	運 賃 制 度	○共通切符 ○時間帯別運賃体系	○ゾーン制運賃
	補 助 制 度	○生活路線バス	○無料バス

(注) ◎印は手法の概要の説明を加えたもの

ければならない．とくに路線バスに代表される路面公共交通機関については，道路の慢性的交通渋滞という事情の中で，利用者に満足のいくサービスを提供することはきわめて困難な状況にあるが，これまでの慣例などにとらわれることなく，関係する法制度の改正を含め，柔軟な発想で対策案を模索しなければならない．

① バスレーン，バス専用道路

バスレーンはバス優先対策としてバス走行に必要な道路空間を専用的または優先的に確保するものであり，わが国で最も普及しているバス優先対策である．そのねらいは，マイカーに比べて輸送効率の高いバスの走行に優先権を与え，マイカー利用者を可能な限りバスに転換させることにより自動車交通総量の削減を図ることである．バスレーンには表 8.8 に示すとおり専用レーンと優先レーンの 2 種類がある．バスレーン導入初期においては優先レーンが多かったが，近年では専用レーンの導入実績が上回っている．その導入延長を時系列でみると，1980 年前後は急増したが，導入できる多車線道路にも限界があり最近ではあまり増えていない[9]．またこのバスレーンに代わるものがバス専用道路であるが，バスレーン延長に比べればまだ実績は少ない．

道路整備が遅々として進まない現状で路線バスの再生を図るためには，今後，道路密度や道路の混雑度などの地域特性を考慮して，片側一車線道路へのバス専用レーンの積極的導入の是非が強く問われることになるものと思われる．

② ゾーンバスシステム

一般に路線バスの系統は，都市の周辺部から直接都心まで乗り込むというものが大半である．このため大都市の都心部と郊外部を結ぶ放射状幹線道路などには多くの運行系統のバス車両が集中するため，朝夕のピーク時などはダンゴ運転になりやすく，バス相互の干渉も含めて定時性の喪失などが生じる．一方，各バス車両が郊外部の路線を走る場合には運行本数が限られ，そこでの利用者は長い待ち時間を強いられることになる．

そこで図 8.5 に示すように，従来は直接都心に乗り入れていた系統を幹線と支線の 2 つに分離し，前者には大型車両を，後者には小型車両を導入し，それぞれが幹線区間あるいは支線区間をシャトルあるいは循環輸送する．そして幹

表 8.8 バスレーンおよびバス専用道路の概要[9]

レーン名	バス専用レーン	バス優先レーン	バス専用道路
正式名称	バス専用通行帯	路線バス等優先通行帯	自動車通行止め(バス除く)
法規	道路交通法 第20条第2項	道路交通法 第20条の2	道路交通法 第8条第2項
機能	もっぱらバスを運行させるために設けられた車両通行帯	路線バス等を優先的に通行させるために設けられた車両通行帯で,一般車両はレーン内を走行できるが,バスが接近したときはレーン外に出なければならない.	バス以外の自動車の通行を禁止した道路
導入の目安	片道二車線以上の道路で路線バス等の交通量がピーク時1時間当り1方向おおむね50台以上または1日当り1方向おおむね500台以上あり,かつ,路線バス等の正常な運行に支障がある区間において終日あるいは必要な時間に実施する.	路線バス等の交通量がピーク時1時間当り1方向おおむね30台以上または1日当り1方向おおむね300台以上あり,かつ,路線バス等の正常な運行に支障がある区間に置いて終日あるいは必要な時間に実施する.	片側一車線の道路で路線バス等の交通量が多く,かつ,他の自動車の交通により,路線バス等の通行に支障がある区間において必要な時間に実施する.
1972年3月 区間(箇所)	13 (0.02)	90 (0.33)	—
1972年3月 延長(km)	25.0 (0.07)	183.0 (0.39)	—
1975年3月 区間(箇所)	232 (1.00)	274 (1.00)	99 (1.00)
1975年3月 延長(km)	341.0 (1.00)	471.0 (1.00)	81.0 (1.00)
1985年9月 区間(箇所)	680 (2.93)	494 (1.80)	179 (1.81)
1985年9月 延長(km)	1096.1 (3.21)	811.5 (1.72)	117.4 (1.45)
2000年3月 区間(箇所)	693 (2.99)	618 (2.26)	223 (2.25)
2000年3月 延長(km)	1209.6 (3.55)	1043.0 (2.21)	127.1 (1.57)

(注) ( )内は1975年3月を1.00とした伸び率

線と支線の接続点には乗り継ぎバスターミナルを整備するというのが,このゾーンバスシステムである.

このシステムの導入により支線区間では運行本数の増加ができ,利用者はバス停に到着するバスをどれでも利用できる.また幹線区間では大型車両の導入によりバス交通量を削減でき,走行速度の改善が期待される.しかし以前のシ

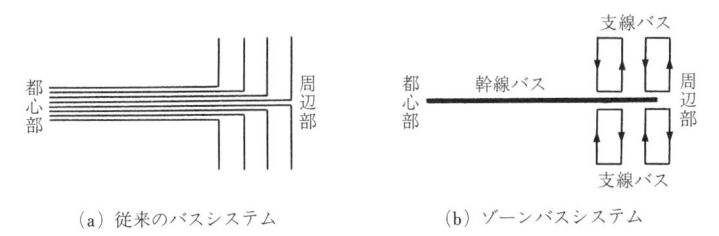

図 8.5 従来のバスシステムとゾーンバスシステム[10]

ステムでは不要であった乗り換えの負担が生じ，従来の運賃体系のままでは乗り換えによって割高運賃となる．このため利便性の高い乗り継ぎバスターミナルと運賃体系の整備が，本システム導入の成否を左右する非常に重要な課題となる．

このシステムは，わが国では1975年に大阪市で導入され，大きな効果を実証して現在も続けられている[10]．

③ 基幹バス

バスレーンは，道路交通渋滞に巻き込まれて利用者の信頼を失いつつあった路線バスを再生させる対策の一手法として，非常に大きな役割を果たした．し

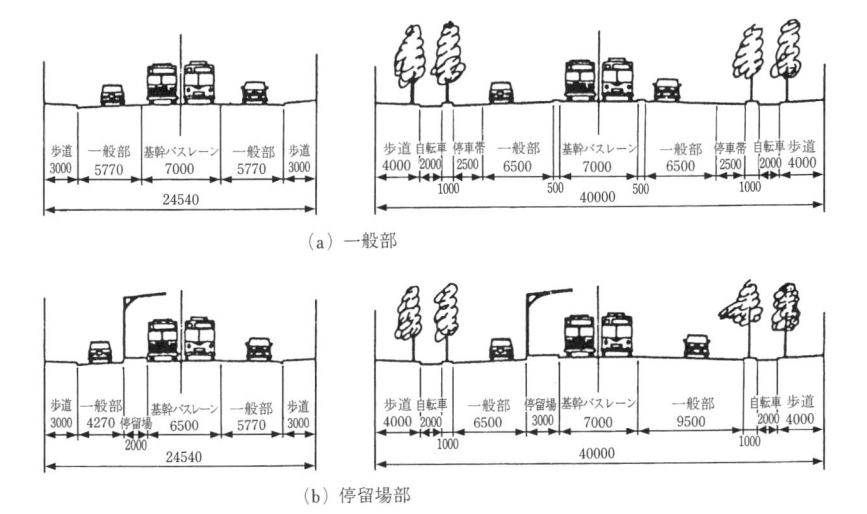

(a) 一般部

(b) 停留場部

図 8.6 基幹バス導入を考慮した道路断面構成[11]

かしこのバスレーンは基本的には道路の一番左側車線に設けられるため，専用レーンでも左折車両あるいは駐停車車両などによる走行妨害が生じる．このような問題点に対応するため路面電車のように専用レーンを道路中央に設け，ここをバスが走行する方式が名古屋市で考案・実施された．これが基幹バスシステムと呼ばれるものであり，その道路横断面構成を図8.6に示す．このシステムは1985年4月に開業されているが，区間走行速度20 km/hを実現するなど，少ない整備費（車両費を含めて236百万円/キロ）で大変大きな効果をあげている[11,12]．ただこのシステムは，バスレーンに加えてバス停留所のための交通島や一般車両のための右折車線などを必要とするため，広幅員道路においてのみ導入が可能である．したがって道路事情の悪いわが国では，このシステムを導入できる都市は自ずから限定される．

④ 公共車両優先システムとバスロケーションシステム

都市内を走る路線バスは，道路交通の渋滞によってダンゴ運転あるいは定時性の喪失を余儀なくされている．このため利用客に不信感やイライラ感を与え，バス離れの大きな要因の1つになっている．こうした問題に対応するための手法として，公共車両優先システムやバスロケーションシステムがあり，いずれもバスの位置感知をもとにしたシステムである．

公共車両優先システム（Public Transportation Priority Systems：PTPS）は，信号機の50〜100 m手前に設置した車両感知器が，発信器をつけたバスの接近を感知すると，情報を自動的に交通管制センターに伝達，センターのコンピュータがバスに対する信号を赤から青に切り替えたり，青信号を延長して，バスを信号停車なしで通過させる仕組みであり，こうした対応をバスの進行方向に連続して位置する複数の信号に対して行い，その結果，バスの走行速度や定時性の改善を実現するものである．このシステムは，1996年4月8日に札幌市で最初に導入され，その後全国各地で導入が行われている．

バスロケーションシステムとは，基本的にバスの位置（location）を利用客に提供するシステムである．すなわち，バス停でバスの運行状況（目的のバスがすでに通過したか，どのくらい待てば目的地に行くバスが到着するか）を利用客に知らせることにより，バスに対する不信感などを減らすことが期待できるものである．このため図8.7に示すように，特定の電波などによってバスか

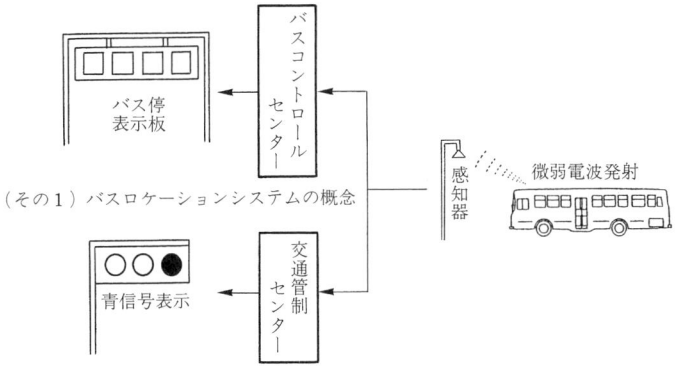

8.4 公共交通機関のサービス改善策

(その1) バスロケーションシステムの概念

(その2) 公共車両優先システム (PTPS)

図 8.7 バス感知システムとその応用

ら送られてくる情報をコントロールセンターで常時把握し，必要情報をバス停の表示板で利用者に適時提供するとともに，バスの運転手に対しても速度調整などの指示を行う．

⑤ 多様な乗り継ぎシステム

マイカーではドアツードアの移動が可能であるのに対し，公共交通機関を利用する場合には必ず自宅などから最寄のバス停あるいは駅までアクセスすることが必要である．このアクセス手段には徒歩ばかりでなく自転車，バイク，バス，マイカー，タクシーといった多様なものが考えられる．またマイカーでは自分が運転する場合と，家族などに乗せてもらう場合も考えられる．このように多様なアクセス交通手段とバスあるいは鉄道との乗り継ぎ交通に対し，最小

表 8.9 多様な乗り継ぎシステム

システム名	利用するアクセス交通手段（必要施設）
パークアンド(バス)ライド	自分の運転するマイカー（駅，バス停付近の乗り継ぎ駐車場）
キスアンド(バス)ライド	家族の運転するマイカー（駅前広場の整備）
サイクルアンド(バス)ライド	自転車（駐輪場）
バスアンドライド	路線バス（駅前広場の整備）
ライドアンドライド	鉄道を乗り継いでトリップを行うシステムで，本来ここでいうシステムとは若干性格が異なる．

限必要な施設整備を行って公共交通機関の利便性を改善し，マイカー利用の抑制に結び付けようとするものがここで述べる乗り継ぎシステムである．

そのシステムは一般に，乗り継ぐ公共交通機関が鉄道の場合を○○アンドライド，バスの場合を○○アンドバスライドというように呼称される．そして使われるアクセス手段を○○の部分に入れることによって，表8.9に示すような多様なシステムが提案されている．

8.5 高度道路交通システム

A. 高度道路交通システムの概要

現在，世界中のあらゆる経済・社会システムの中に，情報通信技術の導入が図られつつある．高度道路交通システム（Intelligent Transport Systems：ITS）とは，道路交通の分野にこうした最先端の情報通信技術を導入して，人と道路と車両とを一体のシステムとして構築し，もって交通渋滞や交通事故の低減，交通システムの利用者の快適性の向上や環境保全を目指すものである．

わが国では，1995年に「高度情報通信社会推進に向けた基本方針」が策定され，当時の関係5省庁（警察庁，通省産業省，運輸省，郵政省，建設省）が連携して，道路・交通・車両分野の情報化戦略としてITSを推進することとなった．そして，21世紀初頭を目標にITSの本格導入を実現するために，全体構想，推進体制，研究開発等について必要な施策と，開発すべき9つの分野を決定している．このうち，9つの開発分野の概要を表8.10に示す．

B. 進行中の開発プロジェクト[13],[14]

9つの開発分野に関連して現在進行中の開発プロジェクトのうち，実用化の域にある，あるいはそれに近い状況のものを例としてあげると，以下のとおりである．

○道路交通情報通信システム（Vehicle Information and Communication System：VICS）

ドライバーの利便性の向上，渋滞の解消・緩和等を図るため，渋滞状況，所要時間，工事・交通規制等に関する道路交通情報を，道路上に設置したビーコ

8.5 高度道路交通システム

表 8.10 ITS の開発分野

分　　野	概　　要
1. ナビゲーションシステムの高度化	渋滞情報，所要時間，交通規制等をリアルタイムに収集・提供するシステムを構築し，ナビゲーションシステムの高度化を図る．
2. 自動料金収受システム	有料道路の料金所等で自動的な料金支払いによってノンストップ化を行い，渋滞の解消，利用者サービス向上，管理コスト低減等を図る．
3. 安全運転の支援	道路と車両，車両と車両の間で，道路状況や交通状況の情報をリアルタイムで送受信して交通の安全性の向上を図る．自動運転システムも含まれる．
4. 交通管理の最適化	交差点等での高度な信号制御，目的地までの経路誘導制御等に関する研究開発により，交通管理の最適化を図る．
5. 道路管理の効率化	路面状況の的確な把握とそれに基づく迅速な対応，特殊車両の通行許可等の利用者サービスの向上等を図る．
6. 公共交通の支援	公共交通の円滑な運行を確保するシステム，運行状況のリアルタイムの情報提供システム等の構築を通して，利用者の利便性の向上を図る．
7. 商用車の効率化	トラック等の運行情報，積み荷情報等の収集・提供システムの構築等を通して，輸送や集配の効率化を図る．
8. 歩行者等の支援	携帯情報機器等による経路・施設案内の情報提供，経路誘導のシステムの構築を行い，交通弱者も安心して利用できる道路交通環境の形成を図る．
9. 緊急車両の運行支援	災害発生時の各種情報のリアルタイムの収集，提供システム等の構築により，迅速かつ的確な復旧・救援活動の実現を図る．

ンや FM 多重放送により，ナビゲーションシステム等の車載器へリアルタイムに提供するシステムである．

このシステムは 1996 年 4 月 23 日，首都圏の主要道路および東名・名神高速道路全線等で情報提供を開始したあと，順次全国展開が進められている．

○ノンストップ自動料金収受システム（Electronic Toll Collection System：ETC）

有料道路における料金所渋滞の解消，キャッシュレス化による利便性の向上等を図るため，料金所ゲートに設置したアンテナと通行車の車載機との間で無線通信を用いて自動的に料金の支払いを行うことにより，有料道路の料金所を停車することなく通行可能とするシステムである．

このシステムは，2001年3月30日に首都圏の高速道路などで本格運用が始まり，VICSと同じように全国展開が進められている．
○自動運転道路システム（Automated Highway System: AHS）

事故の防止等の安全運転を支援するため，道路上に設置したセンサー等から収集した路面状況等の情報を道路から車両へ送信することにより，前方での危険発生等をドライバーへ警告するほか，自動車本体がそれらの情報と高度な自己制御技術を融合させることで自動的な衝突回避，さらには自動運転を実現するシステムである．現在，多くの自動車メーカーが電機メーカー等と連携しながら，実用化を目指した研究を続けている．

○スマートウェイ

スマートウェイは，ETC，AHSをはじめとする多様なITSサービスの本格的展開を支えるいわばITS仕様の道路である．1998年度から取り組みが開始されており，2015年頃に全国の主要な幹線道路網での実現を目指した実験が行われている．

○ワイヤレスカードシステム

ワイヤレスカードシステムは，電波を利用することにより，カードを直接機械に接触させることなく，その内容を読み取り，必要な情報を書き込むことを可能とするICカードシステムで，無線通信技術の利用により，決済処理系機能，ID管理機能，位置管理機能等を実現できるシステムである．

交通分野における利用としてはETCカードの他に，駅等での料金徴収システムへの応用が進められており，JR東日本が2001年11月から「スイカ」と呼ぶICカード定期券を本格導入した．

8.6 社会実験

これまで示してきた交通需要マネジメントの諸施策は，交通の現場あるいは現実社会の中で具体的に実施してはじめて効果を発揮する．そうした施策の中には実施した場合の効果や実施に伴って発生する問題点等を事前に容易に把握できるものもあるが，多くの施策ではむしろ，効果や問題点等を事前に把えることが困難な場合が多い．新しい情報技術等をもとにして新しい交通システム

を構築するITSでは，そうした困難はさらに増大する．

こうした事情を背景に近年，"社会実験"が積極的に行われるようになっている．社会実験とは，実施すれば何らかの効果を実現できる可能性が大きい新しい施策があっても，事前にその費用対効果の大きさを評価したり，あるいは導入に伴って発生する問題点等を明らかにすることが困難である場合，その施策の実施に先立ち，実際の現場や実社会の中で場所や時間，規模などを限定して施策を実行（実験）したうえで，その結果の評価を行い，その施策を本格実施するか否かの判断材料を得る行為全体をいう．当然ながら社会実験の目的の1つには，施策の本格実施を成功に導くための課題を明らかにし，その対策を講じることも含まれる．

わが国では"行政に失敗は許されない．"といった風潮がとくに根強く，このことが大胆な交通需要マネジメント施策等の導入を阻んできたきらいがある．実験とはいえ，交通システムに関わることでは"安全"が大前提であるが，複雑かつ多様で問題がむしろ深刻化する懸念すらある交通問題の解決に向けて，失敗を恐れない社会実験の積極的導入が求められている．

［演習問題］

8.1 身近な交差点の中から，交差点形状や信号制御について問題のある交差点を見つけ，改善策を示せ．
8.2 シンガポールで行っているようなroad pricing systemをわが国で実施するとしたら，どんな問題点が考えられるか．
8.3 鉄道利用者へpeak load pricing systemを実施することについて，各自の考えを述べよ．
8.4 駅まで自転車でアクセスして鉄道に乗り継ぐシステムを何というか．そしてこのシステムがどんな問題点をもたらしているか調べよ．
8.5 利用者の立場からみて都市内の路線バスサービスの問題点を整理し，それらに対する改善策を述べよ．

[参考文献]

1) O. E. C. D. Road Research Group: Integrated Urban Traffic Management, 1978.
2) 河上, 松井：交通工学, pp. 155～157, 森北出版, 1987.
3) 新田, 松村, 兒山, 小谷：シンガポールのエレクトロニック・ロードプライシング, 交通工学, Vol. 34, No. 4, pp. 37～45, 1999.
4) ケン・リビングストン（ロンドン市長）：The Mayor's Transport Strategy, 2000.
5) 東京都：TDM 東京行動プラン, 2000.
6) 北部九州圏総合都市交通体系調査協議会：北部九州圏物資流動調査報告書, 交通マネジメントの概要とその手法, 1982.
7) トヨタ交通環境委員会：駐車場の案内と誘導, p. 22, 1988.
8) 土木学会：土木工学ハンドブック, 第61編, 道路交通システム, p. 2516, 技報堂, 1989.
9) (社)日本バス協会：日本のバス事業, 1973, 1976, 1986, 2001年版.
10) 松田惣三郎：大阪市ゾーンバス, 運輸と経済, 36巻, 6号, pp. 60～69, 1976.
11) 名古屋市総合交通計画研究会：名古屋市総合都市交通計画調査研究報告書, 1979.
12) 竹内, 本多, 青島：交通工学, p. 247, 鹿島出版会, 1986.
13) 国土交通省道路局：平成12年度道路行政, pp. 423～430, 2001.
14) 道路公報センター：ITS（高度道路交通システム）

9

交通と環境

> 交通とこれを支える交通施設が環境に与える影響，およびそれを事業実施前の段階で予測して被害の発生を防止する方法としての環境影響評価について学ぶ．従来こうした分野で扱われていたことは，騒音，振動，排出ガス等による比較的限られた地域の交通公害に関するものであったが，近年は自動車の排出ガスが地球環境に与える影響も非常に大きな問題となっている．

1967年8月に制定された公害対策基本法によれば，公害とは，「事業活動その他，人の活動に伴って生ずる相当広範囲にわたる大気の汚染，水質の汚濁（水質以外の水の状態または水底の底質が悪化することを含む），土壌の汚染，騒音，振動，地盤沈下（鉱物の掘採のための土地の掘削によるものを除く）および悪臭によって人の健康または生活環境に係る被害が生ずること」と定義されている．なおここに示される7つの公害がいわゆる典型7公害といわれる．そしてこのように定義される公害のうち，交通機関や交通施設に関連して起こる公害が，一般に交通公害と呼ばれるものである．公害発生源としては，道路，新幹線，航空機などがあるが，本章では道路交通公害のみを対象とする．

典型7公害の中で道路交通公害としてとくに厳しい社会問題になっているものは，騒音，大気汚染，振動である．これらの道路交通公害は，渋滞の激しい幹線道路沿線などの地域居住環境へ深刻な影響をもたらしてきた．しかし近年では，二酸化炭素がもたらす温室効果の問題が指摘されるに及んで，自動車の排出ガスが総量として地球環境に与える影響が非常に大きな問題として指摘されている．したがって今後は，地球環境と交通という広い視点からの対応も重要になる．

9.1 道路交通騒音

A. 騒音レベルと環境対策上の基準

(1) 騒音レベル[1],[2]

音の尺度には,物理量としての強弱を表す物理的尺度と,感覚量としての大小を表す感覚的尺度とがある.前者には音圧レベル(パワーレベル),音の強さのレベルなどがあり,後者には音の大きさのレベルや騒音レベルなどがある.これらの中で,道路騒音などを問題にするときに使われるものが騒音レベルである.この騒音レベルとは,人間の聴覚の可聴範囲や感じ方などを考慮して,騒音と判断される音波の圧力を定量的に示す計器(騒音計)によって測定された音圧レベルであり,単位にはデシベル(dB(A))が用いられる.騒音計は計量法およびJIS規格によって規格が定められている.そして騒音計の中には音の物理的な強さと人間が聴覚として感ずる大きさとの間を補正する周波数補正回路というものが内蔵されており,現在の騒音計にはA,C2種類の特性がある.一般にはA特性が人間の感覚に最も近いことからこれを用いた騒音測定が行われるが,騒音レベルの単位を示すdB(A)のAは,このことを示すものである.

騒音の計測値あるいは騒音予測計算モデルによる予測値の評価に,以前は中央値(L_{50})を用いたが,(2)に示す「騒音に関する環境基準」が1998年に改定され,環境騒音評価量として国際的に一般化している等価騒音レベル(L_{Aeq})が採用され,環境基準値が設定された.ここにAは先のA特性を示し,eqはequivalent sound levelの略である.

ある地点の騒音レベルを騒音計で測定すると,その測定値は,一定値を示すのではなく,時間とともに常時変動をする.したがって,そのままではある地点の騒音レベルを示すには不適当であるので,その地点を1つの騒音レベルで代表させる必要がある.それが等価騒音レベルであり,ある時間の範囲におけるエネルギー的な平均値としてレベル表示した量に相当する.

(2) 環境対策上の騒音基準と現状[3]

9.1 道路交通騒音

表 9.1 騒音に関わる環境基準（1998 年 9 月 30 日環境庁告示第 64 号）

(単位：L_{Aeq} dB)

地域の類型，区分[注1]		基準値	
		昼間[注2]	夜間[注2]
一般地域	AA	50 以下	40 以下
	A および B	55 以下	45 以下
	C	60 以下	50 以下
道路に面する地域	A 地域のうち 2 車線以上の車線を有する道路に面する地域	60 以下	55 以下
	B 地域のうち 2 車線以上の車線を有する道路に面する地域	65 以下	60 以下
	C 地域のうち車線を有する道路に面する地域		
	（特例）幹線交通を担う道路に近接する空間	70 以下（45 以下[注3]）	65 以下（40 以下[注3]）

注1) AA を当てはめる地域は，療養施設，社会福祉施設等が集合して設置される地域など，特に静穏を要する地域
A を当てはめる地域は，もっぱら住居の用に供される地域
B を当てはめる地域は，主として住居の用に供される地域
C を当てはめる地域は，相当数の住居と併せて商業，工業等の用に供される地域
注2) 時間の区分は，昼間が午前 6 時から午後 10 時までの間，夜間が午後 10 時から翌日の午前 6 時までの間
注3) 特例の特例ともいえるもので，"個別の住居等において騒音の影響を受けやすい面の窓を主として閉めた生活が営まれていると認められるとき，室内へ透過する騒音に係る基準"として定められたもの

表 9.2 自動車騒音の要請限度（2000 年 3 月 2 日総理府令第 15 号）

(単位：L_{Aeq} dB)

地域の区分	基準値	
	昼間	夜間
a 区域および b 区域のうち 1 車線を有する道路に面する区域	65	55
a 区域のうち 2 車線以上の車線を有する道路に面する地域	70	65
b 区域のうち 2 車線以上の車線を有する道路に面する地域および c 区域のうち車線を有する道路に面する地域	75	70
幹線交通を担う道路に近接する空間	75	70

注1) 時間区分は，環境基準の場合と同じ
注2) a 区域：もっぱら住居の用に供される区域
b 区域：主として住居の用に供される区域
c 区域：相当数の住居と併せて商業，工業等の用に供される区域

自動車騒音に関する基準には，環境基本法に基づく"環境基準"と，騒音規制法に基づく"要請限度"がある．まず環境基準は1998年9月に表9.1に示すとおり告示されており，地域の類型（AA，A，B，Cの4分類）別，地域と道路との位置関係（道路に面する地域，それ以外の地域）別に，時間帯（昼間，夜間）ごとの基準値が定められている．しかしこの基準は政府の1つの行政目標であり，直ちに法律的効果を伴うものではない．

　一方，騒音規制法第17条第1項において，都道府県知事は，自動車騒音が一定の限度を超え，道路周辺の生活環境が著しく損なわれる場合は，公安委員会に対し，道路交通法の規定による交通規制を要請することが規定されている．この"一定の限度"を示すものが自動車騒音の要請限度であり，総理府令で表9.2のとおりに定められている．

　図9.1は，1998年度に都道府県，市町村および特別区が実測した全国の自動車騒音の測定結果を，以上の環境基準，要請限度との関係で示すものである．騒音に関わる環境基準を達成している測定地点は，全国測定地点（環境基本法に基づく環境基準の類型指定区域内4688地点）のうちわずか616地点で，全測定点の13.2%にすぎない．一方で，要請限度をも超える地点は，測定地点（騒音規制法に基づく指定区域内4908地点）のうち1492地点にも及び，全測定点の30.4%にも達する．こうした状況は10年前と比べてもほとんど改善されておらず，自動車騒音の現状は相当厳しい状態にあるといわなければならない．

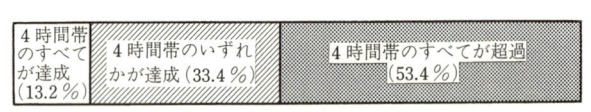

図 9.1　環境基準の達成状況および要請限度超過状況[4]

B. 騒音レベルの予測と対策[5]

環境影響評価等を行うためには，現実には存在しない計画道路が整備されてある交通量が出現した場合を想定して，その等価騒音レベルを予測する必要がある．予測の手順の概略を示すと，以下のとおりである．

① 1台の自動車が道路上を単独で走行するときの，騒音レベルを予測すべき地点におけるA特性音圧レベルの時間変化（ユニットパターン：$L_{pA,i}$）を求める．

② その時間積分値（単音圧暴露レベル：L_{AE}）を計算する．

③ この結果に予測対象とする時間交通量（N台/3600秒）を考慮して，1時間のエネルギー平均レベルである等価騒音レベルを求める．

④ ①~③の計算を，車線別，車種別に行い，それらの結果のレベル合成値を計算する．これが，予測地点における道路の全交通からの予測騒音レベル（L_{Aeq}）に相当する．

③の段階での等価騒音レベルは，次式で与えられる．

$$L_{Aeq} = 10\log_{10}\left(10^{\frac{L_{AE}}{10}} \cdot \frac{N}{3600}\right) = L_{AE} + 10\log_{10}N - 35.6 \quad (9.1)$$

$$\left(L_{AE} = 10\log_{10}\left(\Sigma 10^{\frac{L_{pA,i}}{10}} \cdot \Delta t_i\right), \ \Delta t_i = \frac{\Delta d_i}{v_i}\right)$$

ここに

i：計画道路をいくつかの区間に分割した時の i 番目区間（その区間中点を代表点に選んで，音源点とする）

$L_{pA,i}$：i 番目音源点から予測地点に到達する音の音圧レベル

Δt_i：i 番目区間の走行時間（sec）

Δd_i：i 番目区間の区間距離（m）

v_i：i 番目区間の走行速度（m/sec）

（2）道路交通騒音対策

道路交通騒音の実態については先に示すように，現在すでに環境基準はおろか要請限度すら超過している地点が非常に多い状態にある．そうした現在の問

題地点あるいは将来予測の結果として問題の発生が予想される地点に対し，道路交通騒音公害を防止するための総合的な施策の推進が必要である．そのような対策を示したものが図9.2である．最も基本的でかつ効果の大きい対策は自動車構造の改善という発生源対策である．しかしこれには長期間を要する技術革新が必要とされる．したがって官民あげてその研究開発に努めるとともに，交通計画サイドからは，道路構造の改善，沿道の土地利用と整合した道路網の整備，マストラの整備によってマイカー交通からの転換を図ること，あるいは貨物の輸送システムの改善による自動車交通量の削減などの諸施策を総合的に推進しなければならない．

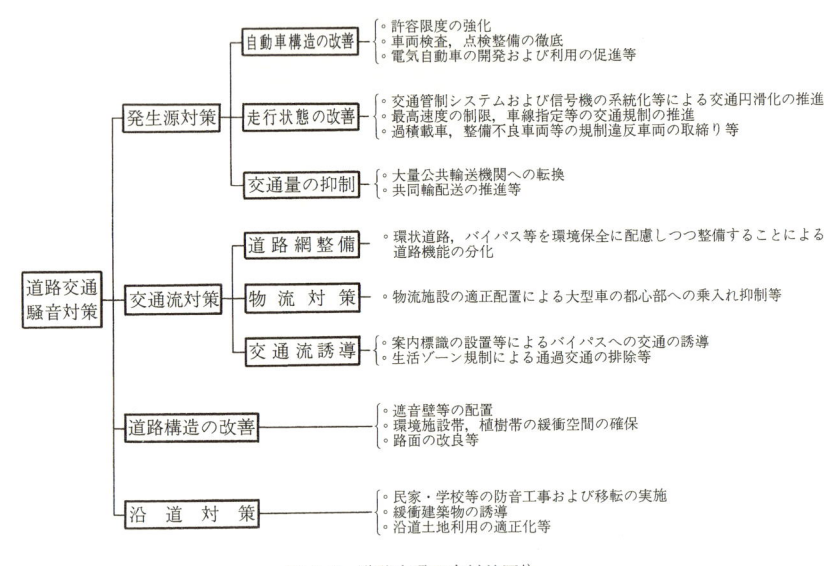

道路交通騒音対策
- 発生源対策
  - 自動車構造の改善
    - 許容限度の強化
    - 車両検査，点検整備の徹底
    - 電気自動車の開発および利用の促進等
  - 走行状態の改善
    - 交通管制システムおよび信号機の系統化等による交通円滑化の推進
    - 最高速度の制限，車線指定等の交通規制の推進
    - 過積載車，整備不良車両等の規制違反車両の取締り等
  - 交通量の抑制
    - 大量公共輸送機関への転換
    - 共同輸配送の推進等
- 交通流対策
  - 道路網整備
    - 環状道路，バイパス等を環境保全に配慮しつつ整備することによる道路機能の分化
  - 物流対策
    - 物流施設の適正配置による大型車の都心部への乗入れ抑制等
  - 交通流誘導
    - 案内標識の設置等によるバイパスへの交通の誘導
    - 生活ゾーン規制による通過交通の排除等
- 道路構造の改善
  - 遮音壁等の配置
  - 環境施設帯，植樹帯の緩衝空間の確保
  - 路面の改良等
- 沿道対策
  - 民家・学校等の防音工事および移転の実施
  - 緩衝建築物の誘導
  - 沿道土地利用の適正化等

図 9.2 道路交通騒音対策図[4]

9.2 道路交通による大気汚染

A. 汚染物質と環境対策上の基準

(1) 汚染物質

大気は工場，住宅などから排出されるガスおよび自動車，航空機などの交通手段から排出されるガス等によって汚染される．後者が交通公害として問題と

なるものであるが，自動車から排出される主な汚染物質には二酸化炭素 (CO_2), 一酸化炭素（CO），窒素酸化物（NO_x），炭化水素（HC），二酸化硫黄 (SO_2), 浮遊粒子状物質（SPM: Suspended Particular Matter）などがある．粒子状物質の主体は，ディーゼル自動車から排出されるディーゼル排気微粒子（DEP: Diesel Exhaust Particles）が主体であり，最近では健康被害の原因物質として注目されている．

これら自動車から排出されるガスが大気汚染に占める割合は非常に大きい．たとえば二酸化炭素と窒素酸化物の発生源構成を図9.3に示す．二酸化炭素では運輸部門が占める割合は20.9%であるが，そのうち88%は自動車が占めている．また窒素酸化物では自動車の占める割合が，首都圏特定地域，阪神圏特定地域とも50%以上を占めている[6]．

これらの汚染物質は，各単体でも人体や動植物，農作物に被害を与えたり，金属製品を汚損・腐食させるが，これまでその影響領域は交通量の多い幹線道路周辺など比較的限られたエリアとみなされてきた．しかし窒素酸化物や二酸化硫黄ガスは大気中で化学変化を受けて硝酸や硫酸となって雨に溶けて酸性雨となる．また窒素酸化物と炭化水素の混合系は太陽光を受けて，対流圏のオゾン（光化学オキシダント）を発生させ，温室効果をもたらす．二酸化炭素は，400 ppm程度までの濃度であれば直接人体に有害ということではないので，これまでは有害物質と考えられていなかった．しかし大気中にこれが増えると太陽で温められた大地からの熱輻射をさえぎって地球の熱平衡が変わり，地球温暖化といわれる地球的規模の新しい環境問題を引き起こすものとして，近年その排出総量の抑制が強く求められることとなった．ちなみに大気中の二酸化炭素の濃度は産業革命の前が

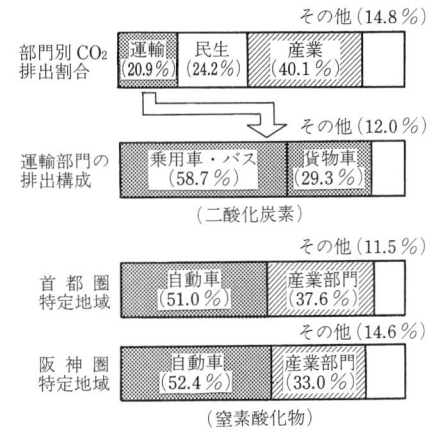

部門別 CO_2 排出割合：運輸（20.9%）民生（24.2%）産業（40.1%）その他（14.8%）

運輸部門の排出構成：乗用車・バス（58.7%）貨物車（29.3%）その他（12.0%）（二酸化炭素）

首都圏特定地域：自動車（51.0%）産業部門（37.6%）その他（11.5%）

阪神圏特定地域：自動車（52.4%）産業部門（33.0%）その他（14.6%）（窒素酸化物）

（注）CO_2は1997年度，NO_xは1998年度

図9.3 CO_2, NO_xの発生源構成[6]

250 ppm であったのに，現在は 360 ppm にまで増加し，さらに近年は毎年 0.5 ppm の割合で増加している[7), 8)]．そしてこの傾向は今後さらに加速されるとも予測されている．このように今日では自動車による大気汚染は，従来の交通公害としての限られたエリアでの問題に加え，地球環境問題としてもきわめて深刻なものとなりつつある．

（2） 環境対策上の基準[3)]

表 9.3 に示すように公害対策基本法の規定により，大気の汚染防止に対しては，一酸化炭素，光化学オキシダント，浮遊粒子状物質，二酸化窒素，二酸化硫黄について環境基準が定められている．そして"自動車騒音の要請限度"と同じように大気汚染防止法でも，自動車排出ガスによる大気汚染濃度が一定の限度（要請基準）を超えた場合には交通規制の要請を行うとともに，必要な場合は道路管理者に対し道路構造の改善その他の自動車排出ガスの濃度の減少に資する事項について意見を述べることができることになっている．さらに汚染の状況によっては"（大気の汚染が著しくなったときの）自主規制の協力を求める基準"，あるいは"（大気の汚染が急激に著しくなったときの）緊急時の要請基準"といったものも定められている．

表 9.3 大気汚染物質とその環境基準（1973 年，1978 年環境庁告示）[5)]

大気汚染物質	環 境 基 準
二 酸 化 硫 黄 （SO_2）	1 時間値の 1 日平均値が 0.04 ppm から 0.06 ppm までのゾーン内またはそれ以下であること
窒 素 酸 化 物 （NO_x）	（二酸化窒素の）1 時間値の 1 日平均値が 0.04 ppm から 0.06 ppm までのゾーン内またはそれ以下であること
一 酸 化 炭 素 （CO）	1 時間値の 1 日平均値が 10 ppm 以下であり，かつ，1 時間値の 8 時間平均値が 20 ppm 以下となること
光化学オキシダント （O）	1 時間値が 0.06 ppm 以下であること
浮 遊 粒 子 状 物 質	1 時間値の 1 日平均値が 0.10 mg/m^3 以下であり，かつ，1 時間値が 0.20 mg/m^3 以下であること

（3） 自動車排出ガス等の実態[9)]

自動車から排出される汚染物質では現在，道路沿線での NO_x と SPM が，

そして地球規模での環境問題として CO_2 が，大きな問題となってきている．

1990年頃までは自動車の排出する NO_x と沿線住民の健康被害の問題が指摘されていた．とくに，NO_x 等の固定発生源である工場群と移動発生源の幹線道路が集中する首都圏や近畿圏の地域では，環境基準を上回る状態が長期間続いており，大気汚染によると見られる健康被害が深刻であった．このため全国各地で企業と道路管理者としての国の責任を問う，いわゆる道路環境訴訟が相次いだ．表9.4は，判決が国の責任を認めたうえで既に和解の成立した4つの大型訴訟の概要を示している．判決の出された時期と判決内容から，重要な点をまとめると以下のとおりである．

① 時間とともに，自動車排出ガスと健康被害との因果関係，そして国の責任を認める流れが定着してきた．
② 健康被害の原因物質の主役が，NO_x から SPM へ移行してきた．
③ 健康に悪影響をもたらす排出ガスのある水準以上の排出を差し止める不

表 9.4 決着した主な道路公害訴訟

訴　訟	提訴時期	対象道路	結　果
西淀川 (第1次〜4次)	・1978/4 (第1次) ｜ ・1992/4 (第4次)	・国道2号，43号 ・阪神高速道路	・1995/7の判決 (第2次〜4次)で，"工場の SO_2，自動車の NO_2 等の複合排出ガスによる健康被害を認定" ・1998/7和解成立
西淀川 (第1次〜4次)	・1982/3 (第1次) ｜ ・1988/12(第4次)	・国道1号，15号，132号，409号 ・首都高速横浜羽田空港線	・1998/8の判決 (第2次〜4次)で，"排ガス中の NO_2 等による健康被害を認定" ・1999/5和解成立
尼崎 (第1次〜2次)	・1988/12(第1次) ・1995/12(第2次)	・国道2号，43号 ・阪神高速	・2000/1の判決で，"自動車排出の SPM と健康被害との因果関係を認め，その主な原因物質として DEP に疑い，排出差し止めを一部認定" ・2000/12和解成立
名古屋南部 (第1次〜3次)	・1989/3 (第1次) ｜ ・1997/12(第2次)	・国道23号	・2000/11の判決で，"ディーゼル車を中心とする排ガスによる健康被害を認定，基準を超える有害物質の排出差し止めを認定" ・2001/8和解成立

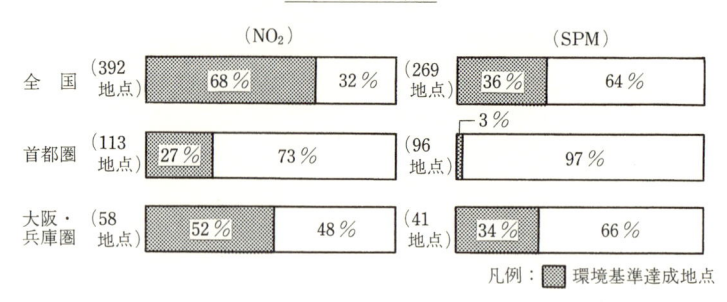

		(NO$_2$)			(SPM)	
全 国	(392地点)	68%	32%	(269地点)	36%	64%
首都圏	(113地点)	27%	73%	(96地点)	3%	97%
大阪・兵庫圏	(58地点)	52%	48%	(41地点)	34%	66%

凡例: ■ 環境基準達成地点

図 9.4　大気汚染の環境基準の達成状況（1998 年度）[9]

　作為請求権を認める流れが定着してきた．

　こうした中で，1992 年に「自動車から排出される窒素酸化物の特定地域における総量の削減等に関する特別措置法」（自動車 NO$_x$ 法）が制定され，2 つの特定地域（首都圏，大阪・兵庫圏）での総量削減対策が推進された．しかし，図 9.4 に示すとおり，環境基準の達成状況は非常に低い．

　さらに，表 9.4 に示すように裁判での判決の大勢，あるいは大都市での大気汚染地域の拡大などを受けて，2001 年 6 月には自動車 NO$_x$ 法（あるいは自動車 NO$_x$・PM 法）が改正された．主な改定内容は，規制対象物質に PM を，規制対象車種にディーゼル乗用車を，そして規制対象地域（特定地域）に名古屋市周辺地域を，それぞれ追加したことである．

　またこうした一連の判決の流れを受けて，道路行政も自動車交通重視型から，歩行者や自転車との共存や環境保全型の方向へと舵取りを大きく変えていく姿勢が見られるようになった．

B. 大気汚染の対策

　自動車の排出ガスによる大気汚染の進行を防止するためには騒音対策と同じように，発生源としての自動車への対応策の実行，自動車 NO$_x$・PM 法による面的総量規制の実施とともに，多様な交通需要マネジメント手法の導入など交通計画サイドからの対応も含め，総合的な施策の推進が必要である．

　自動車本体への対応策としては，自動車排出ガス規制のいっそうの強化を進めるとともに，規制の緩い旧式車から最新規制適合車への代替を促進するた

9.3 その他の交通公害

め，いわゆるグリーン税といわれるような税制優遇措置などを積極的に導入する必要がある．さらに電気自動車，燃料電池自動車など実用化に近づきつつある低公害車などについていっそうの性能向上など実用化に向けた研究開発を強力に進めることも重要である．

9.3 その他の交通公害

A. 道路交通振動[10]

あるエリア内の人間に不快感を与える振動をとくに公害振動という．この公害振動が人間に与える影響を評価するためには，騒音と同じように物理的振動測定データが必要であり，公害振動レベル計といったものが用いられる．振動の大きさの単位は dB で表示される．道路交通が原因となる公害振動を測定する場所は原則として道路の用地境界とし，測定値は累積度数曲線の 90% のところの値 (L_{90}) を用い，振動の大きさは昼間および夜間の区分ごとのすべての測定値の平均値としている．

地盤に伝わる振動は，騒音の伝播特性に比べ距離減衰が大きいという特徴があるが，減衰割合は地盤性状や土地条件，あるいは振動発生源の構造型式（盛土や高架構造）によっても大きく異なる．

道路交通が起こす公害振動に対する環境基準は，振動規制法施行規則（1976年）によって表 9.5 のような要請限度が与えられている．ただし，病院，学校

表 9.5 道路交通振動の要請限度の概要（1976 年 11 月 10 日振動規制法施行規制）[3]

（単位：dB）

区域の区分	時間の区分 昼 間	夜 間
第 1 種 区 域	65	60
第 2 種 区 域	70	65

注1) 第1種区域：良好な住宅の環境を保全するため，とくに静穏の保持を必要とする区域および住居の用に供されているため，静穏の保持を必要とする区域
第2種区域：住居の用に併せて商業，工業などの用に供されている区域であって，その区域内の住民の生活環境を保全するため，振動の発生を防止する必要がある区域および主として工業等の用に供されている区域であって，その区域内の住民の生活環境を悪化させないため，著しい振動の発生を防止する必要がある区域
注2) 時間の区分は，昼間を午前8時から午後7時まで，夜間を午後7時から翌日の午前8時まで

などとくに静穏を必要とする施設の周辺，あるいは特定の既設幹線道路の区間の全部または一部の限度値には例外規定がある．そして道路交通振動がこの限度を超えていることにより道路の周辺の生活環境が著しく損なわれていると認められるときの措置は，騒音や大気汚染の場合と同じである．

道路交通振動に対する対策としては，構造物への弾性ゴムなどによる振動絶縁工法の採用，路面の平坦性の改良，舗装構造や土工構造の改良，あるいは大型車の交通規制などが考えられる．

なお地盤ではなく空気中を伝播して人体などに直接影響するといわれるものに低周波空気振動というものがある．これは人の耳には聞き取りにくい低周波の空気振動が直接に人体に影響を与えたり，ガラスや戸，障子等を振動させるもので，この発生源として最近，自動車交通による鋼橋げたの振動が指摘されている．しかしこれまでの調査研究では，これが人体に及ぼす影響までは十分に把握されていない．

B. その他の環境問題

公害対策基本法で示される典型7公害以外で，交通に関わる環境問題としていわれるものには，日照障害，電波障害，プライバシー侵害，景観破壊などがある．このうち日照障害や電波障害により生ずる損害などに対しては，関係省庁ごとに最小限度の費用負担制度も定められている．しかし基本的に施設の建設後にこれらの問題を根本的に解決する対策はないのであり，以下に示す環境影響評価などを通じて事前に十分に検討をしておくことが重要である．

9.4 環境影響評価[11), 12)]

A. 環境影響評価実施要綱の概要

いかに科学技術の進歩があったとしても，いったん発生した環境問題を完全に解決することは不可能に近い．このため環境問題の発生を未然に防止することはきわめて重要であり，その有力な手段が環境影響評価いわゆる環境アセスメント（environmental impact assessment）である．これは，環境に著しい影響を及ぼす恐れのある事業の実施に際し，その環境への影響について事前

に十分に調査，予測および評価するとともに，その結果を公表して地域住民などの意見を聴き，十分な環境保全対策を講じようとするものである．

交通施設の整備事業は，建設行為による環境負荷に加え，施設完成後にその利用交通が引き起こす騒音や大気汚染等の環境負荷が大きいため，事業を進めるうえで環境影響評価はきわめて重要な手続きである．

さて，わが国の環境影響評価制度については，1970年代に入ってからその法制化の必要性が各方面より提唱され始めたが，関係機関の利害関係の調整等ができず，法案作成は遅々として進まなかった．このため，当面の事態への対応の必要性から，1984年に，「環境影響評価の実施について」の閣議決定が行われ，国の関与する大規模事業に関わる統一ルールとして，「環境影響評価実施要綱」が定められた．以降，規模が大きく，環境に著しい影響を及ぼす恐れのあるもので，国が実施しあるいは免許交付等で関与する事業を対象に，環境影響評価が実施されてきた．

しかし，制度の根拠が法律ではなく閣議決定であるため事業者に対する拘束力が欠けている，あるいはまた，事業の詳細が事実上決まってから手続きが行われるため事業内容を見直す余地が小さい，地域特性・事業特性に関係なく画一的な方法によりアセスメントが行われる，固定的な環境保全目標への適合関係のみを判定するという許認可的な運用がなされている，等の問題点があった．

一方で，1994年10月に施行された「行政手続き法」により行政における公正の確保と透明性の向上が求められたこと等から，ようやく1997年6月に「環境影響評価法」が制定されるに至った．残念ながらこれは，経済協力開発機構（OECD）の加盟国（当時27カ国）の中では、最も遅い法制化であった．環境影響評価法の手続きの流れを図9.5，対象となる事業と区分（第一種，第二種）を表9.6に示す．なお，第一種事業とは国等が関わる事業で規模が大きく，環境への影響の程度が著しくなる事業で政令で定めたもの，第二種事業とは第一種事業に準ずる規模をもつものを示す．

長い間の産みの苦しみの中から生まれた環境影響評価法の特徴をまとめると，以下の6点があげられる．

① 国が直接・間接に関わる事業に加え，在来鉄道，大規模林道，発電所を

228   9章 交通と環境

対象事業に加えた（表9.6の＊印）．
② 当然に環境影響評価を行うべき第一種事業に加え，一定の規模に達していない第二種事業でも，地域の環境条件等の必要に応じて，環境影響評価の対象とする．このための許認可権等を有する行政機関による判定（スクリーニング）の手続きを導入した．

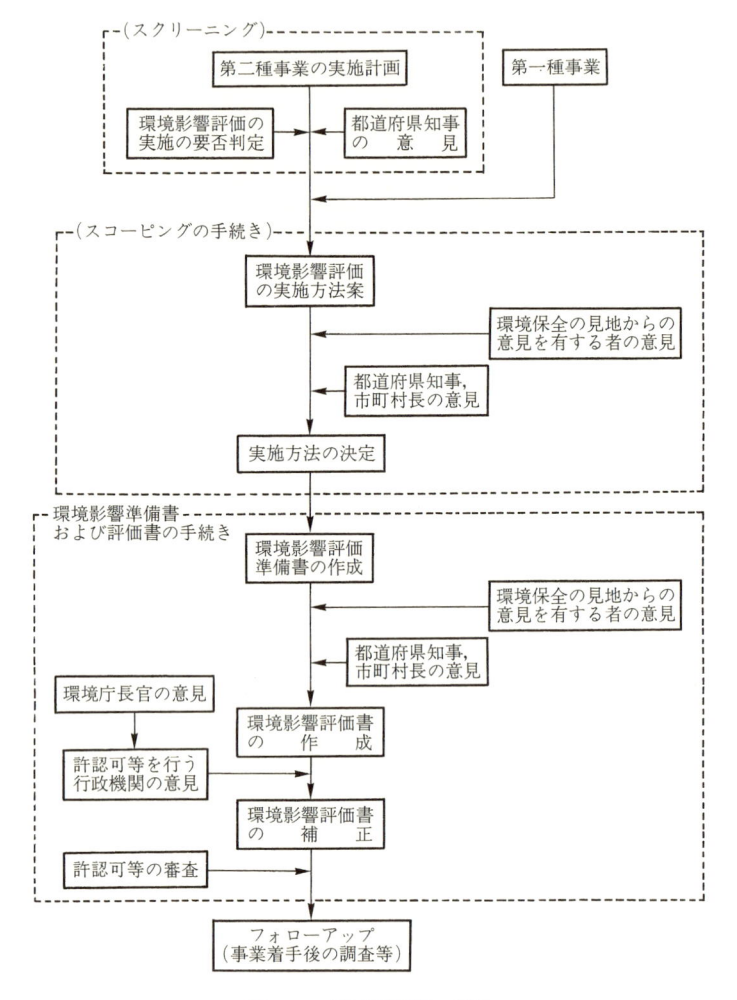

```
┌─(スクリーニング)─────────────────┐
│                                        │
│   ┌─────────────┐      ┌──────────┐   │
│   │第二種事業の実施計画│      │第一種事業│   │
│   └──────┬──────┘      └────┬─────┘   │
│          ↓                    │         │
│   ┌─────────────┐  ┌──────────┐        │
│   │環境影響評価の│←─│都道府県知事│        │
│   │実施の要否判定│  │の 意 見  │        │
│   └──────┬──────┘  └──────────┘        │
└──────────┼────────────────────────────┘
           │
┌─(スコーピングの手続き)──────────────────┐
│          ↓                              │
│   ┌─────────────┐                       │
│   │環境影響評価  │                       │
│   │の実施方法案  │                       │
│   └──────┬──────┘  ┌──────────────┐    │
│          │←────────│環境保全の見地からの│    │
│          │         │意見を有する者の意見│    │
│          │         └──────────────┘    │
│          │         ┌──────────────┐    │
│          │←────────│都道府県知事，  │    │
│          │         │市町村長の意見  │    │
│          ↓         └──────────────┘    │
│   ┌─────────────┐                       │
│   │実施方法の決定│                       │
│   └──────┬──────┘                       │
└──────────┼────────────────────────────┘
┌環境影響準備書────────────────────────────┐
│および評価書の手続き ↓                    │
│   ┌─────────────┐                       │
│   │環境影響評価  │                       │
│   │準備書の作成  │                       │
│   └──────┬──────┘  ┌──────────────┐    │
│          │←────────│環境保全の見地からの│    │
│          │         │意見を有する者の意見│    │
│          │         └──────────────┘    │
│          │         ┌──────────────┐    │
│          │←────────│都道府県知事，  │    │
│          │         │市町村長の意見  │    │
│ ┌──────┐ ↓         └──────────────┘    │
│ │環境庁長官│                             │
│ │の意見   │                             │
│ └────┬─┘ ┌─────────────┐                │
│      │→ │環境影響評価書│                │
│ ┌──────┐│の 作 成    │                │
│ │許認可等を│└──────┬──────┘                │
│ │行う行政 │→       ↓                    │
│ │機関の意見│ ┌─────────────┐              │
│ └──────┘ │環境影響評価書│              │
│ ┌──────┐ │の 補 正    │              │
│ │許認可等の│└──────┬──────┘              │
│ │審査    │→       ↓                    │
│ └──────┘                                │
└──────────┼────────────────────────────┘
           ↓
    ┌─────────────┐
    │フォローアップ│
    │(事業着手後の │
    │調査等)      │
    └─────────────┘
```

図 9.5 環境影響評価の手順

③ 環境影響評価の対象項目や調査方法等について，住民や地方自治体の長に意見を聞いて確定する手続き（スコーピング）を導入した．
④ 環境庁長官が全対象事業で審議し，必要に応じてアセスメントのやり直しを含めた意見を述べることができる手続きを導入した．
⑤ 対象事業が都市計画に定められる場合には，都市計画の案と環境影響評価に関する図書の内容が密接不可欠であることなどから，評価を同一主体

表 9.6 環境影響評価法の対象事業[13]

大分類	具体的事業	区分 第一種	区分 第二種
1. 道路	高速自動車国道（すべて）	○	—
	首都，阪神等都市高速道路（4車線以上すべて）	○	—
	一般国道	○	○
	＊大規模林道	○	○
2. 河川	＊ダム（二級河川に関わるダムを追加）	○	○
	＊堰（国土交通省所管以外の堰を追加）	○	○
	湖沼水位調整装置	○	○
	放水路	○	○
3. 鉄道	新幹線鉄道（すべて）	○	—
	＊普通鉄道	○	○
	＊軌道（普通鉄道相当）	○	○
4. 飛行場（滑走路延長）		○	○
＊5. 発電所	＊水力発電所	○	○
	＊火力発電所（地熱以外）	○	○
	＊火力発電所（地熱）	○	○
	＊原子力発電所（すべて）	○	—
6. 廃棄物最終処分場		○	○
7. 公有水面埋立および干拓		○	○
8. 土地区画整理事業		○	○
9. 新住宅市街地開発事業		○	○
10. 工業団地造成事業		○	○
11. 新都市基盤整備事業		○	○
12. 流通業務団地造成事業		○	○
13. 住宅造成事業（環境事業団，都市基盤整備公団，地域振興整備公団）		○	○
14. 港湾計画（埋立・堀込み面積300ha以上）			

注）・＊は，従来の閣議決定での対象事業に加え，今回の法律で新たに追加されたもの
・13)の文献をもとに加筆

が行うべきとの判断から，都市計画決定権者が事業者に代わって，環境影響評価を都市計画手続きに併せて行う特例とした．

⑥　港湾法に規定する重要港湾に関わる港湾計画の決定または変更のうち，政令で定める要件に該当する内容のものを行う場合には，環境影響評価その他の手続きを行わなければならないとして，計画段階での環境影響評価を義務づけた．

このような特徴をもつ環境影響評価法であるが，その対象が基本的に個別事業の実施段階なので，たとえ結果に問題があってもどこまでフィードバックできるか疑問である，第三者機関による環境影響評価の仕組みが導入されていない，などの問題点が早くも指摘されている．

一方，世界の環境保全先進国では，政策や計画について環境影響評価の手法を適用する（"戦略的環境アセスメント"）動きが見られる．わが国としては，"環境に関わる政策や技術を通じて世界に貢献する"という国民的合意を形成し，世界に誇れる戦略的環境アセスメントの導入に向けた取り組みを進める必要がある．

［演習問題］

9.1　公害対策基本法が示す典型7公害とは何か．
9.2　自動車の排出する二酸化炭素が，地球環境保全の面から問題とされる理由を述べよ．そしてこの問題への対応のため，交通計画サイドで考えるべき内容を示せ．
9.3　大阪と神戸を結ぶ「国道43号公害訴訟」の控訴審判決について調べよ．
9.4　道路以外の交通施設では，具体的にどのような環境問題が生じているか調べよ．
9.5　環境アセスメントとは，いかなる目的をもってどのようなことをするものか説明せよ．
9.6　わが国の酸性雨被害は，予防的対策が何もなされなければ必然的にかつ急激に悪化するといわれている．その理由について述べ，さらにそうならないためにわが国が講ずるべき対策を示せ．

[参考文献]

1) 松本嘉司：交通計画学，pp. 173〜177，培風館，1985.
2) 日本音響学会道路交通騒音調査研究委員会：道路交通騒音の予測モデル"ASJ Model 1998"，p. 281〜282，日本音響学会誌第55巻4号，1999.
3) 建設省道路局監修：道路行政，平成12年版，pp. 583〜595，全国道路利用者会議，2000.
4) 環境庁：平成12年版 環境白書（総説），p. 241，大蔵省印刷局，2000.
5) 前出2），pp. 282〜324.
6) 前出4），pp. 56〜58，pp. 228〜239.
7) 近藤次郎：私の科学技術観，日本経済新聞（1991年5月6日）.
8) 日本経済新聞：1992年1月29日.
9) 前出3），pp. 578〜579，pp. 584〜586.
10) 前出1），pp. 181〜184.
11) 浅野直人：環境影響評価の制度と法，pp. 1〜18，信山社，1998.
12) 環境庁環境影響評価研究会：環境影響評価法，pp. 24〜45，ぎょうせい，1999.
13) 前出11），p. 10.

10

地区交通計画

住居系地区，商業業務地区，ターミナル地区など，種々の特性をもつ地区を単位とした交通計画について学ぶ．この分野の研究はわが国ではまだ緒についたばかりであり，まず自動車先進国である欧米諸国の経験や研究の成果について概観する．ついでわが国で展開されている地区交通計画の考え方や手法について触れる．

都市計画の制度の1つに"地区計画"というものがあるが，これは1980年の「都市計画法及び建築基準法の一部を改正する法律」によって新しく創設された制度である．この地区計画とは，「建築物の建築形態，公共施設その他の施設の配置等からみて，一体としてそれぞれの区域の特性にふさわしい態様を備えた良好な環境の各街区を整備し，及び保全するための計画（都計法第12条の4第3項）」と定義されている．この制度は，それまでの日本の都市計画が都市全体を対象とした広域的色彩が強かったため，市民の日常生活圏としての地区を単位に良好な居住環境を形成するといった点で必ずしも適確な対応手段をもち得ず少なからず問題が生じていた，という反省の中から創設された[1]．

都市計画におけるこのような問題は，交通計画においても同様に存在する．すなわち，道路の整備が遅れているわが国で急速に進展するモータリゼーションに対応するためには，自動車交通をいかに効率的にさばくかということに主眼をおかざるを得ず，これまでの交通計画は必然的に幹線道路網中心の内容であった．しかし幹線道路の整備が交通需要の増加に追い付けず，結果として通過交通が幹線道路の渋滞を避けて地区内細街路などへ入り込み，交通事故を多発させ，騒音や振動で生活環境を破壊するといった事態に至った．このような中で，交通計画においても地区を単位とした計画，すなわち，地区交通計画の

必要性が生じてきた．

10.1 地区交通計画の事例

A. 欧米にみる地区交通計画に関わる思潮

（1）近隣住区とラドバーンシステム[2), 3)]

　1924 年に Clarence Author Perry は近隣住区単位（neighborhood unit）の概念を明らかにし，これによって住宅地を構成することを提案した．その骨子は図 10.1 に示すように，小学校の校区を標準とする住区単位（近隣住区）を設定し，住区内の生活の安全を守り，利便性と快適性を確保することを目的とするものである．このため交通計画的には，近隣住区内に通過交通が侵入しないよう，十分な幅員をもった幹線街路によって近隣住区の周囲をすべて囲うことを提案している．この考え方は，本格的なモータリゼーション社会における地区交通計画のあり方を最初に確立したものであるといわれている．

図 10.1　ペリーが提案した近隣住区[2)]

　この近隣住区論の影響を受けて，1928 年に "道路網における歩行者専用空間の構築" という考え方が，住宅地の中で実践された．それがニューヨーク市から 24 キロ離れたニュージャージーのラドバーンであり，提唱者は Clarence Stein と Henry Wright である．ここでは図 10.2 に示すように，袋小路などによって通過交通を完全に排除した住区が形成され，かつ住区内では自動車と歩行者の動線が完全に分離されている．この方式は後に "ラドバーンシステム" と呼ばれ，ニュータウンでの道路網の理想形態あるいは既成市街地の歩行者空間を考える際の理論的支柱として，各国の交通計画に大きな影響を与えた．

10.1　地区交通計画の事例　　　　　　　　　　　　235

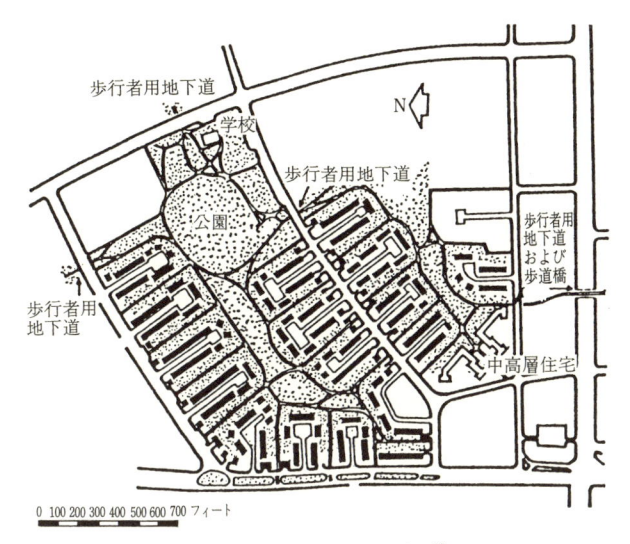

図 10.2　ラドバーンシステム[3]

（2）　ブキャナンレポート[4]

1963年，イギリスでは都市における自動車交通問題の解決策を理論的に示した"ブキャナンレポート"が発表された．その基本的考え方は，まず都市を構成する単位として居住環境地区（environmental area）というものを提案し，この中への通過交通の侵入を排除するために，都市の道路網は図10.3に

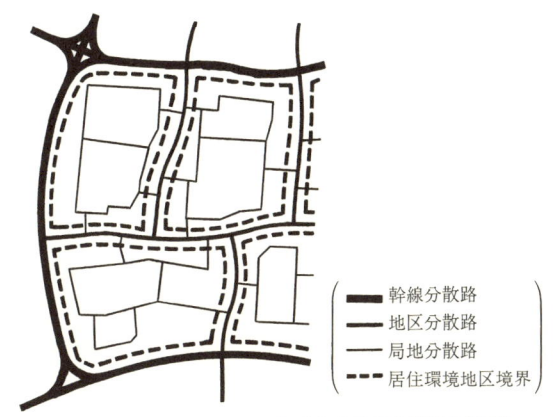

図 10.3　ブキャナンレポートにおける分散路の体系[4]

示すように段階的に構成されなければならないというものである．なお居住環境地区の規模は街路の数区画から小学校区以上と，地域に応じて幅をもたせるように考えられている．

このレポートは，近隣住区論やラドバーンシステムを都市全体に展開したものともいえ，モータリゼーションの進展した都市における交通計画の理念に非常に大きな影響をもたらした．とくに当時すでに都心部の交通問題に頭を悩ましていた西欧諸国では，8.2節Bで示した"トラフィックゾーンシステム"の確立となって結実した．

（3） ボンネルフ

以上の考え方は，歩行者と自動車の動線を完全に分離することを基本としている．しかし，歩車分離が必要とされる背景には自動車の円滑な通行確保のねらいがあることが多く，それはともすれば自動車優先の意識につながるという問題がある．そしてまた，既成市街地で歩車分離を完全に実施することはきわめて難しい．あえて歩車分離を実現しても歩行者が狭い空間に押し込められるだけに終わることは，日常的にどこででも目にする光景で明らかである．あるいは自動車を完全に排除して歩行者専用空間にすることも行われてきたが，この場合は地区住民の自動車利用の利便性をも犠牲にしてしまい，その成功例は少ない．このような歩車分離への反省の中から，1970年代になって歩車混在あるいは歩車共存を基本とする地区交通計画の新しい考え方が生まれてきた．これがオランダのデルフト市を発祥地とする「ボンネルフ」（Woonerf：生活の庭）である．デルフト市の中央駅の西側に位置するヴェスタークヴァルティア地区では1972年ごろから住民自らが，住区への通過交通の侵入を防ぐため自宅の前の道路に鉄柱や花壇，敷石をおく運動を行っていた．デルフト市はこのような住民の運動を受けて，1973年に多様な方法で実験を行って，道路構造や視覚表示方法と自動車の走行速度の関係を分析し，理論的に体系化することに努めた．その結果，自動車の交通機能を極力抑える一方，歩行者，コミュニケーション，遊び，景観を重視した「歩車共存道路」を開発したのである．その設計例の1つを図10.4に示す[5]．

そしてオランダ政府は1976年にこのボンネルフを交通法の中に成文化するとともに，本格的な整備計画を始めた．一方，西ドイツではボンネルフ思想を

10.1 地区交通計画の事例

発展させた総合的な住区交通抑制策の導入も試みられた．しかし，ボンネルフのような施策を面的に展開するには多大な費用を必要とするといった問題点も出てくる中で，各種規制と比較的安価な物理的施設改善手法とを組み合わせ

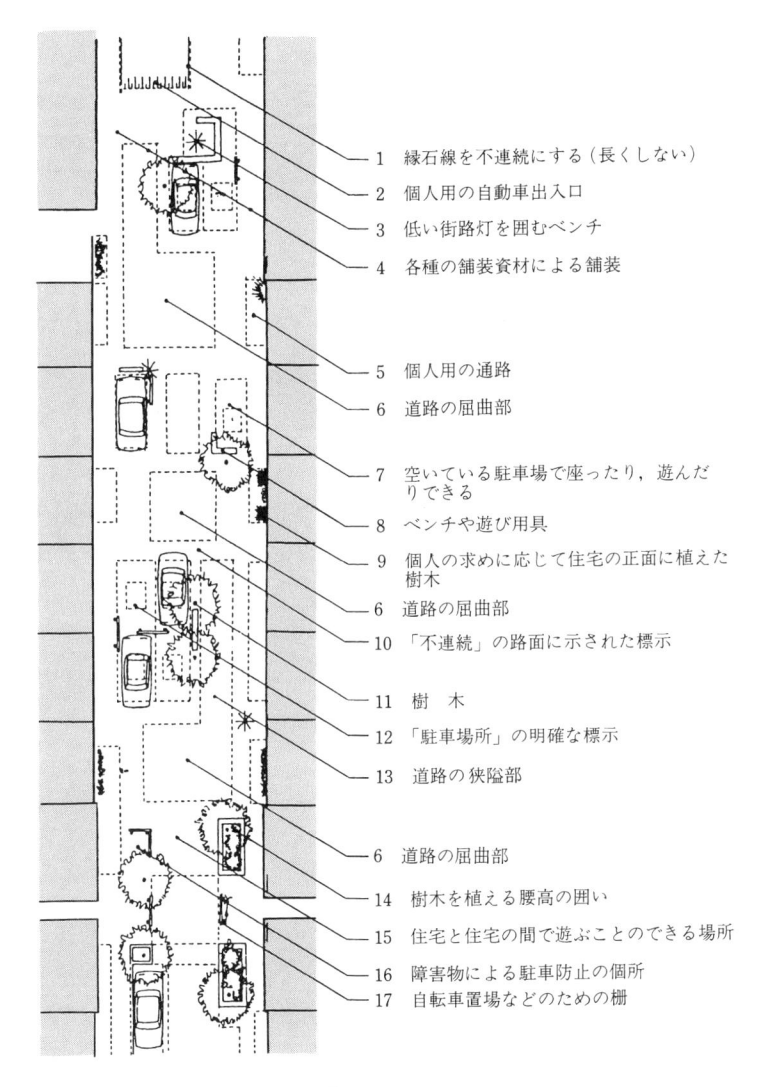

- 1 縁石線を不連続にする（長くしない）
- 2 個人用の自動車出入口
- 3 低い街路灯を囲むベンチ
- 4 各種の舗装資材による舗装
- 5 個人用の通路
- 6 道路の屈曲部
- 7 空いている駐車場で座ったり，遊んだりできる
- 8 ベンチや遊び用具
- 9 個人の求めに応じて住宅の正面に植えた樹木
- 6 道路の屈曲部
- 10 「不連続」の路面に示された標示
- 11 樹　木
- 12 「駐車場所」の明確な標示
- 13 道路の狭隘部
- 6 道路の屈曲部
- 14 樹木を植える腰高の囲い
- 15 住宅と住宅の間で遊ぶことのできる場所
- 16 障害物による駐車防止の個所
- 17 自転車置場などのための柵

図 10.4　ボンネルフの設計例[5]

て，面的交通抑制を実現しようとする"交通静穏化（traffic calming）"といい考え方が，ヨーロッパ各国で生まれた．その代表が，指定地区内で 30 km/h の制限速度規制を面的に展開する"ゾーン 30"であり，イギリスでは"ゾーン 20 (mile/h)"と呼ばれている．

B. わが国における地区交通計画の事例[6]

（1） スクールゾーン規制と生活ゾーン規制

道路の整備水準が低くネットワークの階層分化を実現し得ないわが国の道路網では，通学路などへの通過交通の進入も多く，1960年代中頃から幹線道路以外の道路での事故が注目されるようになった．そのような中で，交通規制手法だけによって地区内の交通安全の確保を図ろうとしたものが，スクールゾーン規制と生活ゾーン規制である．スクールゾーン規制は，小学校，幼稚園，保育所を中心とする半径 500 m 程度の地区を定めて，この地区内での自動車抑制のための各種交通規制を実施して児童・園児の安全を確保する考え方であり，1972年に始められたあと全国に急速に普及した．

そして1974年からはこのスクールゾーンの範囲を住宅地や商店街などにまで拡大して，住民の日常生活が営まれる地区を対象として，面的な交通規制を実施する生活ゾーン規制が始まった．この生活ゾーンの概念はブキャナンレポートの「居住環境地区」の考え方を受けたものともいえ，一方通行規制や通行禁止規制，駐車規制を面的に実施して，地区の交通安全と居住環境改善の実現を図るものであり，各都市に広く普及している．

（2） コミュニティ道路とその面的展開

ボンネルフの理念は，わが国には"コミュニティ道路"という名前で導入された．最初の試みは，1980年に大阪市が阿倍野区長池町で整備したモデル道路である．このモデル事業の成功により，コミュニティ道路は翌年1981年から国の"特定交通安全施設等整備事業"の歩行者・自転車道整備の一環として採用され，全国各地で数多くの整備事例がみられるようになった．

このようにして整備されたコミュニティ道路は，当時のわが国では当り前であった歩車分離の考え方を根底から改めるきっかけとなったが，これまで整備されたコミュニティ道路はその大半が単一の路線としての整備にとどまってい

10.1 地区交通計画の事例

る．しかし現在では，コミュニティ道路の理念は表10.1に示すような居住環境整備事業や住区総合交通安全モデル事業（ロードピア構想）に積極的に取り入れられ，一定のまとまりをもった地区における総合的地区交通計画手法の確立に向けた取組みが行われてきた．

表 10.1　歩車共存手法の地区計画への展開事例

事業手法	特徴，事例
居住環境整備事業	○1975年に始まり，小学校区程度の地区を対象に通過交通の排除と快適な住環境の保全を目的とした，地区内の道路網の総合的な整備計画手法 ○都市計画に基づく街路整備事業の一環であり，地区内の低規格道路の拡幅，新設を都市計画決定によって行うことができる ○道路整備の十分でない地区において，道路整備に合わせて歩車共存手法を取り入れて，地区内道路の段階形成を実現し，居住環境の向上を図る ○事例…尼崎市南塚口地区 　　　　姫路市城西地区
住区総合交通安全 モデル事業 （ロードピア構想）	○1984年に始まり，コミュニティ道路やその他の自動車交通抑制手法を面的に導入する事業手法 ○現在の道路敷地内での整備に限定されている ○既存道路のストック量は十分なものの，通過交通の進入や自動車の高速走行といった問題を抱えている地区に適した対策 ○事例…大阪市関目地区（50haの住宅地区） 　　　　名古屋市港楽地区（17haの住宅地区）
コミュニティ・ゾーン 形成事業	○1996年度に始まり，住区総合交通安全モデル事業を発展させた事業手法 ○歩行者の通行が優先されるべき地区をコミュニティ・ゾーンと定義 ○交通規制と道路の物理的改変を組み合わせた地区総合交通マネジメントを実施 ○事例…神奈川県小田原市 　　　　福岡県久留米市日吉

（出典）　6)の文献に加筆

そうした取り組みの成果等を踏まえてまとめられたものが，"コミュニティ・ゾーン"と"地区総合交通マネジメント"である．コミュニティ・ゾーンとは，「歩行者の通行を優先すべき住居系地区等において，地区内の安全性・利便性・快適性の向上を図ることを目的として，面的かつ総合的な交通対策を展開する，ある一定のまとまりをもった地区」である．そして地区総合交通マネジメントとは，この「コミュニティ・ゾーン内で展開される総合的な交通施策をいい，最高速度の交通規制等のソフト的手法およびC項に示すような方策による道路構造の改変等のハード的手法を適切に組み合わせて計画・管理を行

うもの」である[7]．その計画立案から実施に対しては，地元住民や関係機関，道路管理者，公安委員会が一体となって取り組む必要がある．

この考え方を実践する事業が"コミュニティ・ゾーン形成事業"として，1996年度に創設され，現在多くの都市で実施されている．

C. 歩車共存を実現する方策[8),9)]

ボンネルフやコミュニティ道路の考え方の基本は歩車共存であるが，エネルギースケールの大きく違う歩行者と自動車の共存を実現するためには，通過交通の排除，走行速度の抑制，そして路上駐車の抑制という3つの課題への対応がとくに重要である．そのための具体的方策とそのイメージを整理したものが図10.5, 10.6である．

地区内に交通の目的地をもたない通過交通を排除するためには，通過交通が地区内に進入しにくい雰囲気や道路構造を形成するとともに，通過車両が地区内に実際に進入してもデメリットだけを受けるよう地区内のネットワークを形成しなければならない．まず地区への進入を抑制するためには流入交差点部において，方向規制や通行規制を行う，"ハンプ（Hump）"などを設置してドライバーに家屋の敷居を意識させるような構造とする，あるいはカラー舗装や植栽によって視覚的に車両の進入しにくい雰囲気にする，といった方策が考えられる．なおハンプとは人工的に設けた路面のこぶであり，運転者に一種のバリアーを意識させるとともに，通過時にショックを与えることによって低速走行を余儀なくさせる機能をもつ．一方，地区内に進入しても何のメリットも生じないようにするには，地区内道路の規制速度を極端に低くする，交差点での"斜め遮断"や"直進遮断"あるいは道路の"通行遮断（袋小路）"を行う，交通規制によって直進走行を禁止する，といった方策が考えられる．

地区内を走る車両の走行速度を抑制することは，通過交通の排除ばかりでなく，すべてのドライバーに注意走行を喚起させて歩行者の安全確保を図る上できわめて重要な課題である．そのために規制速度を低く設定することは最も直接的な方策ではあるが，それをドライバーに遵守させるために必要な実効性ある取締りは地区内道路では難しい．このため道路構造や視覚効果によって，ドライバーが規制速度を超えて運転できない環境を形成することも必要である．

10.1 地区交通計画の事例

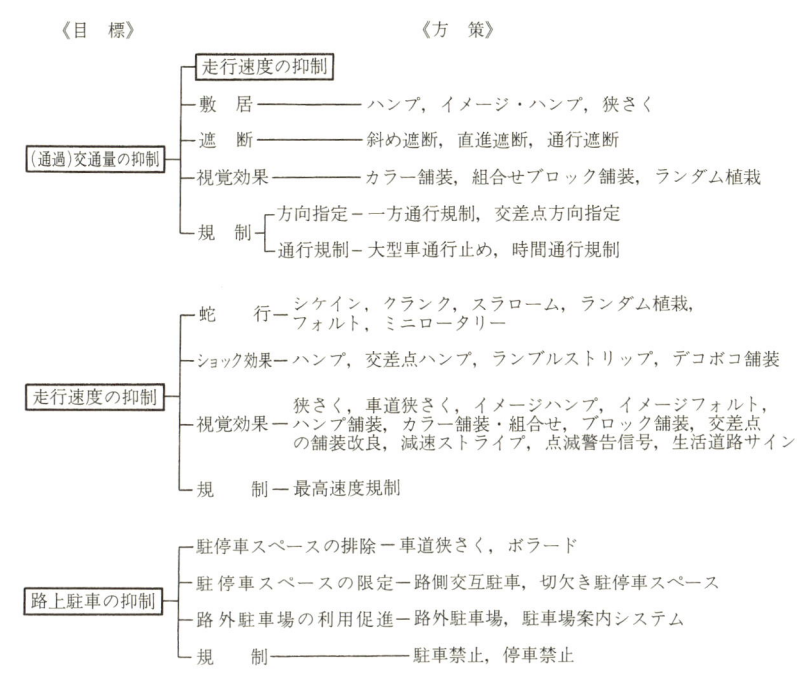

《目　標》　　　　　　　　　《方　策》

(通過)交通量の抑制
- 走行速度の抑制
- 敷　居────────ハンプ，イメージ・ハンプ，狭さく
- 遮　断────────斜め遮断，直進遮断，通行遮断
- 視覚効果──────カラー舗装，組合せブロック舗装，ランダム植栽
- 規　制
  - 方向指定－一方通行規制，交差点方向指定
  - 通行規制－大型車通行止め，時間通行規制

走行速度の抑制
- 蛇　行──シケイン，クランク，スラローム，ランダム植栽，フォルト，ミニロータリー
- ショック効果──ハンプ，交差点ハンプ，ランブルストリップ，デコボコ舗装
- 視覚効果──狭さく，車道狭さく，イメージハンプ，イメージフォルト，ハンプ舗装，カラー舗装・組合せ，ブロック舗装，交差点の舗装改良，減速ストライプ，点滅警告信号，生活道路サイン
- 規　制──最高速度規制

路上駐車の抑制
- 駐停車スペースの排除──車道狭さく，ボラード
- 駐停車スペースの限定──路側交互駐車，切欠き駐停車スペース
- 路外駐車場の利用促進──路外駐車場，駐車場案内システム
- 規　制──────────駐車禁止，停車禁止

図 10.5　歩車共存のための方策[9]

（ハンプ）　（斜め遮断）　（直進遮断）　（通行遮断）　（シケイン）

（クランク）　（スラローム）　（フォルト）　（狭さく）

（ランブルストリップ）　（車道狭さく）　（ボラード）　（切欠き駐停車スペース）

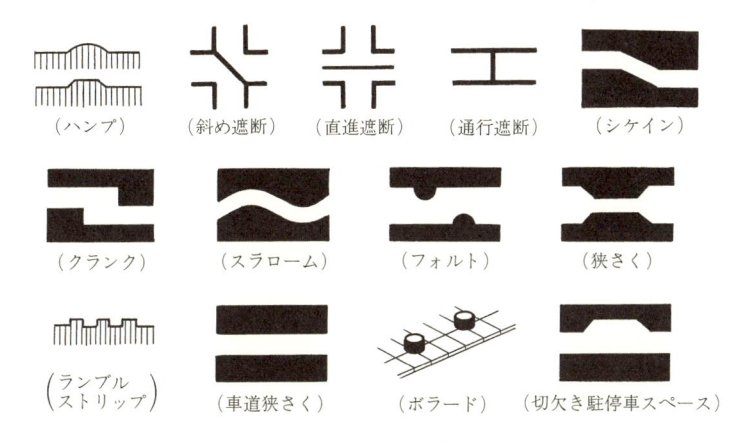

図 10.6　主な歩車共存方策の例[7]

"蛇行"はドライバーに複雑なハンドル操作を強いることによって，速度低下を余儀なくさせることがねらいである．車道の線形をジグザグにしたり蛇行させる構造をシケイン(chicane)といい"クランク（crank）"あるいは"S字スラローム（slalom）"に設計したり，歩道側から車道に植樹ますなどを突き出させる"フォルト（fort）"や駐停車スペースを左右交互に配置してクランクと同じ機能をもたせることが行われる．"ショック効果"とは，路面に凹凸を設けて，高速で走行すればドライバーに大きなショックを与えることをねらいとするものである．そのための最も一般的な方策はハンプであり，この他に高速道路のランプでよくみられる"ランブルストリップ（rumble strips）"や"デコボコ舗装"といった方策もある．ランブルストリップとデコボコ舗装はともに路面に凹凸を連続的に設けるものであり，必ずしも明確に区別されるものではない．視覚効果を期待した方策としては，車道をわざと狭くする"狭さく"，あるいは舗装の色や材質の一部変更によってあたかもハンプやフォルトがあるかのようにみせかける"イメージハンプ"や"イメージフォルト"といったものがある．

　路上駐車を抑制するためには，駐停車禁止の交通規制や路外駐車場への誘導が一般的であるが，実質的に路上駐停車ができないような道路構造としてしまうことも考えられる．その具体的方策としては"車道狭さく"があるが，これを実効性あるものにするため歩道に車止めの"ボラード（bollard）"を設置することが多い．しかし路上駐停車をいっさい禁止することは，沿道への各種サービス提供車両や来訪者の存在を考えれば現実的でない．このためこれらの駐停車需要に対応する最低限の駐車スペースの確保が必要であり，車道狭さく区間の中で部分的に歩道空間を削って対応する（一般に"切欠き駐停車スペース"と呼ぶ）ことが多い．そしてこの駐停車スペースを車道の左右に交互に配置すれば，クランクを形成して速度低下との一石二鳥の効果も期待できる．

10.2 地区交通計画の進め方[10), 11)]

A. 地区の分類と地区交通の問題

　地区における交通状況は，地区の特性によって大きく異なる．このため地区交通計画の中で取り組むべき計画課題の内容はもとより，課題への対応方法も，地区特性によって多様なものが考えられる．したがって地区交通計画の策定に際してはまず，対象地区の特性を多様な視点から調べ，地区の分類を行っておく必要がある．表 10.2 は，このような地区分類を行うに際しての視点をいくつか整理したものである．まず最も基本的なものは地区の土地利用に関わるものである．具体的カテゴリーとしては，住居系，商業系，住商混在系といったものの他に，地区の景観と交通計画との整合を図ってアメニティの向上を図ることがとくに重要な課題となる歴史的地区やレクリエーション地区，あるいは大量かつ多様な交通が集中して種々の問題が複雑に絡み合っている交通拠点地区といったものが考えられる．地区の位置あるいは都市規模は，地区に関連する交通の量的，質的特性に関わるものとして重要である．街路の整備水準は立案する地区交通計画の方向性を大きく左右するし，市街化の状況はとくに将来の地区関連交通量の予測に大きく関わる．

表 10.2　地区の区分を行う上での視点

区分のための視点	区分のカテゴリー
土 地 利 用	住居系，商業系，住商混在系 歴史・レクリエーション地区，交通拠点地区
地 区 の 位 置	都部，周辺部，郊外部
都 市 規 模	大都市，地方中枢・中核都市，中小都市
街 路 整 備 水 準	充足地区，不足地区
市 街 化 の 動 向	既成安定地区，既成変動地区，市街化進行地区

　このような地区分類に応じて地区が抱える交通の問題点や課題を整理することが必要である．まず交通現象としての問題点には，地区内街路の混雑や通過交通の進入，路上駐車，そして足無し団地に象徴されるような交通アクセスといったものが考えられる．そしてこれらの問題が引き起こす問題として交通事

故，居住環境破壊，災害発生時の不安，地区活力低下といったものがある．交通の安全性は地区分類を問わずすべての地区に共通する普遍的かつ最重要な課題である．一方，地区活力の低下の代表的な例が都心部中心商店街の不振であり，これは特定の地区に限定されるものである．

B. 地区交通計画の目的と計画手順

　地区交通計画は，その名のとおり地区を単位として，交通および交通施設に関連する地区課題への対応方策を示すことである．その主な内容は，これまでの幹線交通計画に関わる章で示したことと同じように，地区交通環境改善の基盤となる交通施設の整備計画，および交通需要マネジメント計画である．交通施設の中で最も重要なものは当然ながら地区内道路であるが，既成の住宅地区などでは新しい道路の整備など不可能な場合も多い．したがってそのようなケースではこれまでの道路ストックを前提に，前節C項で示したような交通抑制のための多様な方策を使っての地区交通需要マネジメント計画の役割が非常に大きくなる．

　地区交通計画策定の手順を示したものが，図10.7である．手順自体はこれまで示した幹線交通計画と同じようなものであるが，地区交通計画でとくに重視すべき点には，幹線交通計画を含む都市計画との整合，積極的な住民参加，そして計画実施後のフォローアップ調査とフィードバックの実現，といったものがある．地区交通計画が取り扱う具体的内容の1つが，地区を取り囲む幹線道路と地区内道路との接続のあり方に関するものである以上，幹線交通計画を中心とする都市計画との整合を第1に図ることが必要なことはいうまでもない．また，地区交通計画が地区内住民の生活に直接関わるものであるからには，現況調査を通じての地区特性や地区課題の把握，計画代替案作成とその評価，計画の実施，そしてフォローアップ調査といった各段階で，住民が直接，間接に参加できることが担保されなければならない．そして計画を実施した後ではフォローアップ調査により，効果の計測ばかりでなく，実施前には予期しなかったことも含めた問題点を明らかにし，必要なフィードバックを適宜行わなければならない．地区交通計画は先にも示したとおり，既存の交通施設のストックを生かしながらの計画であることが多く，比較的限られた費用と時間で

実施に移されるものが多い．それだけにフォローアップを十分にして計画の中身を柔軟に変更していくことが重要である．

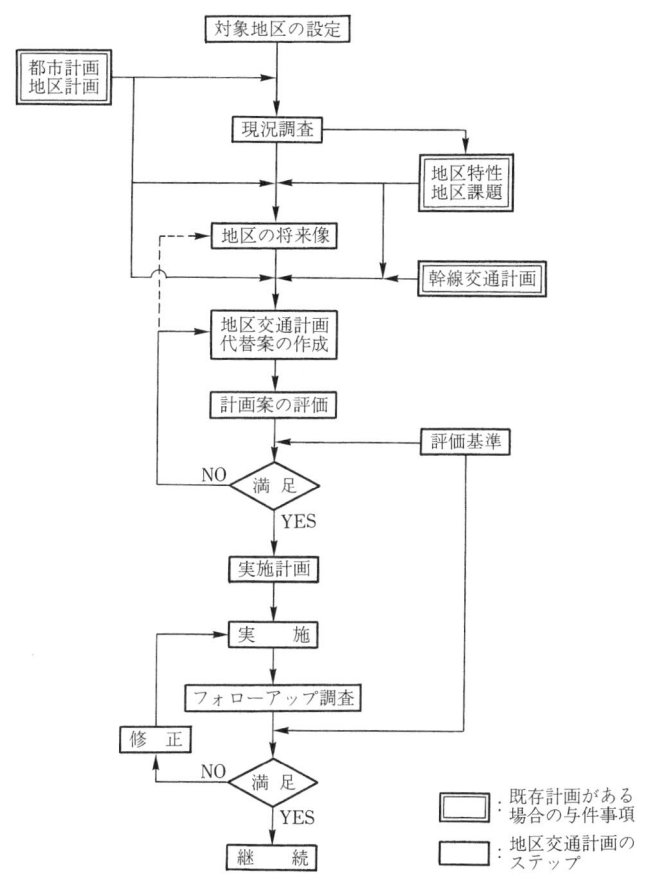

図 10.7 地区交通計画立案とその実施に関わる手順

［演習問題］

10.1 地区交通計画が，歩車分離から歩車共存の考え方に変化してきた経緯を述べよ．
10.2 スクールゾーン規制や生活ゾーン規制と，居住環境整備事業との主な違いを述べよ．

10.3 身近に整備されたコミュニティ道路を取り上げ，歩車共存のためにどんな方策がとられているか調べよ．

10.4 前問のコミュニティ道路の現状をみて，どのような問題点があるか調べよ．

10.5 地区交通計画の立案に際し必要と思われる現況調査項目をあげよ．

10.6 地方都市の中心商店街が買物客の減少に苦しんでいる実態を調べ，その理由として考えられる事項を整理せよ．

［参考文献］

1) 高木任之：都市計画建築法規のドッキング講座, pp. 446〜454, 全国加除法令出版, 1984.
2) John Tetlow, Anthony Goss 著, 伊藤滋・伊藤よし子訳：都市計画概説, p. 20, 鹿島出版会, 1975.
3) 前述2) p. 23.
4) Colin Buchanan & others 著, 八十島, 井上訳：都市の自動車交通（ブキャナンレポート）, pp. 41〜52, 鹿島出版会, 1966.
5) 天野, 藤墳, 小谷, 山中：歩車共存道路の計画手法, p. 5, 都市文化社, 1986.
6) 山中英生：住区地区の交通抑制計画に関する方法論的研究, pp. 31〜35, 1988.
7) (社)交通工学研究会：コミュニティ・ゾーン形成マニュアル, pp. 1〜5, 参2〜参8, 1998.
8) 前述7), pp. 20〜24, pp. 86〜197.
9) 前述5), pp. 137〜166.
10) 土木学会関西支部：よりよい地区の交通環境を目指して——その手法と事例, pp. 5〜17, 1989.
11) 前述7), pp. 25〜83.

[演習問題解答]

1 章

1.1 pp. 1～3 参照.

1.2 一例として，各手段の主要な特色を示せば
　　自動車——利便性，迅速性（短距離）など.
　　鉄　道——正確性，安全性，迅速性（中距離），経済性，大量性など.
　　航空機——迅速性（中長距離），快適性，長距離性など.
　　船　舶——大量性，経済性，長距離性など.

1.5 交通空間の立体的利用，交通施設の機能複合化，多様な交通手段の相互連繋といった点からの立体交通論が展開できよう.

1.6 たとえば，通過交通の排除，交通処理能力の向上，地域の開発・活性化，土地利用の変化，都市構造の変化，交通環境の悪化などの諸観点がある.
　　計画の手順は，1.4節あるいは道路構造令の解説と運用（日本道路協会）の pp. 60～63 を手がかりに考えることができる.

2 章

2.1 運輸経済統計要覧（運輸経済研究センター発行）で時系列的に旅客および貨物の地域間流動データを得ることができる.

2.3 2.3節を手がかりに1次～5次の全国総合開発計画を調べるとよい.

2.8 表6.6あるいは交通整備制度（土木学界編，1991）の pp. 256～276 を参考に，各地の新交通システムのパンフレットを取り寄せ検討することができる.

3 章

3.2

純流動

O \ D	①	②	③	計
①	0	10	10	20
②	0	0	0	0
③	5	0	0	5
計	5	10	10	25

総流動

O \ D	①	②	③	計
①	0	20	0	20
②	0	0	10	10
③	5	0	0	5
計	5	10	10	35

3.3 内々交通量＝3907．総交通量＝4713．A-A断面交通量＝432．

3.4 参考文献3),4)

3.5 カテゴリー総数=1280. $P=80\times10^4\times2.7$. したがって,式 (3.1) より $\alpha=5.4$ %. よって,実際の標本抽出率は $5.4\times(1+0.05)/0.9=6.3\%$ が必要である.

3.6 3.4節参照.

4 章

4.2 0.905 0.979 1.032 1.025 1.026 1.039 0.994

4.3 日交通量=35681台/日,30番目時間交通量=4282台/時

4.4 時間交通量=456台/時,空間平均速度=54.5km/h,交通密度=8.4台/km
平均車頭時間=7.89秒,平均車頭間隔=119.5m.

4.5 たとえば,第1種第2級2方向2車線道路では
C=$2500\times1.0\times1.0\times0.870\times1.0=2175$ 台/時
設計交通容量=$2175\times0.75=1631$ 台/時
設計基準交通量=$1631\times100/12=13594\to14000$ 台/日.

4.6 題意と表4.2から,第3種第2級道路として設計.表4.10より設計基準交通量は9000台/日.よって,$42580/9000=4.7\to6$ 車線道路として計画.

5 章

5.1 $Y_i=A+BX_i$ の最小2乗法による回帰係数 A,B は次式で与えられる.

$$A=\frac{1}{N}(\Sigma Y_i-B\Sigma X_i),\quad B=\frac{N\Sigma X_i\cdot Y_i-\Sigma X_i\cdot\Sigma Y_i}{N\Sigma X_i^2-(\Sigma X_i)^2}$$

したがって,直線回帰式は $Y_i=(19.5+11.5X_i)\times10^3$ となって
$$Y_{10}=134500 人$$

5.2 まず重力モデル ($X_{ij}=00151\cdot G_i\cdot A_j\cdot T_{ij}^{-2.087}$) による初期値は,表1のとおり.フレータ法による収束計算は各自行うこと.

5.3 表5.13のアクセシビリティタイプの内々モデルの例で考えると,内々交通量はアクセシビリティが大きくなるほど小さくなる.地下鉄などの高速交通機関が整備されれば,当然このアクセシビリティが大きくなるわけであるから,たとえば今までゾーン内で買物をしていたトリップがゾーン外へ流出するなどの変化が予想される.そしてその結果として内々率は低下する.

表 1 重力モデルによる初期値（単位：千トリップ/日）

O＼D	1	2	3	4	計
1	1.7	0.1	0.1	0.0	1.9
2	0.2	0.5	0.0	0.1	0.8
3	0.9	0.1	0.7	0.0	1.7
4	0.2	0.4	0.0	0.3	0.9
計	3.0	1.1	0.8	0.4	5.3

5.4 本文表 5.15 を参照のこと．

5.5 1 ゾーンと 2 ゾーン間は，高速道路を使えば 31.3 分，一般道路は 45 分．したがって時間差 T_{12} は $T_{12}=45.0-31.3=13.7$（分）．

$$P_{12}=1.0/\{1.0+1.44\times(300/13.7/1.398)^{0.754}/13.7^{0.919}\}$$

より，転換交通量は 2.1 千台/日（4.3×0.492）となる．

6 章

6.1 pp. 135〜138 参照．

6.2 pp. 138〜139 参照．

6.3 自動車の利便性に少しでも近づけるためのあらゆる機能の充実が必要．たとえばバスの定時性，バスや鉄道の乗り換え施設や共通切符，待ち時間が負担にならないような運行本数や運行システムなど．

6.4 運転手不足と交通公害が最大の問題．鉄道や船舶等へのモーダルシフト，都市内では共同集配送システムの推進や新物流システムの導入が必要．

6.5 pp. 159〜160 参照．

6.6 建設費は先行投資であるから供用開始時点現在価値は，$P_1=\sum_{t=1}^{5}1.05^t$ で換算する．一方，維持管理費や収入は $P_2=\sum_{t=1}^{30}1.05^{-t}$ で，残存価値は $P_3=1.05^{-30}$ で，それぞれ換算する．この結果では，C 案が最も有利な案である（表 2）．

表 2

代替案	現在価値換算			
	便益（B）	費用（C）	B−C	B／C
A	4357	4339	18	1.00
B	7000	6278	722	1.12
C	6214	4824	1390	1.29

7 章

7.1 フェリーターミナル，エアターミナルが代表的なものである．
7.2 pp. 167～169 参照．
7.3 指定した時間に必要な品物，部品などを届けさせる多頻度小口配送システムをいう．積載率の低い貨物自動車が都心を動き回ることによって総交通量を大きくするとともに，荷捌き施設のない建物への搬出入には路上駐車が余儀なくされ，交通渋滞に拍車をかけるといった問題を引き起こしている．
7.4 p. 177, 表 7.4 参照．
7.5 pp. 186～187 参照．
7.6 pp. 187～188 参照．

8 章

8.1 図1の5枝以上の交差点やくいちがい交差点はとくに問題が多い．また，右折交通が多いのに右折専用現示がない交差点なども問題が多い．

8.2 交通量が非常に多い上に，広域からの流入が考えられるので，違反車の規制を徹底できない事態が予想される．また，環状道路の整備が遅れている都市がほとんどで迂回できない交通量が多い，代替公共交通手段のサービスが不十分である，といった問題点も考えられる．

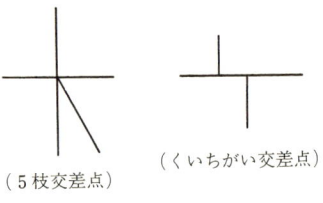

（5枝交差点）　（くいちがい交差点）
図 1

8.4 サイクルアンドライドシステム，駅前の大量放置自転車問題．
8.5 6章 pp. 153～154, 8章 pp. 204～210 参照．

9 章

9.1 p. 215 参照．
9.2 温室効果による地球温暖化．輸送効率の高い公共交通機関への転換や石油に代わるエネルギーを動力とする自動車の開発．
9.3 1992 年 2 月 20 日付の各新聞記事を参照のこと．
9.4 大阪空港や福岡空港での騒音訴訟，新幹線での騒音訴訟など．
9.5 pp. 226～227 頁参照．
9.6 わが国の西方に位置して 10 億以上の人口を擁する中国をはじめとする諸国が今

後工業化を進める中で，酸性雨の原因となる大量の窒素や硫黄の酸化物を排出することが予想される．わが国の進んだ公害防止技術の積極的移転等が必要となる．

10 章

10.1 p. 236 参照．

10.2 pp. 238～239，表 10.1 参照．

10.5 通過交通の流動，地点交通量，路上駐車台数，地区内居住者の交通パターン等の交通実態，道路幅員や交通規制状況，過去の交通事故発生状況，そして土地利用，主要施設の配置，地区の歴史的特性等について．

10.6 中心商店街へのアクセス道路が渋滞していることに加えて駐車場の整備が十分でないのに対し，郊外部のバイパス沿線等に新しく立地するショッピングセンター等は，アクセスもしやすくかつ大規模駐車場を完備している．

索　引

＜ア＞

青空駐車　　　　　　　　　　　　　*186*
アクセシビリティ　　　　　　　　　*112*
アクセス　　　　　　　　　　　　　　*93*
アクセス機能　　　　　　　　　　　*143*
アンリンクドトリップ　　　　　　　*142*

＜イ＞

域内相互交通　　　　　　　　　　　　*91*
位置の係数　　　　　　　　　　　　*108*
一般交通量調査　　　　　　　　　　　*49*
一般自動車ターミナル　　　　　　　*164*
イメージハンプ　　　　　　　　　　*242*
イメージフォルト　　　　　　　　　*242*
インパクトスタディ　　　　　　　　*159*
インフラストラクチャー部　　　　　　*33*

＜ウ＞

ウォーシャル－フロイド
　（Warshall－Froyd）法　　　　　　*93*

＜エ＞

営業車調査　　　　　　　　　　　　　*45*
駅前広場　　　　　　　　　　　　　*169*
駅前広場面積　　　　　　　　　　　*171*
エグレス　　　　　　　　　　　　　　*93*

＜オ＞

オキュパンシー　　　　　　　　　　　*75*
オフセット　　　　　　　　　　　　*195*
オールオアナッシング法　　　　　　*128*
温室効果　　　　　　　　　　　　　*221*

＜カ＞

外航海運　　　　　　　　　　　　　　*39*
介在機会モデル　　　　　　　　　　*115*
外出率　　　　　　　　　　　　　　　*58*
ガイドウェイバスシステム　　　　　*150*
カウェル（Cauer）型　　　　　　　　*151*
確率モデル　　　　　　　　　　　　　*88*
加算法　　　　　　　　　　　　　　*172*
過疎バス　　　　　　　　　　　　　　*32*
家庭訪問調査　　　　　　　　　　　　*44*
カードシステム　　　　　　　　　　　*33*
可能交通容量　　　　　　　　　　　　*79*
カープール　　　　　　　　　　　　*199*
環境アセスメント　　　　　　　　　*226*
環境影響評価　　　　　　　　　*30, 226*
関数モデル　　　　　　　　　　　　*120*
幹線交通　　　　　　　　　　　　　　*3*
幹線道路　　　　　　　　　　　　　*144*
幹線道路の沿道の整備に関する法律　　*30*
感応制御　　　　　　　　　　　　　*196*

＜キ＞

基幹交通手段 …………………………… *139*
基幹バス ………………………………… *207*
キスアンドライド ……………………… *209*
犠牲量モデル …………………………… *120*
軌道系システムの計画 ………………… *151*
軌道法 ……………………………………*33*
希望線図 …………………………………*63*
基本計画 …………………………………*9*
基本構想 …………………………………*9*
基本交通網 ……………………………… *138*
基本交通容量 ……………………………*78*
狭さく …………………………………… *242*
共同溝 …………………………………… *144*
居住環境整備事業 ……………………… *242*
居住環境地区 …………………………… *235*
拠点開発方式 ……………………………*21*
切欠き駐停車スペース ………………… *242*

＜ク＞

空間オキュパンシー ……………………*75*
空間機能 ………………………………… *143*
空港整備5カ年計画 ……………………*35*
空港整備特別会計法 ……………………*35*
空港整備法 ………………………………*34*
区画道路 ………………………………… *144*
クランク ………………………………… *242*
グロス原単位 ……………………………*59*

＜ケ＞

計画の評価 ……………………………… *155*
計画課題 ………………………………… *138*
計画型フレーム …………………………*98*
計画交通量 ………………………………*71*
計画水準 …………………………………*79*
傾向型フレーム …………………………*98*
傾向曲線 …………………………………*99*
決定型モデル ……………………………*88*
ケーブルボックス ……………………… *144*
現在価値 ………………………………… *158*
現在パターン法 ………………………… *107*

＜コ＞

公害対策基本法 ………………………… *215*
高規格幹線道路網 ………………………*22*
公共交通機関 ……………………………*4*
公共交通網計画 ………………………… *148*
公共駐車場 ……………………………… *179*
工業統計調査 ……………………………*99*
航空法 ……………………………………*36*
構造等制限適用駐車場 ………………… *180*
高速自動車道法 …………………………*25*
交　通 ……………………………………*2*
交通の主体 ………………………………*41*
交通安全 …………………………………*19*
交通安全施設等整備事業に関する緊急措置法
　………………………………………… *28*
交　通 …………………………………… *191*
交通機関 ……………………………… *4, 8*
交通機能 ………………………………… *143*
交通基盤施設 ……………………………*11*
交通空間 …………………………………*9*
交通計画 …………………………………*9*
交通計画の手順 …………………………*10*
交通結節点 ……………………………… *163*
交通公害 …………………………………*19*
交通事故 …………………………………*27*

索　引

交通実態調査·· *51*
交通手段·· *4, 60*
交通需要の経年変化······································· *14*
交通需要予測·· *88*
交通信号制御·· *194*
交通静穏化·· *236*
交通政策·· *19*
交通密度·· *75*
交通網の作成手順······································· *141*
交通網計画·· *138*
交通目的·· *59*
交通問題··· *1, 13, 17*
交通容量·· *78*
交通流の基本ダイアグラム······························ *76*
高度道路交通システム································· *210*
効用関数·· *132*
交流ネットワーク構想··································· *22*
港湾運送·· *38*
港湾整備5カ年計画······································· *37*
港湾法·· *37*
国勢調査··· *50, 99*
国土開発縦貫自動車道建設法····························· *25*
コードンライン調査····································· *44*
小浪式·· *173*
個別交通機関··· *4*
コミューター空港··· *34*
コミューター航空··· *36*
コミュニティ・ゾーン································· *239*
コミュニティ・ゾーン形成事業························· *239*
コミュニティ道路······································· *238*
混雑度·· *83*

<サ>

サイクルアンドライド································· *209*

サイクル長·· *195*
最短経路·· *92*
最短所要時間·· *92*
30番目時間交通量·· *71*
酸性雨·· *221*
3段階推計法··· *88*

<シ>

時間オキュパンシー······································ *75*
時間交通量順位図·· *71*
事業所統計調査·· *99*
シケイン·· *242*
辞書的順序づけ··· *160*
指数曲線·· *100*
実際配分法·· *128*
実施計画··· *9*
私的交通機関··· *4*
自動車起終点調査·· *49*
自動車騒音の要請限度································· *218*
自動車損害賠償保障法··································· *28*
自動車ターミナル······································· *163*
自動車排出ガスに対する規制····························· *29*
社会現象の発展過程···································· *100*
車庫法·· *175*
車上動力方式·· *150*
車頭間隔·· *75*
ジャム密度·· *77*
住区総合交通安全モデル事業························· *239*
集計型モデル··· *88*
集中交通量·· *56*
重要港湾·· *37*
重力モデル·· *113*
手段トリップ·· *61*
主要幹線道路·· *144*

需要配分法·················· 128
純流動······················ 43
商業統計調査················ 99
職業別目的別生成原単位······ 103
ショック効果················ 240
信号現示···················· 195
新交通システム··········· 33, 149
シンプ（Schimpff）型········ 151

<ス>

スクリーンライン調査········ 45
スクールゾーン規制·········· 238
ストロー現象················ 23
スパイダーネットワーク······ 64
スーパー特急················ 31
スプリット·················· 195

<セ>

生活ゾーン規制·············· 236
制御パラメータ·············· 195
生成原単位··············· 58, 101
生成交通···················· 58
生成量······················ 101
成長曲線···················· 100
整備率······················ 83
設計基準交通量·············· 81
設計交通容量················ 80
設計時間交通量·············· 71
セル························ 199
全国総合開発計画············ 21
全国道路・街路交通情勢調査·· 49
前後比較法·················· 159
全数調査···················· 53
占有度······················ 75

専用自動車ターミナル········ 164
専用駐車場·················· 179

<ソ>

騒音に係る環境基準·········· 217
騒音計······················ 216
騒音レベル·················· 216
総合交通体系················ 135
総交通量···················· 56
総走行時間最小化配分原理···· 126
総流動······················ 43
速　度······················ 74
ゾーニング·················· 53
ゾーン······················ 53
ゾーン内外交通·············· 107
ゾーン内々交通·············· 107
ゾーン内々率················ 107
ゾーンバスシステム·········· 205

<タ>

第1種空港·················· 34
第2種空港·················· 34
第2種生活路線·············· 32
第3次全国総合開発計画······ 21
第3種空港·················· 34
第3種生活路線·············· 32
第4次全国総合開発計画······ 22
第5次全国総合開発計画······ 22
大規模プロジェクト構想······ 21
ダイクストラ法·············· 93
大都市交通センサス·········· 49
代表交通手段············ 61, 116
大量交通機関················ 4
大量輸送機関調査············ 45

索引

蛇行·· 240
多手段分割方式······························· 118
ターナー (Turner) 型 ························ 151
端末交通手段······························ 62, 116

<チ>

地域比較法·· 159
地区計画·· 233
地区交通計画····································· 232
地区交通計画の進め方······················ 241
地区総合交通マネジメント··············· 239
地上動力方式····································· 150
地点制御·· 196
地方港湾·· 37
駐車·· 175
駐車需要量の予測······························ 184
駐車場案内システム·························· 202
駐車場整備計画の手順······················ 182
駐車場整備地区·································· 177
中心商店街地区等での駐車対策······· 186
昼夜率··· 70
中量軌道輸送システム······················ 150
中量交通機関·· 4
調査の実施方法····································· 6
調査対象地域······································· 51
調査票··· 54
直進遮断·· 241
直線回帰式·· 100

<ツ>

通過交通·· 91
通行遮断·· 241
月係数··· 68

<テ>

停車·· 175
定周期制御·· 196
定住構想·· 21
低周波空気振動································· 225
デコボコ舗装····································· 242
データの拡大······································ 55
データチェック··································· 56
鉄道事業法·································· 30, 33
デマンドバスシステム························ 33
デュアルモードシステム·················· 150
転換率曲線·· 130
典型7公害··· 215

<ト>

同時型モデル······································ 88
等時間配分原理································· 126
道路の管理者······································ 25
道路の機能·· 142
道路の区分·· 73
道路の種類·· 25
道路運送車両法··································· 27
道路運送法·· 27
道路構造令·· 74
道路交通による大気汚染·················· 220
道路交通情報システム······················ 203
道路交通振動···································· 224
道路交通振動の要請限度·················· 225
道路交通センサス······························· 49
道路交通騒音···································· 216
道路交通騒音対策······························ 219
道路交通法·································· 28, 175
道路整備の財源に関する臨時措置法··· 25

道路整備5カ年計画………………………… 26
道路騒音の予測式 ………………………… 219
道路特定財源 ………………………………… 26
道路法 ………………………………………… 23
道路網の基本パターン …………………… 145
特殊道路 …………………………………… 144
特定重要港湾 ………………………………… 37
特定地方交通線 ……………………………… 32
都市計画駐車場 …………………………… 180
都市新バスシステム ………………………… 33
都市鉄道の助成制度 ………………………… 31
都市モノレールの整備促進に関する法律…… 33
土地利用誘導機能 ………………………… 143
届出駐車場 ………………………………… 180
トラックターミナル …………………… 164, 167
トラフィック機能 ………………………… 143
トラフィックゾーンシステム …………… 199
トランスポーテーションプア層 …………… 18
トランスポートギャップ …………………… 33
トリップ ……………………………………… 42
トリップインターチェンジ分担モデル… 89, 116
トリップエンド分担モデル ……………… 89, 116
トリップ変換 ……………………………… 125

＜ナ＞

内外分担モデル …………………… 113, 118
内航海運 ……………………………………… 39
内々交通 ……………………………………… 63
内々分担モデル …………………………… 118
内々モデル ………………………………… 111
斜め遮断 …………………………………… 239

＜ニ＞

荷捌き駐車 ………………………………… 186

2手段分割方式 …………………………… 118

＜ネ＞

ネット原単位 ………………………………… 59
ネットワークシミュレーション法………… 127
年平均日交通量 ……………………………… 68

＜ノ＞

ノード ………………………………………… 92
乗り継ぎシステム ………………………… 209

＜ハ＞

廃止路線代替バス路線 ……………………… 32
配分交通量 ……………………………… 89, 124
パークアンドライド ……………………… 209
バスアンドライド ………………………… 209
バス交通網 ………………………………… 153
バス専用道路 ……………………………… 206
バス専用レーン …………………………… 206
バスターミナル …………………………… 164
バス優先レーン …………………………… 206
バスレーン ………………………………… 205
バスロケーションシステム ……………… 208
パーソントリップ …………………………… 3
パーソントリップ調査 ……………………… 42
発生交通量 ………………………………… 56
発生集中交通量 ………………………… 89, 101
発生集中交通量予測モデル ……………… 103
ハンプ ……………………………………… 240
バンプール ………………………………… 199

＜ヒ＞

非幹線交通 …………………………………… 3
ピーク率 …………………………………… 70

ピークロードプライシングシステム	200
非集計型モデル	88
非集計モデル	131
評価の項目	156
評価の手順	157
評価基準	156
評価主体	156
標準軌新線	31
標準駐車場条例	177
費用便益分析	158
標本抽出法	53
標本調査	53
標本データファイル	56
非連続輸送方式	150
広場面積算定式	172

<フ>

フォルト	242
ブキャナンレポート	235
附置義務条例	177
附置義務駐車場施設	180
物資流動	3
物資流動調査	42, 45
ブーヒーズ型修正重力モデル	114
浮遊粒子状物質	221
フレーター法	108
フレート件数	43
フレート重量	43
フレーム	10, 97
フレームワーク	97
プロフィール分析	160
分割配分法	128
分散型オフィス	201
分担交通量	89

分担・配分モデル	91
分担率説明要因	118
分布交通量	56, 89
分布モデル	107

<ヘ>

米国道路局モデル	114
ペターゼン（Petersen）型	151
ヘリポート	34
便益費用差	159
便益費用比	159

<ホ>

放射環状型道路網	146
訪問留置訪問回収法	55
補助幹線道路	144
ボラード	242
ボンネルフ	234

<マ，ミ，ム>

マスターファイル	56
マスタープラン	9
ミニ新幹線	31
無軌道方式	150

<メ，モ>

面制御	196
目的トリップ	42, 60
モータリゼーションの進展	16
モードルシフト	16
モデルリンク	92

<ユ>

有軌道方式	150

有効回収率 ……………………………… *52*
有料道路 ………………………………… *25*
輸　送 …………………………………… *2*
輸送機関の分担割合 …………………… *15*
輸送統計調査 …………………………… *50*

＜ヨ＞

曜日係数 ………………………………… *68*
4段階推計法 …………………………… *88*

＜ラ＞

ライドアンドライド …………………… *209*
ラドバーンシステム …………………… *234*
ランブルストリップ …………………… *242*

＜リ＞

立体道路制度 …………………………… *25*
リバーシブルレーン …………………… *201*
流出交通 ………………………………… *91*
流　通 …………………………………… *2*
流通業務団地 …………………………… *168*
流通センター …………………………… *168*
流入交通 ………………………………… *91*
臨界交通量 ……………………………… *78*
リンク …………………………………… *92*
リンクトリップ ………………………… *42*

＜レ＞

連鎖型モデル …………………………… *88*
連続輸送方式 …………………………… *150*

＜ロ＞

路外駐車場 ……………………………… *180*

ロジットモデル ………………………… *132*
路上駐車場 ……………………………… *179*
路線系統制御 …………………………… *196*
ロードピア構想 ………………………… *239*
ロードプライシングシステム ………… *198*
路面電車 ………………………………… *34*

＜ワ＞

ワイヤレスカードシステム …………… *212*
ワードロップの配分原理 ……………… *126*

＜英名＞

AADT …………………………………… *68*
AHS ……………………………………… *212*
ALS ……………………………………… *198*
D 値 …………………………………… *72*
DEP ……………………………………… *221*
ERPシステム …………………………… *199*
ETC ……………………………………… *211*
FD流 …………………………………… *126*
FID流 ………………………………… *126*
ITS ……………………………………… *210*
K 値 …………………………………… *72*
L 係数 ………………………………… *108*
Light Rail Transit（LRT） …………… *34*
Light Rail Vehicle（LRV） …………… *34*
OD交通 ………………………………… *56*
OD表 …………………………………… *56*
PT調査 ………………………………… *42*
S字スローム …………………………… *240*
SPM ……………………………………… *221*
VICS …………………………………… *210*

〈著者紹介〉

樗木　武（ちしゃき　たけし）
　　　1962年　九州大学大学院土木工学科卒業
　　　専　攻　土木計画学
　　　現　在　九州大学名誉教授，工学博士
　　　　　　　（道守九州会議代表世話人）

井上信昭（いのうえ　のぶあき）
　　　1974年　九州大学大学院工学研究科修士課程修了
　　　専　攻　土木計画学
　　　元　　　福岡大学教授，博士（工学）

テキストシリーズ 土木工学 ②

交通計画学〔第2版〕

1993年 2月 1日　初版 1刷発行
2000年 3月 1日　初版 6刷発行
2002年 2月25日　第2版 1刷発行
2022年 9月15日　第2版 9刷発行

検印廃止

著　者　樗木　武　　ⓒ2002
　　　　井上　信昭

発行者　南條　光章

発行所　共立出版株式会社
　　　　〒112-0006　東京都文京区小日向4丁目6番19号
　　　　電話　03-3947-2511
　　　　振替　00110-2-57035
　　　　URL　www.kyoritsu-pub.co.jp

一般社団法人
自然科学書協会
会　員

印刷・製本　藤原印刷

NDC 680,518.84／Printed in Japan

ISBN978-4-320-07392-0

JCOPY　＜出版者著作権管理機構委託出版物＞

本書の無断複製は著作権法上での例外を除き禁じられています．複製される場合は，そのつど事前に，出版者著作権管理機構（TEL：03-5244-5088，FAX：03-5244-5089，e-mail：info@jcopy.or.jp）の許諾を得てください．

■土木工学関連書

www.kyoritsu-pub.co.jp 共立出版

土木職公務員試験 過去問と攻略法……山本忠幸他著	復刊 河川地形………………………………高山茂美著
コンクリート工学の基礎 建設材料コンクリート:改訂・改題……村田二郎他著	交通バリアフリーの実際………………高田邦道編著
標準 構造力学 (テキストS土木工学12)………阿井正博著	メッシュ統計 (統計学OP 15)………………佐藤彰洋著
工学基礎 固体力学………………………園田佳巨他著	都市の計画と設計 第3版………………小嶋勝衛他監修
静定構造力学 第2版……………高岡宣善著／白木 渡改訂	新・都市計画概論 改訂2版………………加藤 晃他編著
不静定構造力学 第2版…………高岡宣善著／白木 渡改訂	風景のとらえ方・つくり方 九州実践編……小林一郎監修
詳解 構造力学演習…………………………彦坂 熙他著	新編 橋梁工学………………………………中井 博他著
鉄筋コンクリート工学……………………加藤清志他著	例題で学ぶ橋梁工学 第2版…………………中井 博他著
土砂動態学 山から深海底までの流砂・漂砂・生態系……松島亘志他編著	対話形式による橋梁設計シミュレーション 中井 博他著
土質力学の基礎とその応用 土質力学の基礎改訂・改題……石橋 勲他著	森の根の生態学………………………………平野恭弘他著
土質力学 (テキストS土木工学11)……………足立格一郎著	森林と災害 (森林科学S 3)…………………中村太士他編
地盤環境工学…………………………………嘉門雅史他著	実践 耐震工学 第2版………………………大塚久哲著
水理学入門……………………………………真野 明他著	震災救命工学………………………………高田至郎他著
流れの力学 水理学から流体力学へ……………澤本正樹著	津波と海岸林 バイオシールドの減災効果………佐々木 寧他著
移動床流れの水理学…………………………関根正人著	環境計画 政策・制度・マネジメント……………秀島栄三訳
水文科学………………………………………杉田倫明他編著	入門 環境の科学と工学……………………川本克也他著
水文学…………………………………………杉田倫明訳	